新三导丛书

电子技术基础(模拟部分)
导教·导学·导考

(高教·第五版)

主编　许　杰
主审　王国红

西北工業大學出版社

【内容简介】 本书针对康华光主编的《电子技术基础　模拟部分》第五版的主要内容，结合长期的教学实践体会，将主要内容按教学需要编写成：常用半导体器件（包含教材的第 3，4，5 章的器件部分，以半导体器件基本特性为主）、基本放大电路（包含教材的第 3，4，5 章的基本放大电路的基本特点，以基本应用为主）、放大电路的频率响应（对应教材第 4 章的频率响应部分）、集成运算放大电路（对应教材第 6 章内容）、反馈放大电路（对应教材第 7 章内容）、功率放大电路（对应教材第 8 章内容）、信号处理与信号产生电路（主要包括集成运放的线性与非线性运用，包含教材第 2 章、第 9 章内容）、直流稳压电源（对应教材第 10 章内容）。通过教学建议、主要概念、例题、自学指导、习题精选详解等形式帮助读者学习、提高对电子技术基础的认识。

本书可作为高等院校相关专业学习"电子技术基础　模拟部分"课程的学习参考指导书，也可作为报考研究生的参考资料，同时还可作为青年教师教学参考书。

图书在版编目（CIP）数据

电子技术基础（模拟部分）导教·导学·导考/许杰主编. —西安：西北工业大学出版社，2014.8

ISBN 978-7-5612-4105-9

Ⅰ. ①电… Ⅱ. ①许… Ⅲ. ①模拟电路—电子技术—高等学校—教学参考资料 Ⅳ. ①TN710

中国版本图书馆 CIP 数据核字（2014）第 190735 号

出版发行：西北工业大学出版社
通信地址：西安市友谊西路 127 号　　邮编：710072
电　　话：(029)88493844　88491757
网　　址：http://www.nwpup.com
印 刷 者：兴平市博闻印务有限公司
开　　本：787 mm×1 092 mm　1/16
印　　张：11.75
字　　数：360 千字
版　　次：2014 年 8 月第 1 版　　2014 年 8 月第 1 次印刷
定　　价：25.00 元

前　言

“电子技术基础　模拟部分”是电气、自动控制、计算机、通信等专业的必修课程之一，也是报考相关专业硕士研究生的专业基础考试课程。它是一门实践性很强的课程。

通过基础理论和实际操作的培训，可以提高学生的分析、开发和实际动手能力，对培养实用型人才非常重要。本书针对我国目前大学教育的现状，以及信息化教育时代的特点，结合近30年的教学实践以及心得体会，提出了在掌握基本概念、基本理论基础之上的一些具体教学思路、经典例题的解题方法及提示性解答，旨在给学生的课程学习、考研复习以及青年教师教学等方面给予引导，起抛砖引玉的作用。

全书针对康华光主编的《电子技术基础　模拟部分》第五版的主要内容，将主要内容按教学需要编写成：常用半导体器件、基本放大电路、放大电路的频率响应、集成运算放大电路、反馈放大电路、功率放大电路、信号处理与信号产生电路、直流稳压电源8章。每章通过教学建议、主要概念、例题、自学指导、习题精选详解等形式帮助读者学习、提高对电子技术基础的认识。

本书由常年担任电子技术基础(模拟部分)教学的老师编写。其中许多内容是多年教学经验的总结。全书由许杰主编，刘嘉、常娟参加编写，并承蒙王国红审阅了全稿。

由于水平有限，对有些问题的理解可能有偏差，书中错误难免恳请广大读者批评指正。

编　者

2014年5月

目　录

导读 ………… 1
0.1　为什么学这门课 ………… 1
0.2　如何教好这门课 ………… 2
0.3　如何学好这门课 ………… 4
第1章　常用半导体器件 ………… 5
1.1　教学建议 ………… 5
1.2　主要概念 ………… 5
1.3　例题 ………… 11
1.4　自学指导 ………… 13
1.5　习题精选详解 ………… 14
第2章　基本放大电路 ………… 16
2.1　教学建议 ………… 16
2.2　主要概念 ………… 17
2.3　例题 ………… 23
2.4　自学指导 ………… 30
2.5　习题精选详解 ………… 31
第3章　放大电路的频率响应 ………… 54
3.1　教学建议 ………… 54
3.2　主要概念 ………… 54
3.3　例题 ………… 56
3.4　自学指导 ………… 59
3.5　习题精选详解 ………… 60
第4章　集成运算放大电路 ………… 65
4.1　教学建议 ………… 65
4.2　主要概念 ………… 65
4.3　例题 ………… 69
4.4　自学指导 ………… 73
4.5　习题精选详解 ………… 74

第5章　反馈放大电路 …… 84

5.1　教学建议 …… 84

5.2　主要概念 …… 84

5.3　例题 …… 90

5.4　自学指导 …… 99

5.5　习题精选详解 …… 100

第6章　功率放大电路 …… 107

6.1　教学建议 …… 107

6.2　主要概念 …… 107

6.3　例题 …… 110

6.4　自学指导 …… 116

6.5　习题精选详解 …… 117

第7章　信号处理与信号产生电路 …… 124

7.1　教学建议 …… 124

7.2　主要概念 …… 124

7.3　例题 …… 132

7.4　自学指导 …… 145

7.5　习题精选详解 …… 147

第8章　直流稳压电源 …… 158

8.1　教学建议 …… 158

8.2　主要概念 …… 158

8.3　例题 …… 164

8.4　自学指导 …… 170

8.5　习题精选详解 …… 171

附录　课程考试真题及答案 …… 177

参考文献 …… 182

导 读

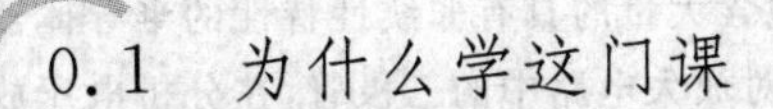

0.1 为什么学这门课

一、课程的定位

从家用电器、环境的监控治理到生物技术、空间技术等无不包含着电子技术。在大学里普及电子技术基础教育不仅是专业课程的需要，也是社会发展的需要。模拟电子技术基础不仅是电气、控制、计算机、通信等专业的必修课程，也是其他专业的公共基础课。通过课程学习，培养学生对电路的分析、设计和应用开发的能力。同时，它又是实践性很强的课程，其内容在电子技术高速发展的影响下需要不断地更新。通过基础理论和实际操作的培训，可以提高学生的分析、开发和实际动手能力，对培养实用型人才非常重要。

二、教学对课程的要求

21世纪高等教育的目标是提高教育质量，培养具有创新精神的高素质人才。由于高等教育的迅速发展，本科以后教育层次的不断出现，使高等教育中本科教育的重心明显呈现下移的趋势。因此，希望在四年本科学习期间培养出不断跟上电子技术发展、具有一定实际动手能力、能在实际环境中学习新知识的具有创新意识的高素质人才是培养新世纪人才的基本要求。

0.2 如何教好这门课

教好这门课程首先要了解课程的基本特点、教学的基本要求、如何引导学生学习课程、教学模式改革等基本内容。

一、课程的特点

模拟电子技术是一门发展很快、应用极广、实践性很强的技术学科。与数学、物理、电路等课程强调理论性不同，模拟电子技术更加注重理论与实际相结合，着眼于解决复杂的实际问题；具有工程性、实践性和一些特有的电路特点。

二、教学的基本要求

1. 在模拟电子技术基础课程中要学会使用工程分析方法

(1)定量估算在课程中的应用。由于电子器件性能的分散性、非线性特性决定了同一种型号器件的参数值并不完全相同。例如电阻、电容、二极管、三极管、场效应管等器件的标值以及性能参数与实际值存在5%甚至更大的误差。有些参数还要受温度的影响，加上实际电路中各种寄生参数的影响，任何严格的计算都不可能得到与实际完全相符合的结果。因此，过分苛求严密的计算是不必要的，也是不切合实际的。所以，定量的估算是解决问题的基本方法，在估算过程中通常选用三位有效数字即可达到要求。

(2)合理的近似是解决实际问题的重要手段。在学习课程的过程中，为了突出主要矛盾、简化实际问题，经常采用近似的分析方法。例如，研究三极管放大电路频率响应时，可以将信号频率划分三个区域：低频区、中频区和高频区。影响低频区的主要是耦合电容和旁路电容，而三极管的极间电容和电路的分布电容的影响可以忽略；影响高频区的主要是三极管的极间电容和电路的分布电容，而耦合电容和旁路电容的影响可以忽略；中频区所有电容的影响均可忽略。这种近似的解决问题的方法抓住了主要矛盾，使复杂的问题大大简化，分析思路更加清晰。

(3)正确地选择模型是正确求解电路的保证。模拟电子技术中包含大量的具有非线性特性的半导体器件，为了模拟分析电路，通常将半导体用适当近似的模型替代。例如对放大电路中的三极管，在分析电压放大倍数、输入输出电阻时，可以用低频小信号模型；在分析上限截止频率时，用高频等效模型。

目前已有多种电子电路分析和设计软件，利用半导体器件的多种模型，能够对电路做比较复杂的分析。例如，用蒙特卡罗方法，随机地对电路元件参数选择 20 组，用 SPICE 进行仿真，可以计算出电路性能的统计特性和偏差范围。

2. 实验调试是基本功

由于实际的电子电路都不能靠单纯理论分析来解决问题，最后决定性步骤一定是实验调试。因此，掌握常用的电子仪器的使用方法、模拟电子电路的测试方法、故障的判断和排除方法是教学的基本要求。在教学实践中通过强化实验调试的训练是学习课程内容、熟悉模拟电路结构、掌握基本知识的必要手段。

3. 正确处理课程一些特有的概念

(1)学习电路课程时主要讨论线性元件和电路，学习模拟电子线路主要与非线性器件打交道。因此在分析模拟电子电路时，不能随便搬用电路原理例如欧姆定律，否则可能会引起错误，甚至可能会使学生对电路的基本理论产生怀疑。

(2)电路课对直流通路和交流通路是分开研究的，而模拟电子电路几乎都是交直流并存于一个电路中，既有直流通路，又有交流通路，这样带来了分析的复杂性。因此分析处理此类问题时，可以分步骤运用电路对直流通路、交流通路的分析方法分析模拟电路中的静态、动态。但是一定要在学生头脑中确立实际模拟电路中一定是交直流共存的基本理念。

(3)模拟电子电路中经常遇到受控源，而且有时要研究所谓电路的单向化问题。要正确引导电压受控源、电流受控源在实际模拟电路中的因果关系。

(4)电路课中研究的网络输出对于输入的依赖关系，不涉及输入的反作用，而实际的电子电路却几乎都带有这样或那样的反馈。反馈也是模拟电路教学中一个不可忽视的概念。反馈的分类、判断、分析等基本要素对电路基本参数的影响有别于电路基础理论所涉及的知识。

总之，电子电路的种类多，电路形式多，概念方法多。在分析模拟电子线路中要很好地运用定性分析、定量估算、实验调试相结合的分析方法。

三、如何引导学生学习课程

给学生讲授“模拟电子线路”的第一堂课，对如何上好这门课，对以后的教学相当重要，具有创意的新课导入，可以激起学生的注意力，引导他们积极思考，还可以激发学生学习这门课的兴趣。一旦学生对该门学科感兴趣，他们就会兴致勃勃地学习这门课的知识。因此，激发学生学习这门课的兴趣和动力就成为第一节课的首要任务。首先介绍电子技术的发展概况，让学生体会到电子技术是一门需要不断探索和研究的科学技术，并以惊人的速度在发展。其次，介绍生活里琳琅满目、不断出现的电子新产品，如学生接触较多的智能手机、平板电脑、多样的数码产品等，让学生感到我们的生活离不开电子技术，让他们的思想由“要我学”自然过渡到“我要学”。同时，还要介绍模拟电子技术与所学专业的关系，明确模拟电子线路课程的重要地位，使学生从思想上引起重视。最后，从身边入手，找一些电子小产品，如手机充电器、收音机等。一开始让学生观察它们的内部结构，从中让他们发现把电阻、电容、电感、二极管、三极管和变压器等元件通过某种联结组合就构成一个实用电路，从而引出学习这门课的目的和知识，让学生形成先入为主的求知欲望。

四、教学模式改革

改满堂灌、填鸭式为启发式教学，充分发挥学生的主体作用。传统的教学模式方法，以教师单方面讲授为主，讲授内容以单纯灌输书本知识为主，学生学习方法以死记硬背、机械重复训练为主，其弊端显而易见。这种教学方法妨碍学生主动地学习，挫伤学生学习的主动性、积极性、创造性，影响他们全面素质的提高，尤其对工科的学生更是不利于实用型、专业型人才的培养。例如，说明“正反馈”对放大电路的影响，现行大部分教科书都只说：正反馈太强烈会产生自激振荡。何为自激振荡学生还是不理解。在讲授该问题时，有条件的话可以利用现场教室的功放设备。如把麦克风对着扬声器，有时候会发出尖利的蜂鸣声，这就是正反馈对放大电路产生了影响，是一种典型的自激振荡。接着还要求学生探讨怎么消除自激振荡。

传统教学方法单纯讲授书本知识，满堂灌下来，虽然也能完成教学任务，做起来也省事，但这样培养出来的学生思维单一、不灵活，更谈不上能发挥他们的实践能力和创造能力，难以适应社会上各行各业不同要求。因此，在课堂教学中，不仅要注意书本现成知识的理论传授，更要注重培养学生的思维判断能力，依据理论解决实际问题的能力，自学探索能力等。

五、多种教学方法和手段并存

针对“模拟电子线路”不同章节的不同内容，在授课过程中，通常主要采用以下几种教学方法：

1. 多种方式提问

提问法主要是根据学生已有知识或实践经验，有目的、巧妙地提出问题。有的问题要学生讨论回答，有的则作为引入新课的悬念，不作回答，并且根据回答情况适时掌握教学进度，调整教材内容的深度，补充必要的知识内容。当然，针对不同的教材内容，教学的不同环节，要采用不同的提问方式。在导入新课内容时，采用启发式的提问，制造悬念，启发学生的思维。

2. 激发求知欲，多进行实际演示

演示教学是教学中向学生展示实验教具（或演示板）或做示范性实验等方式，让学生进入角色，使学生通过观摩获得感性知识进而加深巩固理论知识理解的一种方法，它能使学生感到理论与生活更加贴近。

3. 反复练习，进行章节测试

在平时的教学中可以根据内容的重难点，反复去解同类练习题，从而达到巩固所学知识、提高解题技能技巧、找出教学薄弱环节。严格的练习和测验，使学生养成坚持不懈的学习习惯和严肃认真的学习态度。

4. 利用类比法进行教学

讲授教学中内容相近的知识点时，利用类比法将它们总结在一起进行讲解，培养学生举一反三的能力，提高学习的效率。如在讲授分压式偏置电路的计算时，可以通过比较分压式偏置电路与基本放大电路交流通路，得到两者的电路形式和原理虽然有很大的不同，但对交流信号来说，两者几乎完全一致，从而直接得出分压式偏置电路的放大倍数 A_v、输入电阻 R_i、输出电阻 R_o 的计算公式。

5. 善于总结，巩固知识

通常一个章节学习完成之后，要对该章节的内容做一个归纳总结。总结过程是一个思考的过程，是对知识梳理和加工的过程。总结既可以由老师来完成，也可以由学生来完成。通过总结，让学生明确这一章节学了什么内容，应该掌握什么内容，与前面章节知识有什么联系和区别。对于模拟电子线路，适当的总结是很有必要的。特别是各种基本放大电路、功率放大电路的组成及功能，各种复杂的电子电路，总是由多种简单的功能不同的电路组成的。通过总结，我们对各种电路的区别，能不断加深印象，从而对各种复杂的电子电路能顺利划分成块，正确分析其电路原理。另外，在使用好传统的“黑板—粉笔—嘴”的授课方式下，多挖掘好的教学手段,如采用集语音、图形、文本等诸多媒体的优点于一身的多媒体技术来丰富常规的教学手段,使学生更快、更好地掌握课本理论知识。

六、注重实践教学

对于现今的普通高等教育本科学生来说,理论基础水平较薄弱,面对复杂且枯燥的理论推导以及难记的公式,学生往往缺乏学习热情。针对这门课程的特点,在教学过程中可以采用重实践,轻理论策略,理论够用为度,实用必学的原则。这样既能激发学生的学习热情,又能通过实践来掌握理论,在实践中巩固理论,用理论指导实践,从而达到较好掌握知识、提高实践能力和创新能力的目的。如在"模拟电子线路"半导体及放大电路教学中,其主要目的是使学生学习并掌握半导体器件的特性、使用、测试方法以及放大器工作原理等。如果把一些实际单元电路小制作搬到课堂上,有针对性地把教材需要掌握的知识和单元电路融合起来,并且在实验报告编排上也下点工夫,就会收到事半功倍的效果。如在"模拟电子线路"教学中,可以安排多谐振荡电路、直流稳压电源等实际例子作为实验题目。通过实际训练可达到学习万用表的使用,元件的选用,电子制作的排版、调试等实践锻炼的目的。经过这样的设计题目,学生的学习兴趣和学习热情就会大大提高。要使学生能顺利学好《模拟电子线路》,通过教与学的一个互动的过程,既要求我们培养学生正确的学习方法,又要求我们有合适的教学方法。好的教学方法还需要我们在教学过程中不断地探索和总结。

0.3 如何学好这门课

学习《模拟电子线路》有许多有益的学习方法。因人而异,因材施教是学习的根本。总结多年的教学实践归纳如下:

(1) 基本概念和基本电路是"模拟电子线路"的基石。学会定性分析,理清基本概念,理解各种基本电路的性能特点是选择和设计电子电路的基础,也是定量估算和实验调试的前提,是学好课程的关键。

(2) 要掌握课程的基本规律,要有明确的学习思路,要学会归纳总结。模拟电子电路内容繁多,电子电路千变万化,要掌握的不是各种电路的简单罗列,而是要解决问题的一般和彼此的内在联系。例如在教材中归纳出来的反相电压放大器(共射极电路、共源极电路)、电压跟随器(共集电极电路、共漏极电路)和电流跟随器(共基极电路、共栅极电路)就是对各种放大器件组成的三种组态的总结。

(3) 理论联系实际,不断摸索实践。实验研究(包括计算机仿真实验)不仅可以帮助学生验证巩固所学理论、丰富扩展知识,而且可以培养学生分析和解决实际问题的能力、创新能力和计算机应用能力。注意电路的基本定理、定律在实际模拟电子电路分析中的正确应用。通常在学习过程中学生要在此期间做相关内容的实验,教学过程中要紧紧抓住这个时期,及时通过课堂讲解实验基本原理,提醒学生在试验过程中在验证完基本原理之后,尝试探索通过改变参数观察实验结果,发现新的现象,以此激发学生探索知识的兴趣。比如,三极管基本放大电路在研究静态工作点时,通常通过观察示波器,调节电阻 R_b 改变 Q 点,观察失真。做完之后可以通过尝试让学生根据管压降线性方程式的分析,通过改变 R_C 改变 Q 点,找出不轻易调节 R_C 改变 Q 点的原因。诸如此类的实验还有很多。放手让学生大胆探索,鼓励支持学生运用基本原理不断创新是老师的责任。

(4) 完成课后练习,做习题作为一个不可缺少的重要环节。习题通常分验证类、提高类两种,在初学阶段,要反复练习与相关概念、原理、定律有关的如填空、选择、简答等类型的基本题目。通常选择在学完基本单元电路如二极管、三极管、场效应管等放大电路之后。温故知新,总结、巩固学习内容,选择提高类的题目训练,强化基本概念。在学习如集成运算放大电路、反馈放大电路、功率放大电路、运算放大电路的线性与非线性的运用、直流稳压电源等综合内容时,要通过选择、简答题掌握基本概念,通过综合提高题掌握知识点的综合运用能力。实践证明,不断地通过练习、复习总结,关键要总结挖掘出符合自己的解决问题的方式方法是学习的基本方法。

第1章　常用半导体器件

1.1　教学建议

本章将半导体二极管、三极管、场效应管作为半导体的基本器件集中介绍，重点从实际应用的角度出发，需要掌握半导体二极管、晶体管和场效应管的外部特性和主要参数。因此，讲述各类管子的内部结构和载流子运动的目的是为了更好地理解各类管子的外特性，要引导学生不要将注意力过度关注在各类管子内部，以理解外部特性为主。

根据这样的思路，可以设定为什么采用半导体材料制作电子器件这个问题开始，引入本征半导体的共价键、自由电子和空穴、杂质N型半导体和P型半导体、PN结等概念。

建立了PN结的基本概念以及了解了PN结基本特性之后，进而着重介绍二极管及其基本特性，二极管的电流方程、伏安特性及主要参数。结合实例介绍其他类型的二极管，如稳压二极管、发光二极管等。

结合PN结的特点介绍由此衍生出的晶体三极管。围绕正常工作条件晶体管发射结正偏，集电结反偏的放大状态，满足电流控制关系。深入讲解晶体管三极管的输入特性、输出特性、主要参数。在输出特性曲线中强调如果不满足正常工作条件时对应的其他工作区域和特点。

对比晶体管三极管的特性，结合PN结的特点引入最后一个主要器件——场效应管。讲述场效应管的分类、主要特点，结型、绝缘栅型场效应管的工作原理、转移特性、输出特性。各类场效应管的转移特性方程以及主要工作状态，也就是所讲述的三个工作区域以及特点。通过比对晶体三极管的特性，强调出场效应管是电压控制器件这样的不同特性。

1.2　主要概念

一、内容重点精讲

1. 半导体基本知识

本征半导体：是一种完全纯净的、结构完整的半导体晶体。

杂质半导体：在本征半导体中有控制地掺入少量的有用杂质。

本征激发：温度升高时，部分价电子获得足够的随机热振动能量而挣脱共价键的束缚，形成自由电子和带正电的空穴。

空穴：当价电子挣脱共价键束缚成为自由电子后，共价键中就留下一个空位叫空穴。它的出现是半导体区别于导体的一个重要标志。

P型半导体：在硅或锗的晶体内掺入少量三价元素杂质，如硼(或铟)，它与周围硅原子组成共价键时，因缺少一个电子，在晶体中便产生一个空穴。控制掺入杂质的多少，便可控制空穴数量。N型半导体：在硅或锗的晶体内掺入少量五价元素杂质，如磷(砷、锑)，它与P型半导体掺入原理相似。

2. PN结的形成及特性

PN结：在一块半导体单晶上，一侧掺杂成为P型半导体，另一侧掺杂成为N型半导体，在两个区域的交界处就形成了一个特殊的薄层,称为 PN 结。

漂移:由于电场作用而导致的载流子的运动。

扩散:多数载流子由高浓度区域向低浓度区域的运动。

PN 结的单向导电性:PN 结正向偏置即 P 区接高电位,N 区接低电位时,PN 结导通。当外加正向电压增加时,PN 结宽度变窄,流过 PN 结的正向电流(载流子扩散形成)增加;PN 结反向偏置即 P 区接低电位,N 区接高电位时,PN 结宽度变宽,其反向电流(载流子漂移形成)很小,基本不随外加反向电压变化。

PN 结 $V-I$ 特性的表达式为

$$i_D = I_S(e^{v_D/V_T} - 1)$$

式中,i_D 为通过 PN 结的电流;v_D 为 PN 结两端的外加电压;V_T 为温度的电压当量,在室温下,$V_T = 0.026$ V。

PN 结的击穿特性:当反向电压超过某一值时,反向电流急剧增加的现象。

PN 结的击穿分为齐纳击穿和雪崩击穿两种。

PN 结的电容特性:PN 结电压变化,空间电荷区宽度变化,从而引起空间电荷区内电荷变化,这种效应形成的电容称为垫垒电容;PN 结正向偏置时,多数载流子在扩散过程中形成电荷积累,正向电压变化时,其积累的电荷量也变化,这种电容称为扩散电容。

PN 结的温度特性:保持正向电流不变,当温度升高时,正向偏置的 PN 结内的电场将减小,反向饱和电流将增大,温度降低时,情况刚好相反。

3. 二极管

二极管的结构:点接触型和面接触型。

二极管具有 PN 结的全部特性。它的参数主要有以下几个:

(1)最大整流电流 I_F:指管子运行时,允许通过的最大正向平均电流。

(2)反向击穿电压 V_{BR}:指管子反向击穿时的电压值。一般手册上给出的最高反向工作电压约为实际击穿电压的一半。

(3)反向电流 I_R:指管子未击穿时的反向电流,其值愈小,则管子的单向导电性愈好。

(4)极间电容 C_d:$C_d = C_D + C_B$,C_D 为扩散电容,C_B 为垫垒电容。

4. 齐纳二极管

齐纳二极管又称稳压管,其原理是 PN 结工作在反偏状态,只要流过它的电流总是在 I_{zmin} 和 I_{zmax} 之间,就可以保证稳压管安全正常工作。在手册中,同一型号的稳压管的稳压值给出的是一个电压范围,这主要指这类管子中的每个管子的稳压值必定是这一范围内的某一值。稳压管在直流稳压电源中获得广泛的应用,通常采用的是并联式稳压电路。

稳压管的主要参数:

(1)稳定电压 V_z:反向击穿电压;不同型号的稳压管具有不同的稳压值。

(2)稳定电流 I_z:正常工作的参考电流。$I < I_{zmin}$ 时,管子的稳压性能差;$I > I_{zmax}$ 时,稳压管将被烧毁。

(3)额定功耗 P_z: $P_z = I_z V_z$

(4)动态电阻 r_z: $r_z = \dfrac{\Delta V_z}{\Delta I_z}$

(5)温度系数 α: $\alpha = \dfrac{\Delta V_z}{\Delta T}$

5. BJT(双极结型三极管)

三极管的结构及类型:

三极管有三个极:发射极 e、集电极 c、基极 b。

三极管有三个区:发射区、集电区、基区。

三极管的结构特点:两个 PN 结背靠背构成;发射区重掺杂;基区很薄,集电区面积要大于基区、发射区面积。

类型分为 NPN 型和 PNP 型两种。

三极管的放大原理：

实现放大的内部条件：发射区重掺杂，基区很薄，集电结面积大。

实现放大的外部条件：发射结正向偏置，集电结反向偏置。

放大原理：由于发射结正向偏置，使发射区的多数载流子大量注入到基区。因为基区很薄，注入的载流子绝大部分在浓度差的作用下扩散到集电结。又由于集电结反向偏置，扩散到集电结的载流子被集电结内的强电场漂移到集电区，形成集电极电流。用$\bar{\beta}$的大小反映三极管的基区内扩散与复合的比例；用$\bar{\alpha}$的大小反映基区里扩散与发射区向基区注入的比例。在共射极电路中，输入电流为基极电流，输出电流为集电极电流，用$\bar{\beta}$表示管子的放大能力。共基极电路的输入电流为发射极电流，输出电流为集电极电流，用$\bar{\alpha}$表示管子的放大能力。

电流分配关系：

共射极电路：
$$I_C = \bar{\beta} I_B + I_{CEO}$$
$$I_E = I_C + I_B$$

共基极电路：
$$I_C = \bar{\alpha} I_E + I_{CBO}$$
$$I_E = I_C + I_B$$

其中 I_{CBO} 是少数载流子形成的集电结反向饱和电流。

I_{CEO} 是 $I_B = 0$ 时，c，e 之间的穿透电流，$I_{CEO} = (1+\bar{\beta}) I_{CBO}$ 通常希望它们愈小愈好。

三极管的特性曲线：

(1) 输入特性(见图 1.1)：
$$i_B = f(v_{BE}) \Big|_{v_{CE}=C}$$

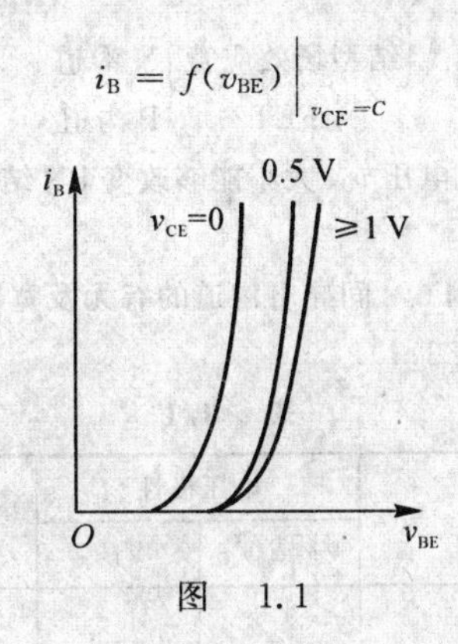

图　1.1

(2) 输出特性(见图 1.2)：
$$i_C = f(v_{CE}) \Big|_{i_B=C}$$

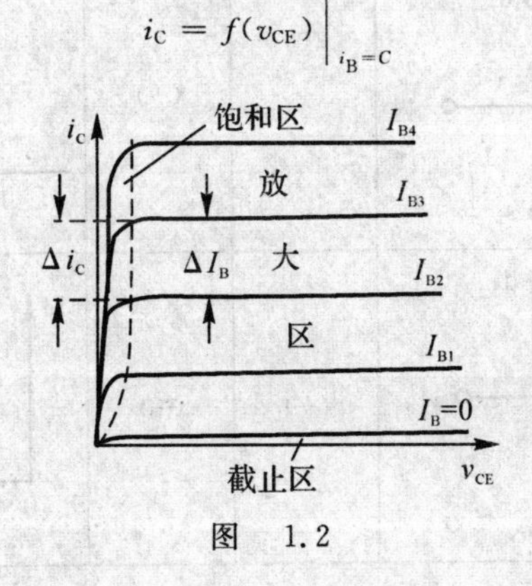

图　1.2

三极管的主要参数：

电流放大系数：
$$\bar{\alpha} = \frac{\bar{\beta}}{1+\bar{\beta}}, \quad \bar{\beta} = \frac{\bar{\alpha}}{1-\bar{\alpha}}$$

极间反向电流：I_{CBO} 是集电极基极反向饱和电流；I_{CEO} 是穿透电流，与 I_{CBO} 有关

$$I_{CEO}=(1+\bar{\beta})I_{CBO}$$

它们都是由少数载流子形成的，与温度有关。

极限参数：

P_{CM}：集电极最大允许耗散功率，当管子的实际功率超过此值时，管温过高，易损坏。

I_{CM} 集电极最大允许电流，工作时当 I_C 超过此值时，管子的 $\bar{\beta}$ 值下降较多。

$V_{(BR)CEO}$，$V_{(BR)CBO}$，$V_{(BR)EBO}$：三极管的反向击穿电压。

P_{CM}，I_{CM}，$V_{(BR)CEO}$：共同决定了三极管的安全工作区。

温度对三极管参数的影响

$$T(\text{温度})\uparrow\begin{cases}\bar{\beta}\uparrow\\ I_{CBO}\uparrow,\ I_{CEO}\uparrow\\ V_{BE}\downarrow\end{cases}\rightarrow\text{均使 } I_C\uparrow$$

6. 场效应管

(1) 场效应管的类型

$$\text{场效应管 FET}\begin{cases}\text{绝缘栅场效应管 MOSFET}\begin{cases}\text{N 沟道}\begin{cases}\text{增强型}\\\text{耗尽型}\end{cases}\\\text{P 沟道}\begin{cases}\text{增强型}\\\text{耗尽型}\end{cases}\end{cases}\\\text{结型场效应管 JFET}\begin{cases}\text{N 沟道}\\\text{P 沟道}\end{cases}\end{cases}$$

(2)JFET 的特点是利用改变栅源极电压 v_{GS} 大小能够改变 PN 结宽度的方法，去控制导电沟道宽度，来达到控制漏极电流 i_D 的目的。

MOSFET 是利用改变 v_{GS} 能够控制 d，s 间导电沟道的有无及宽窄来实现对 i_D 的有无及大小的控制。

(3) 各种场效应管的特性比较(见表 1.1)。

表 1.1

结构种类	工作方式	符号	电压极性		转移特性 $i_D=f(v_{GS})$	输出特性 $i_D=f(v_{DS})$
			V_P 或 V_T	V_{DS}		
N 沟道 MOSFET	耗尽型	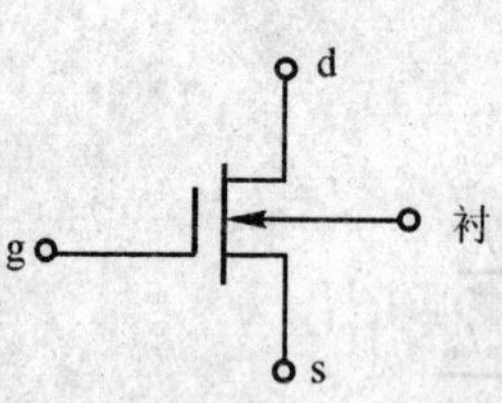 d, g, s, 衬	(−)	(+)	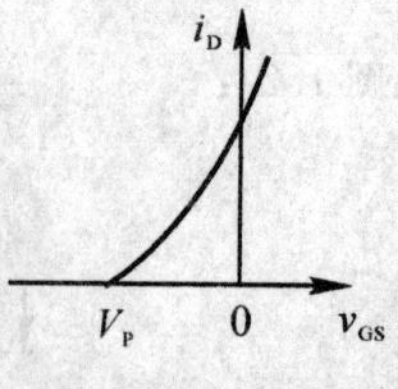 i_D, V_P, 0, v_{GS}	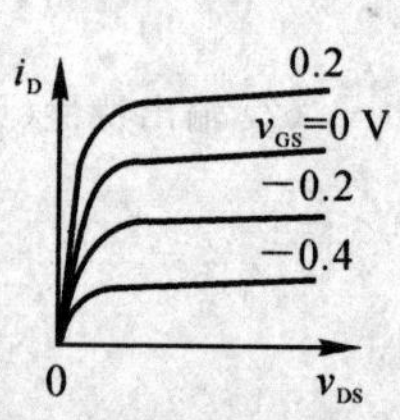 i_D, 0.2, v_{GS}=0 V, −0.2, −0.4, 0, v_{DS}
	增强型	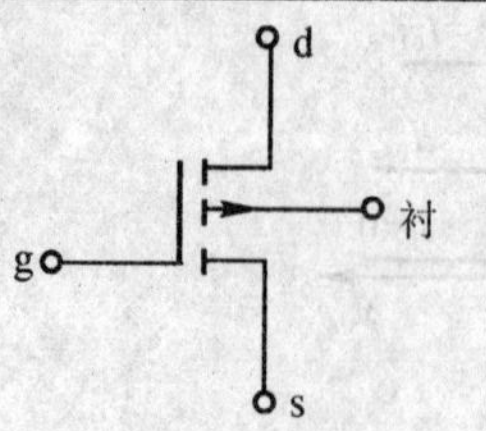 d, g, s, 衬	(+)	(+)	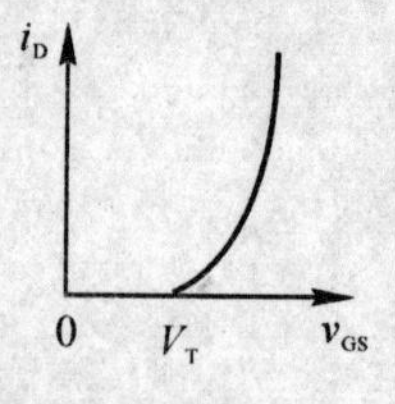 i_D, 0, V_T, v_{GS}	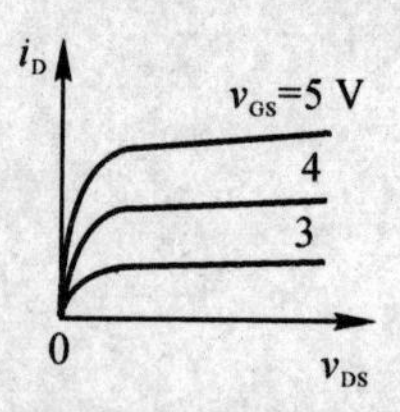 i_D, v_{GS}=5 V, 4, 3, 0, v_{DS}

续 表

结构种类	工作方式	符号	电压极性		转移特性	输出特性
			V_P 或 V_T	V_{DS}	$i_D = f(v_{GS})$	$i_D = f(v_{DS})$
P沟道 MOSFET	耗尽型	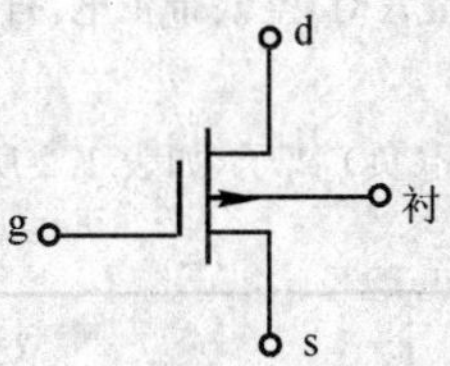 d, g, s, 衬	(+)	(−)	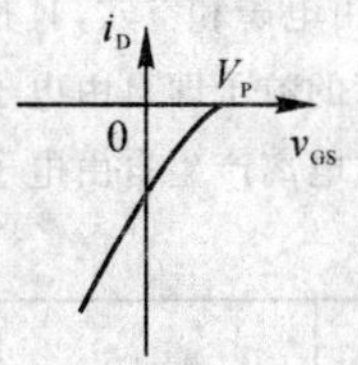 i_D, V_P, 0, v_{GS}	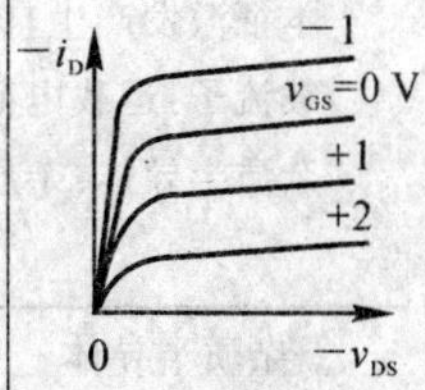 $-i_D$, -1, v_{GS}=0 V, +1, +2, 0, $-v_{DS}$
	增强型	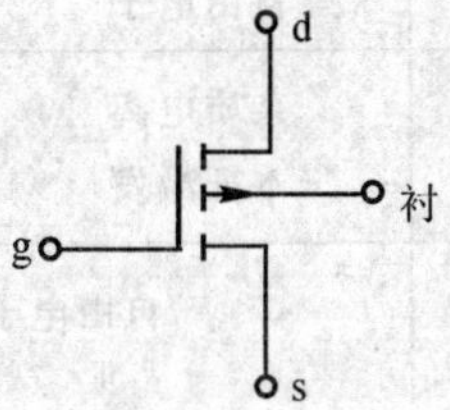 d, g, s, 衬	(−)	(−)	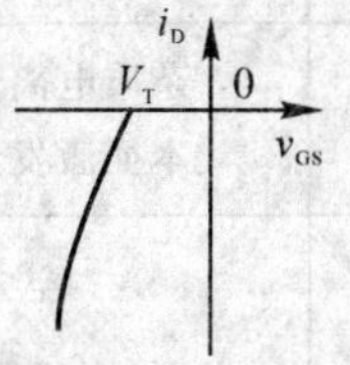 i_D, V_T, 0, v_{GS}	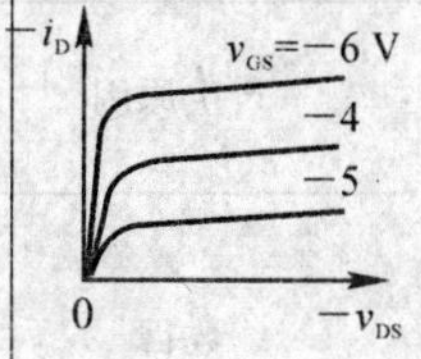 $-i_D$, v_{GS}=−6 V, −4, −5, 0, $-v_{DS}$
P沟道 JFET	耗尽型	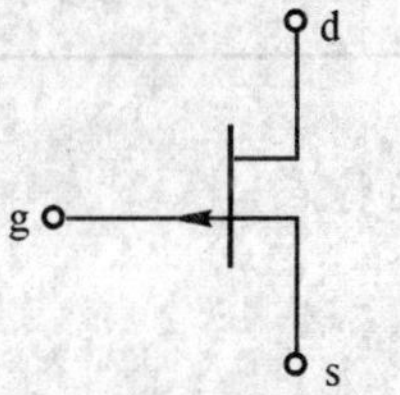 d, g, s	(+)	(−)	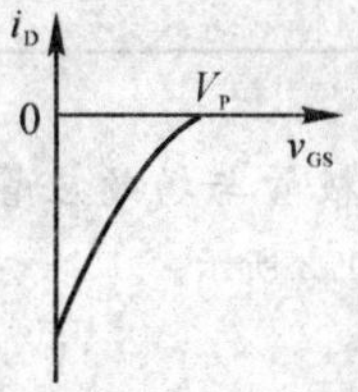 i_D, 0, V_P, v_{GS}	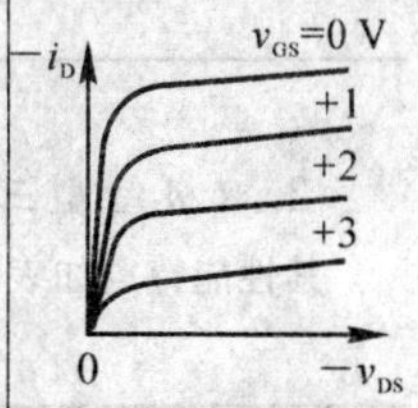 $-i_D$, v_{GS}=0 V, +1, +2, +3, 0, $-v_{DS}$
N沟道 JFET	耗尽型	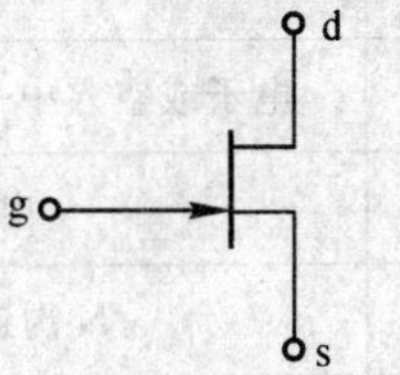 d, g, s	(−)	(+)	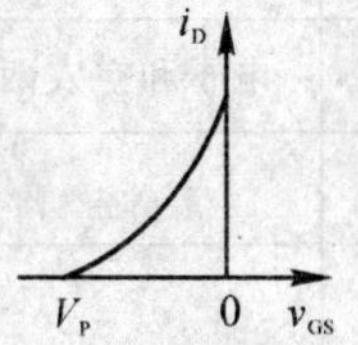 i_D, V_P, 0, v_{GS}	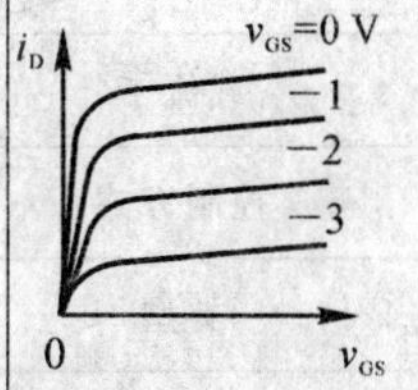 i_D, v_{GS}=0 V, −1, −2, −3, 0, v_{GS}
N沟道 GaAd MESFET	耗尽型	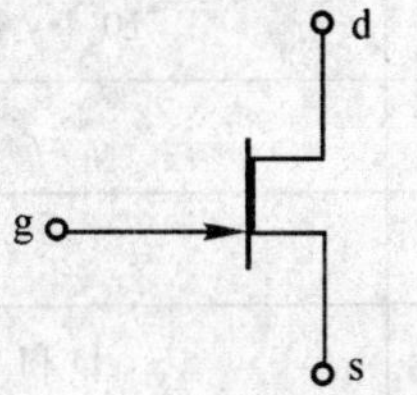 d, g, s	(−)	(+)	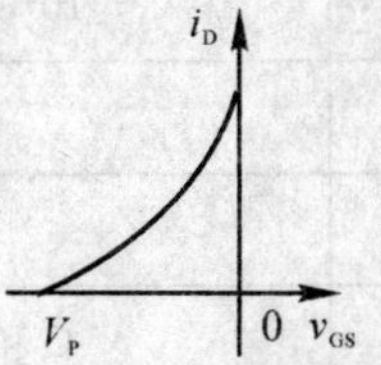 i_D, V_P, 0, v_{GS}	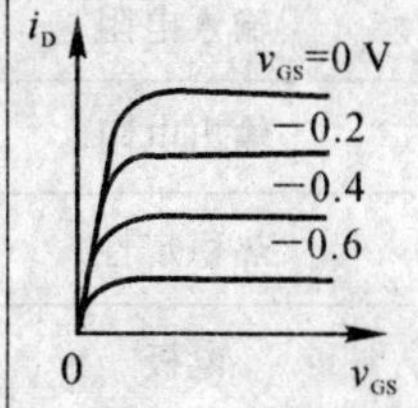 i_D, v_{GS}=0 V, −0.2, −0.4, −0.6, 0, v_{GS}

注：假定 i_D 正向为流进漏极。

(4) 场效应管的主要参数：

1) 夹断电压 V_P 和开启电压 V_T：它们对于工作点的选择很重要，v_{DS} 为常量时，使漏极电流 i_D 为某一小电流时的 v_{GS} 的值。它们通常在 $|v_{DS}| = 10$ V，$i_D = 50\ \mu$A 条件下测得。

2) 漏极饱和电流 I_{DSS}：对于结型场效应管，当 $v_{GS} = 0$ 时所对应的漏极电流。

3) 低频跨导 g_m：反映了 v_{GS} 对 i_D 的控制作用，即 $g_m = \left.\dfrac{\Delta i_D}{\Delta v_{GS}}\right|_{v_{DS}=\text{常数}}$。

二、重点、难点

1.杂质半导体中的载流子

本征激发产生自由电子和空穴,且是成对出现的,称为电子空穴对,空穴带正电,自由电子带负电。

载流子:运载电荷的粒子即自由电子和空穴。

杂质半导体:杂质电离产生自由电子(空穴)及不能移动的正(负)离子,如表 1.2 所示。

表 1.2

杂质半导体	P型半导体		N型半导体	
载流子	空穴	自由电子	自由电子	空穴
产生原因	杂质电离 本征激发	本征激发	杂质电离 本征激发	本征激发
数目	空穴 ≫ 自由电子 ⇓ ⇓ 多子 少子		自由电子 ≫ 空穴 ⇓ ⇓ 多子 少子	

2.双极结型三极管与场效应管相比较所具有的性能特点

其性能特点如表 1.3 所示。

表 1.3

	双极型三极管	单极型场效应管
载流子	电子和空穴两种载流子同时参与导电	电子或空穴中一种载流子参与导电
控制方式	电流控制	电压控制
类型	NPN 和 PNP	N 沟道和 P 沟道
放大参数	$\beta = 20 \sim 200$	$g_m = 1 \sim 5$ mA/V
输入电阻	$10^2 \sim 10^4\ \Omega$ 较低	$10^7 \sim 10^{14}\ \Omega$ 较高
输出电阻	r_{ce} 很高	r_{ds} 很高
热稳定性	差	好
电极	C 和 E 不可互换	D 和 S 可互换
对应电极	B-E-C	G-S-D

3.三极管具有放大作用的条件

(1) 三极管工作在放大区,即发射结正偏,集电结反偏。

对于 NPN 型管 $V_C > V_B > V_E$,对于 PNP 型管 $V_E > V_B > V_C$。

(2) 输入信号加至发射结,保证输入信号变化时,发射结电压发生变化,基极电流变化,经管子放大作用使集电极电流变化。

(3) 电路具有交流电压输出,要有合适的集电极负载,保证集电极电流变化时,有较大输出电压。

4. 三极管的三个工作区域

(1) 截止区:发射结电压小于开启电压,集电结反偏

$$v_{BE} \leqslant V_{on}, \quad v_{CE} > v_{BE}$$

(2) 放大区:发射结正偏,集电结反偏

$$v_{BE} > V_{on}, \quad v_{CE} \geqslant v_{BE}$$

(3) 饱和区: $v_{BE} > V_{on}, \quad v_{CE} < v_{BE}$

5. 场效应管的开启电压 V_T 和夹断电压 V_P

对于增强型绝缘栅型场效应管,在 $v_{GS} = 0$ 时,不存在导电沟道,只有当 v_{GS} 达到开启电压 V_T 时才有漏极电流 i_D。在输出特性中,i_D 大于0或等于0(即开始出现 i_D)时所对应的 v_{GS} 值为开启电压 V_T。一般而言,N沟道增强型 MOSFET 的 V_T 值为正值,P 沟道的 V_T 值为负值。

对于结型场效应管(JFET)和耗尽型绝缘栅型场效应管,当 $v_{GS} = 0$ 时已存在导电沟道,当 $v_{GS} = V_P$ 时,导电沟道被夹断,$i_D = 0$。一般而言,N 沟道耗尽型场效应管 $V_P < 0$,而 P 沟道 $V_P > 0$。

1.3 例题

例 1.1 PN 结反偏时,内电场与外电场的方向________,有利于________载流子的漂移运动。(华中科技大学 2007 年考研题)

分析 此题主要考查 PN 结反偏特性,漂移电流占据支配地位,耗尽层变厚。

答 一致,少数

例 1.2 在杂质半导体中,多数载流子的浓度主要取决于________,而少数载流子浓度则与________有很大关系。(华中科技大学 2005 年考研题)

分析 杂质半导体中,多数载流子由掺杂和本征激发产生,浓度取决于掺杂;少数载流子由本征激发产生,与温度关系很大。

答 掺杂浓度,温度

例 1.3 电路如图 1.3 所示,设 D_{z1} 的稳定电压为 6 V,D_{z2} 的稳定电压为 12 V,设稳压管的正向压降为 0.7 V,则输出电压 V_o 等于(　　)。(北京科技大学 2011 年考研题)

A. 18 V　　B. 6.7 V

C. 12.7 V　　D. 6 V

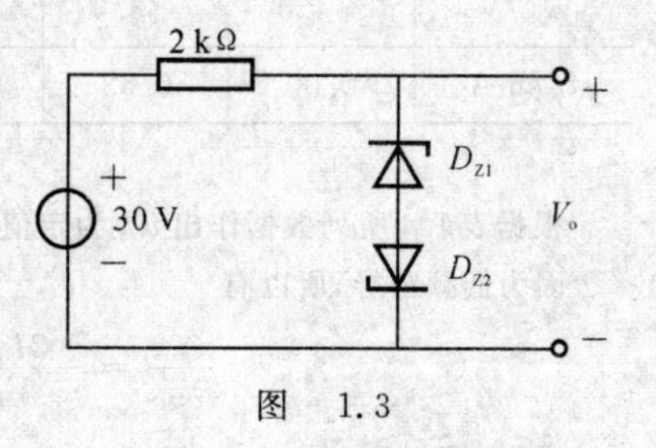

图 1.3

分析 由电源判断,D_{z1} 反向接入,D_{z2} 正向接入,所以 D_{z1} 表现稳压特性,$V_o = V_{D_{z1}} + V_{D_{z2}} = 6\text{ V} + 0.7\text{ V} = 6.7\text{ V}$。

答 B

例 1.4 测得某晶体管三个电极之间的电压分别为 $V_{BE} = -0.2$ V,$V_{CE} = -5$ V,$V_{BC} = 4.8$ V,则此晶体管的类型为(　　)。(北京科技大学 2010 年考研题)

A. PNP 锗管　　B. NPN 锗管　　C. PNP 硅管　　D. NPN 硅管

分析 由于 $|V_{BE}| = 0.2$ V,可知该管为锗管,晶体管工作在放大状态的条件,NPN 型 $V_E < V_B < V_C$,PNP 型 $V_C < V_B < V_E$,由 $V_{BE} = -0.2$ V,知 $V_B < V_E$,且 $V_{BC} = 4.8$ V,所以 $V_B > V_C$,则有 $V_C < V_B < V_E$,为 PNP 管。

答 A

例 1.5 不加栅源电压,存在导电沟道的场效应管是(　　)。(北京邮电大学 2012 年考研题)

A. P 沟道增强型场效应管　　B. N 沟道耗尽型场效应管

C. P 沟道结型场效应管　　　　　　D. N 沟道增强型场效应管

分析　V_{GS} 为 0，存在导电沟道的场效应管为耗尽型场效应管和结型场效应管。

答　BC

例 1.6　测量某硅 BJT 各电极对地的电压值如下，试判别管子工作在什么区域？（哈尔滨工业大学 2005 年考研题）

(1)$V_C = 6\ \text{V}, V_B = 0.7\ \text{V}, V_E = 0.3\ \text{V}$

(2)$V_C = 6\ \text{V}, V_B = 2\ \text{V}, V_E = 1.3\ \text{V}$

(3)$V_C = 6\ \text{V}, V_B = 6\ \text{V}, V_E = 5.4\ \text{V}$

(4)$V_C = 6\ \text{V}, V_B = 4\ \text{V}, V_E = 3.6\ \text{V}$

(5)$V_C = 3.6\ \text{V}, V_B = 4\ \text{V}, V_E = 3.4\ \text{V}$

分析　管子工作在放大区，$V_{BE} \geqslant 0.6 \sim 0.7\ \text{V}, V_{CE} > V_{CES}$

管子工作在截止区，$V_{BE} < 0.6 \sim 0.7\ \text{V}$

管子工作在饱和区，$V_{BE} \geqslant 0.6 \sim 0.7\ \text{V}, V_{CE} \leqslant V_{CES}$

答　(1)$V_{BE} = V_B - V_E = 0.7\ \text{V}, V_{CE} = 5.7\ \text{V}$，所以在放大区。

(2)$V_{BE} = V_B - V_E = 0.7\ \text{V}, V_{CE} = 4.7\ \text{V}$，所以在放大区。

(3)$V_{BE} = 0.6\ \text{V}, V_{CE} = 0.6\ \text{V}$，集电结零偏，所以在饱和区。

(4)$V_{BE} = 0.4\ \text{V} < 0.6 \sim 0.7\ \text{V}$，所以在截止区。

(5)$V_{BE} = 0.6\ \text{V}, V_{CE} = 0.2\ \text{V} < V_{CES}$，所以在饱和区。

例 1.7　已知某场效应管的 $I_{DSS} = 10\ \text{mA}, V_P = -4\ \text{V}$，试绘出该管的转移特性曲线，并计算在 $v_{GS} = 0$ 时的 g_{m0}。（北京航空航天大学 2005 年考研题）

解　由题意可知，该管为结型场效应管，利用它的转移特性方程

$$i_D = I_{DSS}\left(1 - \frac{v_{GS}}{V_P}\right)^2$$

对应不同的 v_{GS} 求出相应的漏极电流 i_D，如表 1.4 所示。

表　1.4

v_{GS}/V	−4.0	−3.0	−2.5	−2.0	−1.5	−1.0	−0.5	0.0
i_D/mA	0.00	0.63	1.41	2.50	3.91	5.63	7.66	10.00

根据表 1.4 所列数据作出 v_{DS} 为定值的转移特性曲线，如图 1.4 所示。

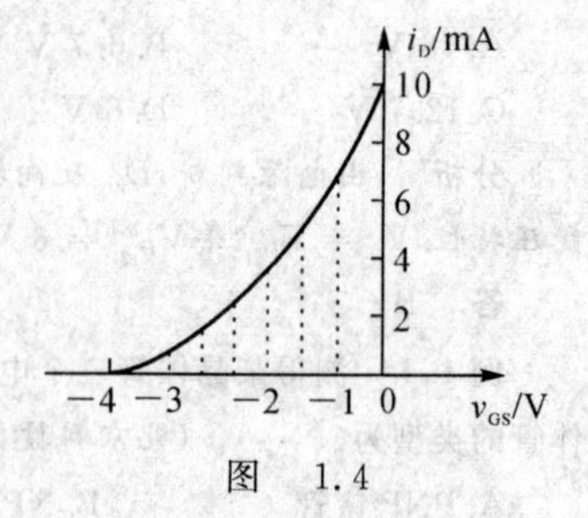

图　1.4

因为低频跨导，所以有

$$g_m = \frac{\partial i_D}{\partial v_{GS}} = -\frac{2I_{DSS}}{V_P}\left(1 - \frac{v_{GS}}{V_P}\right)$$

当 $v_{GS} = 0$ 时，有

$$g_m = \frac{2I_{DSS}}{-V_P} = \frac{2 \times 10\ \text{mA}}{4\ \text{V}} = 5\ \text{mS}$$

比较两式，得

$$g_m = g_{m0}\left(1 - \frac{v_{GS}}{V_P}\right)$$

可见，零偏压跨导 g_{m0} 越大，表示场效应管的放大能力越强。

评注　本题主要考查对场效应管转移特性方程及低频跨导 g_m 的求法。

1.4　自学指导

一、二极管的直流电阻和交流电阻有什么区别？如果用万用表欧姆挡测量得到的二极管电阻属于哪一种？为什么用万用表欧姆挡不同量程测出的二极管阻值不同？

答　二极管的直流电阻是指二极管两端外加的直流电压与产生的直流电流之比，即二极管在静态工作点 Q 时的直流电阻 $R_d = V/I$。

二极管的交流电阻是指在 Q 点附近电压变化量 ΔV_D 与电流变化量 ΔI_D 之比，即 $V_D = \dfrac{\Delta V_D}{\Delta I_D}$，也就是伏安特性曲线在工作点处的切线斜率的倒数。

交流电阻是动态电阻，不能用万用表测量。用欧姆挡测出的正、反向电阻是二极管的直流电阻。

用欧姆挡的不同量程去测量二极管的正向电阻，由于表的内阻不同，测量时流过二极管的电流大小不同，即 Q 点位置不同，故测出的 R_D 值不同。

二、集成电路中经常将三极管接成二极管使用，接法有①基极－集电极短接；②发射极－集电极短接；③发射极－基极短接，如何衡量哪种接法好？

答　衡量三种接法好坏的指标是开关速度、正向压降、击穿电压、结电容和寄生电容等的大小。

开关速度主要取决于载流子存储量的多少。第①种接法载流子存储量最少，第②种接法载流子存储量最大。

正向压降决定电流的大小。在集成电路中，发射结为 N^+P，集电结为 NP^+，小电流时发射结压降比集电结压降约大 0.1 V。因此，第①种接法的正向压降大，其余的正向压降小，从击穿电压考虑，第①、第②种接法中由发射结决定的击穿电压较低，约为 6 V；第③种接法由集电结决定的击穿电压较高，可达 40 V。

第①种接法的结电容主要是发射结电容，第③种接法的结电容主要是集电结电容，第②种接法的电容为两种电容之和。

由此可见，在集成电路中，第一种接法低压高速，使用最多。

三、什么叫沟道长度调制效应和体效应？

答　(1) 沟道长度调制效应。在理想情况下，当 MOSFET 工作于饱和区时，漏极电流 i_D 与漏源电压 v_{DS} 无关。而实际 MOS 管在饱和区的输出特性曲线还应考虑 v_{DS} 对沟道长度 L 的调制作用，当 v_{GS} 固定，v_{DS} 增加时，i_D 会有所增加。也就是说，输出特性的每根曲线会有所倾斜，若将饱和区的每根特性曲线延长，将会汇聚于 v_{DS} 轴上的一点，这点电压值用 $V_A = \dfrac{1}{\lambda}$ 表示，如图 1.3 所示，λ 的典型值为 $(0.005 \sim 0.03)\text{V}^{-1}$，以 N 沟道增强型 MOS 管为例，考虑沟道调制效应后，$i_D = k_n(v_{GS} - V_T)^2(1 + \lambda v_{DS})$。

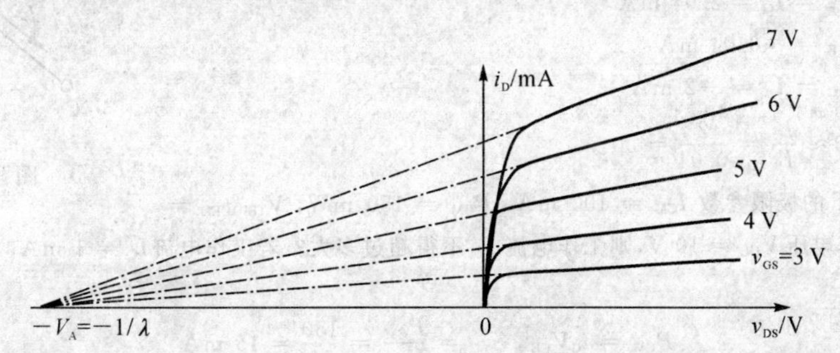

图 1.3　N 沟道增强型 MOS 管考虑沟道长度调制效应时的输出特性曲线

(2) 体效应（衬底调制效应）。在分立元件电路中，场效应管的衬底通常与源极相连，$v_{BS} = 0$，但在集成电路中，许多场效应管都做在同一块衬底上，就不可能将所有 MOS 管的源极与公共衬底相连，衬底 B 与源极 S 之间所形成的 PN 结必须是零偏或反偏，即 $v_{BS} \leqslant 0$。为此通常 N 沟道器件的衬底应接电路的低电位，P 沟道器件的衬底应接电路的最高电位。

以增强型N沟道MOS管为例，V'_T 表示 $v_{GS}=0$ 的开启电压。在衬底为负电压（$v_{BS}<0$）的作用下，沟道与衬底间的耗尽层加厚，致使 $v_{GS}=V'_T$ 时，不能形成导电沟道，这时的开启电压 $V_T>V'_T$。由此可以看出，v_{BS} 的负值越大，则开启电压 V_T 越大。这种现象称为体效应或衬底调制效应。

1.5 习题精选详解

1.1 在室温（300 K）情况下，若二极管的反向饱和电流为1 nA，问它的正向电流为0.5 mA时应加多大的电压。设二极管的指数模型为 $i_D=I_S(e^{v_D/nV_T}-1)$，其中 $n=1$，$V_T=26\text{ mV}$。

解 已知 $i_D=0.5\text{ mA}$，$I_S=1\text{ nA}$，$V_T=26\text{ mV}$，$n=1$，因

$$i_D=I_S(e^{v_D/nV_T}-1)=I_S(e^{v_D/V_T}-1)$$

经整理得

$$v_D=V_T\ln\left(\frac{i_D+I_S}{I_S}\right)=26\ln\left(\frac{0.5\text{ mA}+1\text{ nA}}{1\text{ nA}}\right)=26\times13.12\text{ V}\approx0.34\text{ V}$$

其中 $1\text{ mA}=10^6\text{ nA}$。

1.2 测得某放大电路中BJT的三个电极A,B,C的对地电位分别为$V_A=-9\text{ V}$，$V_B=-6\text{ V}$，$V_C=-6.2\text{ V}$，试分析A,B,C中哪个是基极b、发射极e、集电极c，并说明此BJT是NPN管还是PNP管。

解 假设 $V_B=-6\text{ V}$，$V_E=-6.2\text{ V}$，$V_C=-9\text{ V}$，则得

$$V_{BE}=V_B-V_E=-6-(-6.2)=0.2\text{ V}\quad（正偏）$$

$$V_{BC}=V_B-V_C=-6-(-9)=3\text{ V}\quad（正偏）$$

说明假设的状态是饱和，不成立。

重新设定 $V_B=-6.2\text{ V}$，$V_E=-6\text{ V}$，$V_C=-9\text{ V}$，则

$$V_{BE}=-6.2-(-6)=-0.2\text{ V}$$

$$V_{BC}=-6.2-(-9)=2.8\text{ V}$$

符合PNP管放大状态，由于 $V_{BE}=-0.2\text{ V}$，说明是锗管。

1.3 某放大电路中BJT中三个电极A,B,C的电流如图题1.1所示，用万用表直流电流挡测得$I_A=-2\text{ mA}$，$I_B=-0.04\text{ mA}$，$I_C=2.04\text{ mA}$，试分析A,B,C中哪个是基极b、发射极e、集电极c，并说明此管是NPN管还是PNP管，它的 $\bar{\beta}=$？

解 设 $I_E=I_C=2.04\text{ mA}$

$I_B=-0.04\text{ mA}$

$I_C=I_A=-2\text{ mA}$

应该是NPN管，$\beta\approx\dfrac{I_C}{I_B}=\dfrac{2}{0.04}=50$。

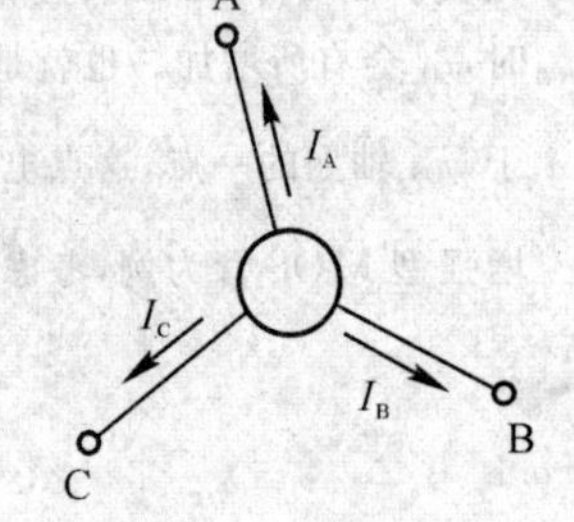

图题1.1

1.4 某BJT的极限参数 $I_{CM}=100\text{ mA}$，$P_{CM}=150\text{ mW}$，$V_{(BR)CEO}=30\text{ V}$，若它的工作电压 $V_{CE}=10\text{ V}$，则工作电流 I_C 不得超过多大？若工作电流$I_C=1\text{ mA}$，则工作电压的极限值应为多少？

解

$$P_{CM}=i_CV_{CE},\quad i_C=\frac{P_{CM}}{V_{CE}}=\frac{150}{10}=15\text{ mA}$$

则工作电流 $I_C\leqslant i_C=15\text{ mA}$。

若 $I_C=1\text{ mA}$，则

$$V_{CE}=\frac{P_{CM}}{I_C}=\frac{150}{1}=15\text{ V}$$

取 $V=2V_{CE}$，则极限值应为 $V=30\text{ V}$。

1.5 图题 1.2 所示为 MOSFET 的转移特性，请分别说明各属于何种沟道。如是增强型，说明它的开启电压 V_T =？如是耗尽型，说明它的夹断电压V_P =？（图中 i_D 的假定正向为流进漏极。）

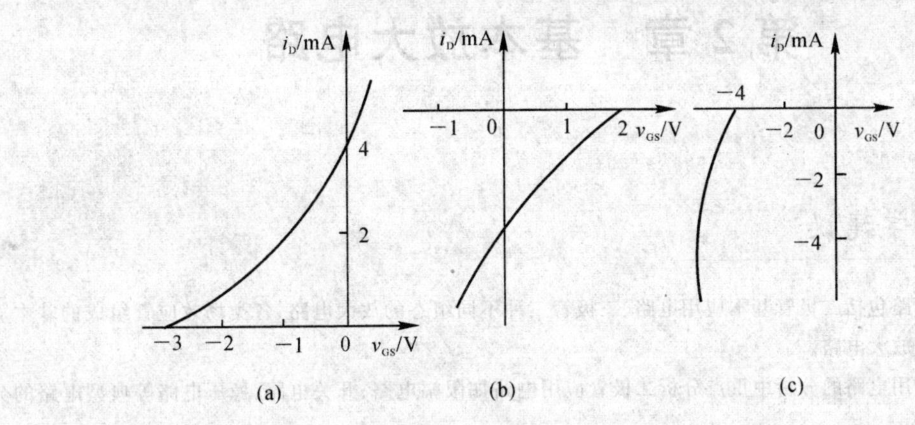

图题 1.2

解 图(a) 耗尽型，N 沟道 MOSFET，$V_P = -3$ V。

图(b) 耗尽型，P 沟道 MOSFET，$V_P = 2$ V。

图(c) 增强型，P 沟道 MOSFET，$V_T = -4$ V。

1.6 一个 MOSFET 的转移特性如图题 1.3 所示（其中漏极电流 i_D 的方向是它的实际方向）。试问：

(1) 该管是耗尽型还是增强型？

(2) 是 N 沟道还是 P 沟道 FET？开启电压 V_T 值等于多少？

解 (1) 该管从转移特性曲线分析存在开启电压 $V_T = -4$ V，是负值，因此是增强型。

(2) 是 P 沟道 FET，$V_T = -4$ V。

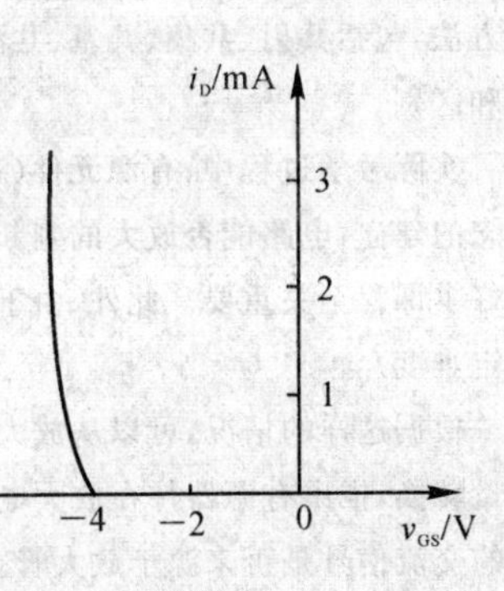

图题 1.3

1.7 四个 FET 的转移特性分别如图题 1.4(a)，(b)，(c)，(d) 所示，其中漏极电流 i_D 的方向是它的实际方向。试问它们各是哪种类型的 FET？

解 判断主要依据 v_{GS} 的值是正、负，以及 i_D 是正、负的不同。

图(a) P 沟道 JFET；

图(b) N 沟道耗尽型 MOSFET；

图(c) N 沟道增强型 MOSFET；

图(d) P 沟道耗尽型 MOSFET。

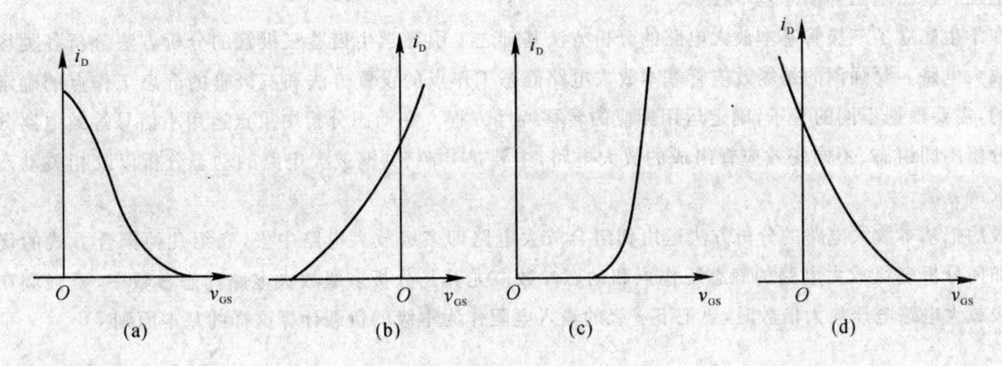

图题 1.4

第 2 章　基本放大电路

2.1　教学建议

基本放大电路包括二极管基本应用电路、三极管三种不同组态的放大电路、各类场效应管组成的基本放大电路以及多级放大电路。

对二极管应用电路的分析中重点分析二极管应用电路如限幅电路、开关电路、稳压电路等典型电路的分析方法。

三极管、场效应管放大电路的重点内容应从放大的概念、放大电路的主要指标参数、基本放大电路的分析方法，包括共射、共集、共基、共源和共漏放大电路的组成，各种电路的静态和动态分析方法以及不同的特点和区别。

实际教学过程中，有源元件(三极管、场效应管)对能量的控制作用，有关放大、动态和静态、等效电路等概念的建立，电路能否放大的判断，各种基本放大电路的失真分析，等等，是初学者的难点；而上述问题对于学好本课程至关重要。此外，由于场效应管种类较多，通常初学者普遍感觉到对场效应管放大电路的分析有一定难度。

根据这样的情况，可以从放大电路放大的本质和基本特征是什么入手讲解。使学生了解放大的本质是能量转换，推出有源器件在放大电路中的作用，从而讲解为什么晶体管和场效应管可以用于放大，负载上获得的交流信号是否来源于放大管。

在分析基本三极管放大电路中，要讲清组成放大电路的基本原则，设置合适静态工作点的重要性。分析放大电路时直流状态分析需要在直流通路上分析，交流状态分析需要在交流通路、小信号等效电路上分析。要明确在画直流通路和交流通路时需要遵循的基本原则。

要充分利用图解法分析放大电路的 Q 点不同位置时的不同工作状态，出现失真及消除失真的方法。建立静态负载线、交流负载线的不同意义以及如何在负载线上确立基本参数的方法。利用等效电路法构建晶体管的 h 参数等效模型，各参数的物理意义、模型的简化。利用小信号等效电路分析放大电路的电压放大倍数、输入电阻和输出电阻等动态基本参数。

在学生建立了三极管基本放大电路的分析方法基础之上引导学生借鉴三极管的分析方法分析各类场效应管放大电路。要强调的是场效应管基本放大电路静态工作点的设置方法和三极管的静态工作点的确定是不同的，需要根据不同的管子，确定运用相应的转移特性方程。在动态分析中重点运用小信号等效电路分析方法分析不同组态、不同场效应管组成的放大电路，主要是共源、共漏放大电路的动态分析以及相关动态参数的求解方法。

最后把基本放大电路的分析方法运用到组合放大电路即多级放大电路中去，介绍几种耦合方式的优缺点。如何分析多级放大电路的静态工作点和动态参数。尤其是分析多级放大电路动态参数中，要强调在计算多级放大电路电压放大倍数时，要把下一级的输入电阻作为本级的负载计算这样的基本原则。

2.2　主要概念

一、内容重点精讲

1.放大的概念和放大电路的主要性能指标

电子技术中放大的作用就是利用三极管(或场效应管)的控制作用,将电源的能量转换成较大的电信号,即得到了较大的功率。因此,放大作用的实质是能量的控制和转换,放大的前提是不失真,也就是说只有在不失真的情况下放大才有意义。

放大电路的主要性能指标:

输入电阻 R_i:输入电压 v_i 与输入电流 i_i 的比值。

当输入信号是电压时,如是电压放大电路和互导放大电路,R_i 愈大,放大电路的 v_i 就愈大。

当输入信号是电流时,如是电流放大电路和互阻放大电路,R_i 愈小,放大电路的 i_i 就愈大。

输出电阻 R_o:是在电路输出端加一测试电压 v_T 与其相应产生一测试电流 i_T 的比值。

输出电阻的大小决定它带负载的能力。对输出为电压信号的放大电路,如是电压放大电路和互阻放大电路,R_o 愈小,负载 R_L 的变化对输出电压 V_o 的影响愈小;对输出为电流信号的放大电路,如是电流放大电路和互导放大电路,R_o 愈大,负载 R_L 的变化对输出电流 i_o 的影响愈小。

增益 A:四种放大电路分别有不同的增益,如电压增益 A_v,电流增益 A_i,互阻增益 A_r 及互导增益 A_g。其中 A_v 和 A_i 在工程上常用分贝 dB 表示,电压增益是 $20\lg|A_v|$ (dB),电流增益是 $20\lg|A_i|$ (dB)。

频率响应:在输入正弦信号情况下,输出随频率连续变化的稳态响应。

当考虑电抗性元件的作用和信号角频率变量,放大电路电压增益可表达为

$$\dot{A}_V(j\omega)=\frac{\dot{V}_o(j\omega)}{\dot{V}_i(j\omega)}\quad 或\quad \dot{A}_V=A_v(\omega)\angle\varphi(\omega)$$

式中,$A_v(\omega)$ 表示电压增益的模与角频率之间的关系,称幅频响应。

$\varphi(\omega)$ 表示放大电路输出与输入正弦电压信号的相位差与角频率之间的关系,称为相频响应。$A_v(\omega)$ 和 $\varphi(\omega)$ 综合起来表征放大电路的频率响应。

半功率点:在输入信号幅值保持不变的条件下,增益下降 3 dB 的频率点,其输出功率约等于中频区输出功率的一半。

上限频率 f_H:是频率响应的高端半功率点。

下限频率 f_L:是频率响应的低端半功率点。

带宽:把幅频响应的高、低两个半功率点间的频率差定义为放大电路的带宽,即 $BW=f_H-f_L$。

频率失真:又称线性失真,是由于线性电抗元件所引起的。它包括幅度失真和相位失真。

幅度失真:输入信号由基波和二次谐波组成,受放大电路带宽限制,基波增益较大,而二次谐波增益较小,输出电压波形产生了失真。

相位失真:当放大电路对不同频率的信号产生的相移不同时,产生的失真。

2.二极管基本电路及其分析方法

二极管是一种非线性器件,因此分析二极管电路时采用的是非线性电路的分析方法。实践中主要采用模型分析法,在静态情况时,根据输入信号的大小,选用不同的模型,只有当信号很微小时,才采用小信号模型。二极管的正向 $V-I$ 特性模型有以下几类:

(1) 理想模型:正向偏置时,其管压降为0,反偏时它的电阻为无穷大,电流为零。通常当电源电压远比二极管的管压降大时,用此模型分析,如图 2.1 所示。

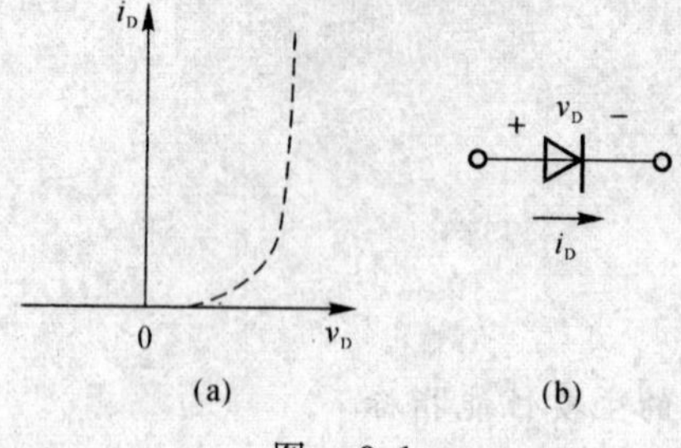

图 2.1

(a) 伏安特性；(b) 电路模型；(c) 正偏模型；(d) 反偏模型

(2) 恒压降模型：二极管导通后，其管压降是恒定的，且不随电流而变，典型值是 0.7 V。通常当二极管的电流近似或大于 1 mA 时是正确的，如图 2.2 所示。

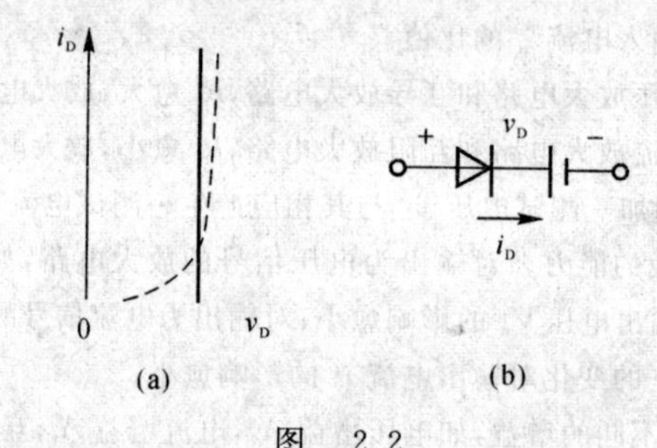

图 2.2

(a) 伏安特性；(b) 电路模型

(3) 折线模型：二极管的管压降随着通过二极管电流的增加而增加；模型中V_{th} = 0.5 V，r_D = 200 Ω，因二极管特性的分散性，所以这两个值不是固定不变的，如图 2.3 所示。

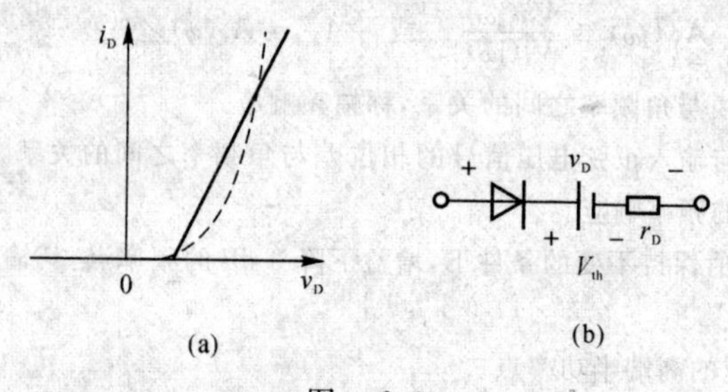

图 2.3

(a) 伏安特性；(b) 电路模型

(4) 小信号模型：在二极管 V-I 特性的某一小范围内把 V-I 特性看成一条直线，其斜率的倒数就是所求的微变电阻 r_d，如图 2.4 所示。其中

$$r_d = \frac{V_T}{I_D} = \frac{26}{I_D}$$

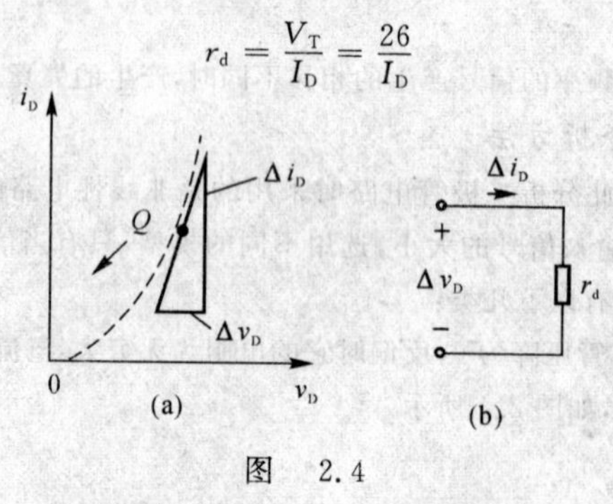

图 2.4

(a) 伏安特性；(b) 电路模型

3.基本共射放大电路的工作原理

(1) 放大电路的组成原则：

1) 有信号的输入、输出回路，也就是信号能够从放大电路的输入端加到三极管上，经过放大后又能传给放大电路的下一级或负载，没有断路和短路的地方。

2) 要有极性连接正确的直流电源、合理的元件参数，以使三极管发射结正偏，集电结反偏和合适的静态工作点，让管子工作在放大状态，i_B 控制 i_C，实现电路的不失真放大。

(2) 放大电路的两种工作状态：

静态：输入信号为0时，放大电路的工作状态，也称为直流工作状态。此时BJT各极电压、电流在特性曲线上确定为一点，称为静态工作点 Q 点。

动态：输入信号不为0时，放大电路的工作状态，也称交流工作状态。此时，BJT各极电流及电压将在静态值的基础上随信号作相应的变化。

(3) 设置合适的静态工作点的必要性。动态信号驮载在静态之上，Q 点影响着所有的动态参数，要想不失真，就要保证晶体管有合适的静态工作点，使信号整个周期始终工作在放大区，可以解决失真问题。

4.放大电路的分析方法

任何一个放大电路都是交、直流共存的电路，分析放大电路应遵循“先静态分析、后动态分析”的顺序。

(1) 静态分析。进行静态分析的电路是放大电路的直流通路，即 $v_S = 0$，保留信号源内阻 R_S，电容视为开路，电感相当于短路得到的电路。

静态分析即求出 $v_i = 0$ 时，管子的基极电流 I_{BQ}、集电极电流 I_{CQ}、静态管压降 V_{CEQ}。这些量决定了放大电路的静态工作点 Q，Q 点可以由估算法求得，也可以由图解法确定。

近似估算法求解静态工作点，根据直流通路，列晶体管输入、输出回路方程，将 V_{BEQ} 作为已知量，令 $I_{CQ} = \beta I_{BQ}$，可估算出静态工作点(硅管 $V_{BEQ} = 0.7$ V，锗管 $V_{BEQ} = 0.2$ V)。

图解法求解静态工作点：

1) 画出放大电路的直流通路。

2) 根据直流通路列出输入回路直流负载线方程，求出静态工作点电流 I_{BQ}。

3) 根据直流通路列出输出回路直流负载线方程，在三极管输出特性坐标平面内画出直流负载线。

4) 查出直流负载线与 $i_B = I_{BQ}$ 的输出特性曲线的交点，即为静态工作点 Q。

(2) 动态分析：放大电路的动态分析依据的电路是放大电路的交流通路。在输入信号作用下，交流电流流通的路径称为交流通路，它是将放大电路中的直流电源和耦合电容、旁路电容作短路处理后所得的电路。

图解法分析交流状态：通过画出各极电压、电流波形，可以求出输出电压、电流的振幅值、电压放大倍数。从中可以看出输出信号是否产生失真，以及确定最大输出电压的峰值。图解法的关键是正确地画出直流负载线确定静态工作点，然后画出以斜率为 R_L' 的通过 Q 点的交流负载线。从交流负载线与特性曲线的交点分析波形关系，确定最大不失真输出电压，判断非线性失真的类型。

微变等效电路法分析交流状态：可以用来计算放大电路的电压放大倍数，输入电阻和输出电阻，它要求输入信号为低频小信号，输入的交流信号的电压幅值要小于 V_{BEQ}，保证三极管工作在线性范围。这里的低频是指晶体管的极间电容在工作频率范围内对电路的工作基本无影响。微变等效电路通常用 h 参数等效电路或混合 π 型等效电路，利用简式电路分析动态特性。

(3) 失真分析：

截止失真：Q 点选择过低，V_{BEQ}、I_{BQ} 过小，三极管会在信号负半周峰值附近进入截止区，引起 i_B 波形失真，进而使 i_C，v_{CE} 波形失真，这种因 Q 点过低产生的失真称为截止失真。

消除截止失真的方法：增大 V_{BB}，使输入回路负载线上移。

饱和失真：Q 点选择过高，V_{BEQ}，I_{BQ} 过大，三极管会在信号正半周峰值附近进入饱和区，引起 i_C，v_{CE} 波形失真，这种因 Q 点过高产生的失真称为饱和失真。

消除饱和失真的方法：增大 R_b、减小 R_C、减小 β，或减小 V_{BB}、增大 V_{CC}。

5. 三种组态电路的性能指标

三极管放大电路有共射、共基、共集三种基本电路。在交流通路中，输入回路与输出回路的公共端接到发射极为共射极电路，接到基极为共基极电路，接到集电极为共集电极电路。在这三种电路中：输出电压与输入电压相位相反的是共射极放大电路，共集电极和共基极放大电路的输出电压与输入电压相位相同。三种放大电路还具有如下特点：

(1) 输入电阻最大的是共集电极电路，最小的是共基极电路。

(2) 输出电阻最小的是共集电极电路，共基极和共射极电路输出电阻较大。

(3) 电压放大倍数最小的是共集电极电路，它小于1。共基极和共射极电路的电压放大倍数较大。

(4) 电流放大倍数最小的是共基极放大电路。

(5) 共射极放大电路既放大电压，也放大电流，所以它的功率放大倍数最大。

6. 场效应管放大电路

场效应管电路三种组态：共源、共漏和共栅，由于场效应管是压控器件，所以只要求建立合适的偏置电压 V_{GS}，不要求偏置电流。不同类型的场效应管，对偏置电压有不同要求，必须根据不同的场效应管选择不同的偏置电路。偏置电路有自偏压电路、分压式偏置电路等，自偏压式适用 JFET 和耗尽型 MOSFET 放大电路，分压式偏置电路适用于所有 FET 放大电路。

场效应管放大电路的分析方法与三极管放大电路分析方法基本相同，场效应管的微变等效模型，如图 2.5 所示。

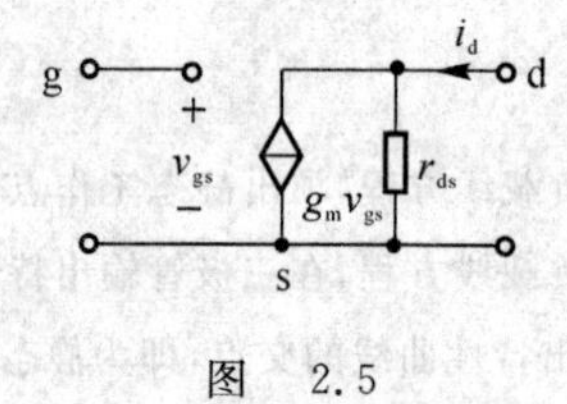

图 2.5

7. 多级放大电路

(1) 多级放大电路有阻容耦合、直流耦合和变压器耦合三种方式。

阻容耦合：由于有电容的作用，因此各级之间工作点互相独立，便于调整，它通常只能放大交流信号。

直流耦合：各级之间的工作点互相不独立，不便于调整；它既能放大交流信号，也可以放大直流信号。

变压器耦合：各级的工作点互相独立，便于调整，只能放大交流信号，可进行阻抗变换。

(2) 多级放大器的性能指标计算。

电压放大倍数：等于各级电压放大倍数的连乘积。需要注意的是计算前级的电压放大倍数时，需要将后一级的输入电阻作为本级的交流负载的一部分。

输入电阻：在无越级反馈的情况下，第一级的输入电阻即为整个放大电路的输入电阻。

输出电阻：在无越级反馈的情况下，最后一级的输出电阻即为多级放大器的输出电阻。

二、重点、难点

1. 三极管放大电路三种组态分析(见表 2.1)

表 2.1

组态	共射极放大电路		共集电极放大电路	共基极放大电路
	固定偏流电路	射极偏置电路		
电路组态	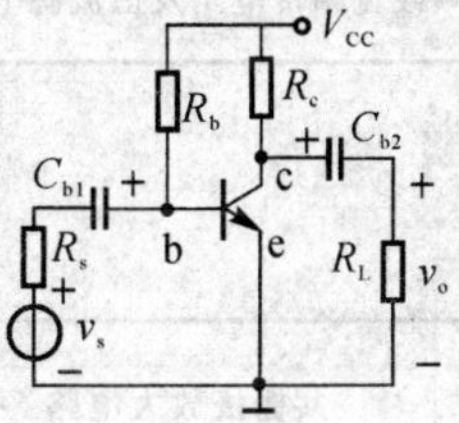 V_{CC} R_b R_c C_{b1} + C_{b2} c + b e R_s + v_s − R_L v_o −	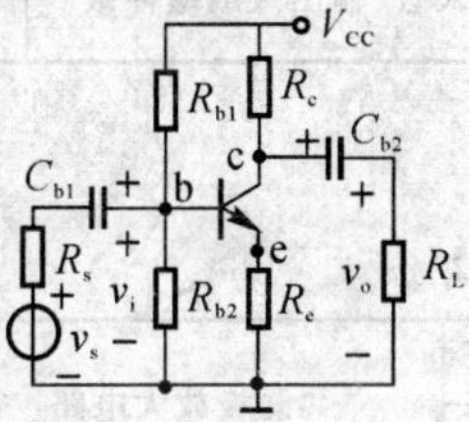 V_{CC} R_{b1} R_c c C_{b2} C_{b1} + b + R_s + v_i e v_o R_L v_s − R_{b2} R_e −	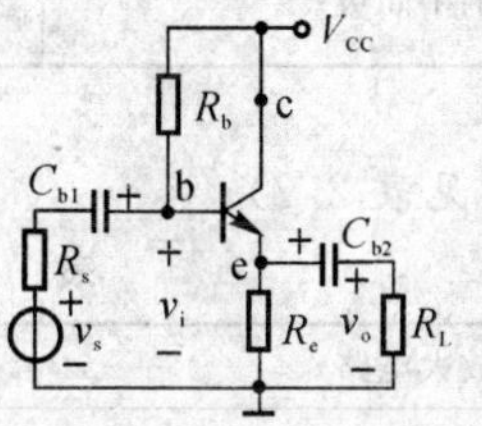 V_{CC} R_b c C_{b1} + b R_s + v_i e + C_{b2} + v_s − R_e v_o R_L −	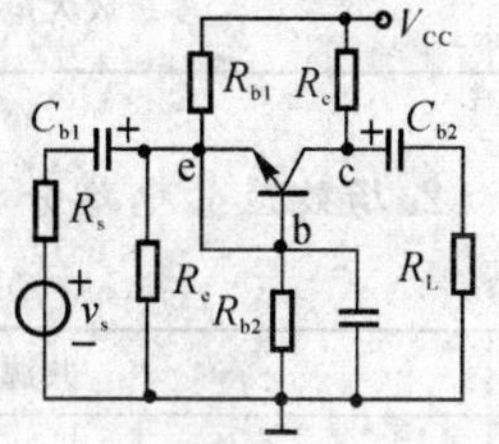 V_{CC} C_{b1} + R_{b1} R_c + C_{b2} e c R_s b R_e R_L + v_s − R_{b2}
静态工作点	$I_{BQ}=\frac{V_{CC}-V_{BEQ}}{R_b}$ $I_{CQ}=\beta I_{BQ}$ $V_{CEQ}=V_{CC}-I_{CQ}R_c$	$V_{BQ}=\frac{R_{b2}}{R_{b1}+R_{b2}}\cdot V_{CC}$ $I_{EQ}=\frac{V_{BQ}-V_{BEQ}}{R_e}$ $I_{BQ}\approx\frac{1}{\beta}I_{EQ}$ $V_{CEQ}\approx V_{CC}-I_{CQ}(R_e+R_c)$	$I_{BQ}=\frac{V_{CC}}{R_b+(1+\beta)R_e}$ $I_{CQ}=\beta I_{BQ}$ $V_{CEQ}\approx V_{CC}-I_{CQ}R_e$	$V_{BQ}=\frac{R_{b2}}{R_{b1}+R_{b2}}\cdot V_{CC}$ $I_{EQ}=\frac{V_{BQ}-V_{BEQ}}{R_e}$ $I_{BQ}\approx\frac{1}{\beta}I_{EQ}$ $V_{CEQ}\approx V_{CC}-I_{CQ}(R_e+R_c)$
特性曲线	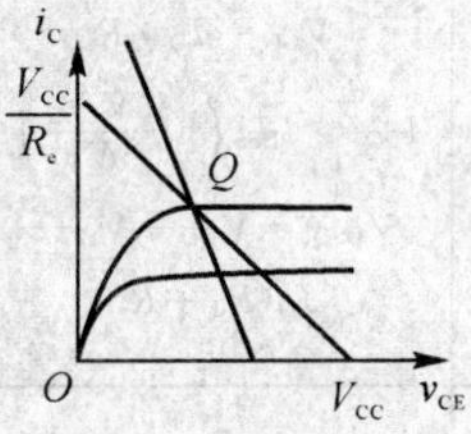 i_C $\frac{V_{CC}}{R_c}$ Q O V_{CC} v_{CE}	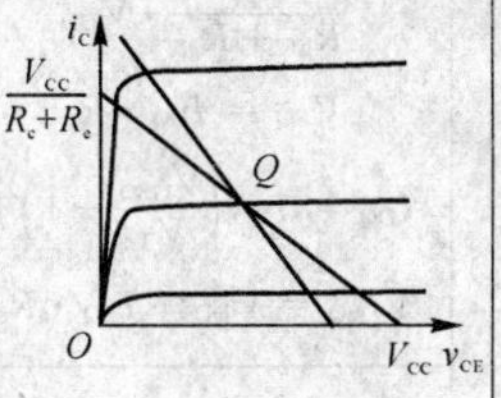 i_C $\frac{V_{CC}}{R_c+R_e}$ Q O V_{CC} v_{CE}	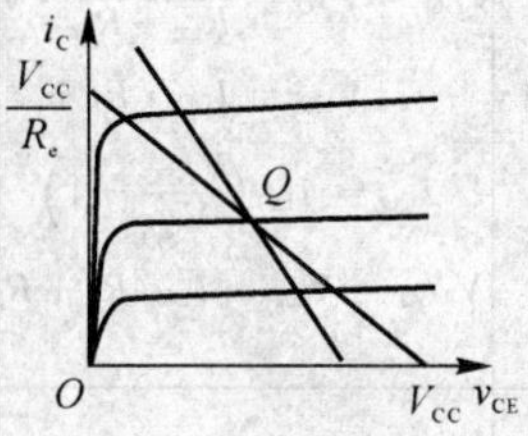 i_C $\frac{V_{CC}}{R_e}$ Q O V_{CC} v_{CE}	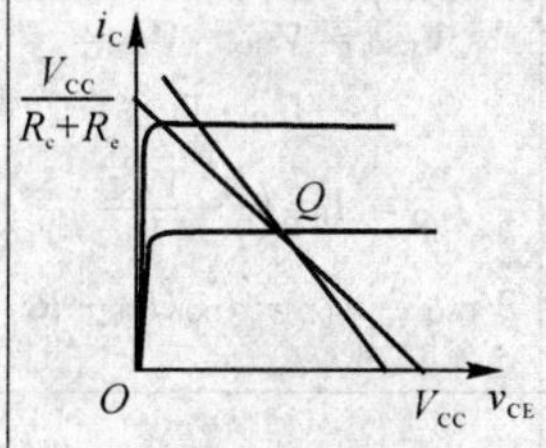 i_C $\frac{V_{CC}}{R_c+R_e}$ Q O V_{CC} v_{CE}
V_{om}	$I_{CQ}\cdot(R_c\ /\!/\ R_L)$		$I_{CQ}\cdot(R_e\ /\!/\ R_L)$	$I_{CQ}\cdot(R_c\ /\!/\ R_L)$
小信号等效电路	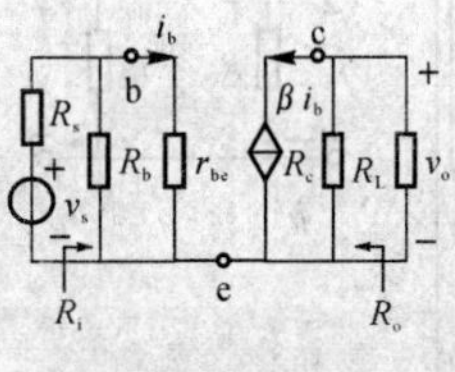 i_b b c βi_b + R_s + R_b r_{be} R_c R_L v_o v_s − e R_i R_o	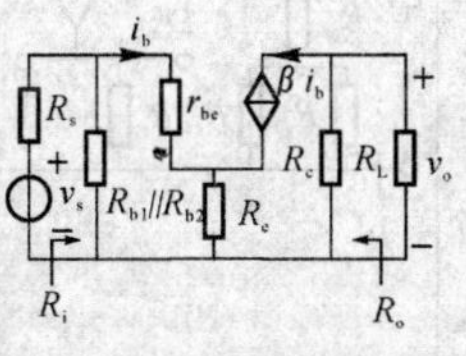 i_b r_{be} βi_b + R_s + v_s $R_{b1}/\!/R_{b2}$ R_e R_c R_L v_o − R_i R_o	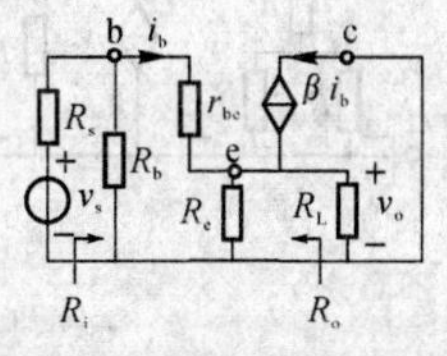 b i_b c r_{be} βi_b R_s + v_s R_b e R_e R_L + v_o − R_i R_o	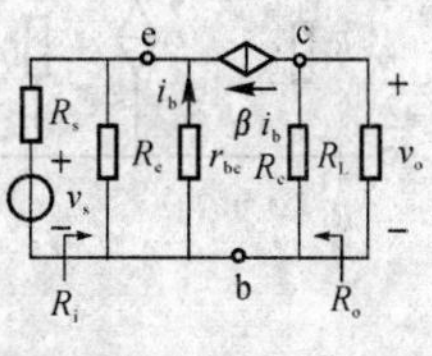 e c i_b βi_b + R_s + v_s R_e r_{be} R_c R_L v_o − b R_i R_o
A_v	$-\frac{\beta(R_c\ /\!/\ R_L)}{r_{be}}$(高)	$\frac{-\beta(R_c\ /\!/\ R_L)}{r_{be}+(1+\beta)R_e}$	$\frac{(1+\beta)(R_e\ /\!/\ R_L)}{r_{be}+(1+\beta)(R_e\ /\!/\ R_L)}$(低)	$\frac{\beta(R_c\ /\!/\ R_L)}{r_{be}}$(高)

续表

组态	共射极放大电路		共集电极放大电路	共基极放大电路
	固定偏流电路	射极偏置电路		
A_i	β	β	$1+\beta$	α
R_i	$R_b // r_{be}$	$R_{b1} // R_{b2} // [r_{be}+(1+\beta)R_e]$(高)	$R_b // [r_{be}+(1+\beta)R_e // R_L]$(高)	$R_e // \frac{r_{be}}{1+\beta}$(低)
R_O	R_c	R_c	$R_e // \frac{r_{be}+R_b // R_s}{1+\beta}$(低)	R_c
用途	多级放大电路的中间级		输入级、输出级或缓冲级	高频或宽频带电路及恒流源电路

2. 场效应管电路分析(见表 2.2)

表 2.2

组态	共源极放大电路		共漏极放大电路	共栅极放大电路
	自偏压式	分压式		
基本电路形式	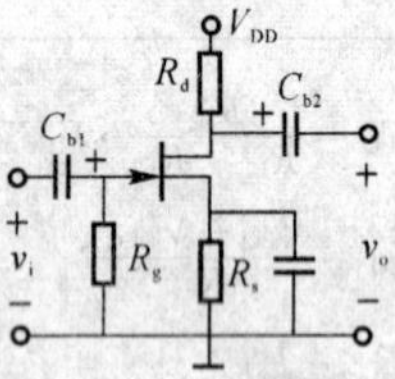 V_{DD} R_d C_{b2} C_{b1} + v_i − R_g R_s + v_o −	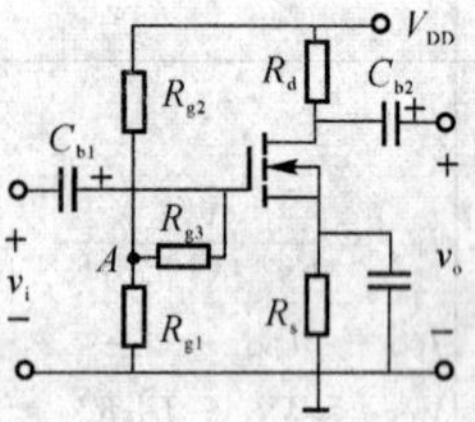 V_{DD} R_d C_{b2} R_{g2} C_{b1} + v_i − A R_{g3} R_{g1} R_s + v_o −	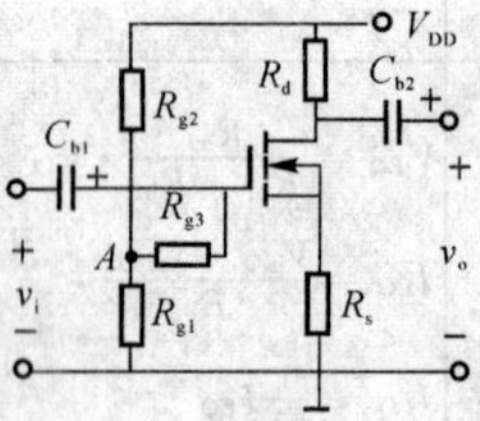 V_{DD} R_d C_{b2} R_{g2} C_{b1} + v_i − A R_{g3} R_{g1} R_s + v_o −	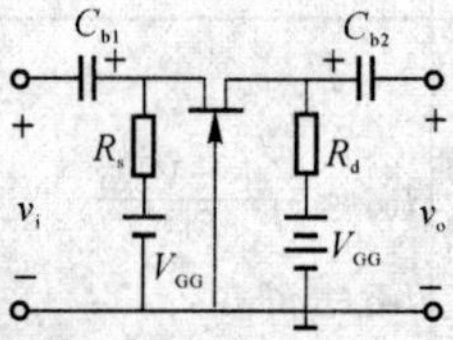 C_{b1} C_{b2} + v_i − R_s V_{GG} R_d V_{GG} + v_o −
静态工作点	$V_{GQ}=0, V_{SQ}=I_{DQ}\cdot R_s$ $V_{GSQ}=V_{GQ}-V_{SQ}=-I_{DQ}\cdot R_s$ $I_{DQ}=I_{DSS}\left(1-\frac{V_{GSQ}}{V_P}\right)^2$ $V_{DSQ}=V_{DD}-I_{DQ}(R_d+R_s)$	$V_{GQ}=V_{AQ}=\frac{R_{g1}}{R_{g1}+R_{g2}}\cdot V_{DD}$ $V_{SQ}=I_{DQ}\cdot R_s$ $I_{DQ}=I_{DO}\left(\frac{V_{GSQ}}{V_T}-1\right)^2$ $V_{DSQ}=V_{DD}-I_{DQ}(R_d+R_s)$	$V_{GQ}=V_{AQ}=\frac{R_{g1}}{R_{g1}+R_{g2}}\cdot V_{DD}$ $V_{SQ}=I_{DQ}\cdot R_s$ $I_{DQ}=I_{DO}\left(\frac{V_{GSQ}}{V_T}-1\right)^2$ $V_{DSQ}=V_{DD}-I_{DQ}\cdot R_s$	$V_G=0, V_{SQ}=V_{GG}+I_D\cdot R_s$ $I_{DQ}=I_{DSS}\left(1-\frac{V_{GSQ}}{V_P}\right)^2$ $V_{DSQ}=V_{DD}-V_{GG}-I_D(R_d+R_s)$
小信号模型电路	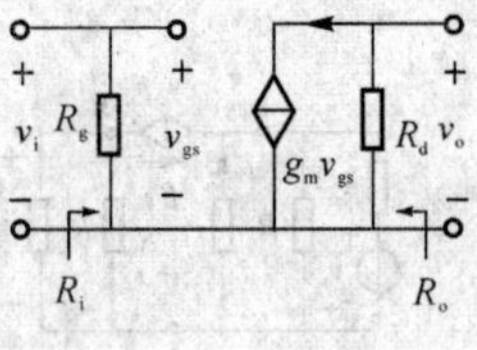 + v_i − R_g + v_{gs} − g_mv_{gs} R_d + v_o − R_i R_o	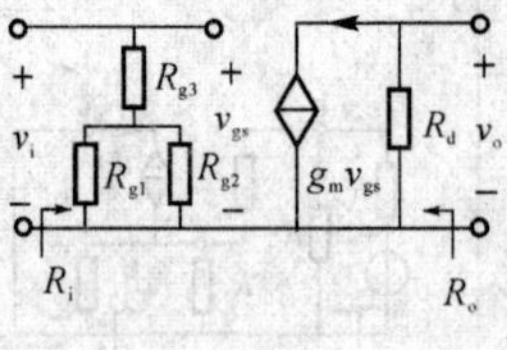 + v_i − R_{g3} + v_{gs} − R_{g1} R_{g2} g_mv_{gs} R_d + v_o − R_i R_o	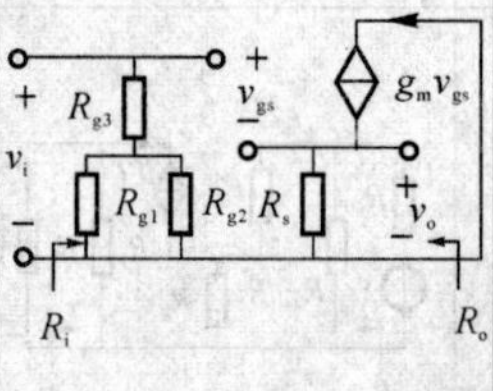 + v_i − R_{g3} + v_{gs} − g_mv_{gs} R_{g1} R_{g2} R_s + v_o − R_i R_o	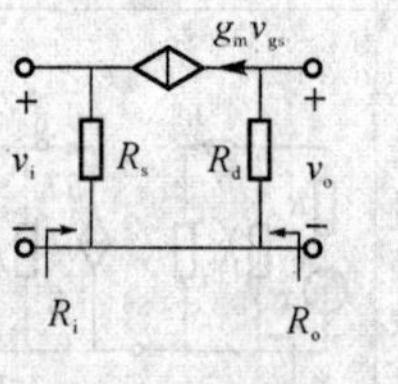 g_mv_{gs} + v_i − R_s R_d + v_o − R_i R_o
交流分析	$A_v=-g_mR_d$ $R_i=R_g$ $R_o=R_d$	$A_v=-g_mR_d$ $R_i=R_{g3}+R_{g1} // R_{g2}$ $R_o=R_d$	$A_v=\frac{g_mR_s}{1+g_mR_s}\approx 1$ $R_i=R_{g3}+R_{g1} // R_{g2}$ $R_o=R_s // \frac{1}{g_m}$	$A_v=g_mR_d$ $R_i=R_s // \frac{1}{g_m}$ $R_o=R_d$

续表

组态	共源极放大电路		共漏极放大电路	共栅极放大电路
	自偏压式	分压式		
用途	适用于耗尽型 MOSFET 和 JFET	适用于所有场效应管	1. 电压增益小于1，但接近1 2. 输入输出电压同相 3. 输入电阻高而输入电容小 4. 输出电阻小，可作阻抗变换用	1. 电压增益大 2. 输入输出电压同相 3. 输入电阻小，输入电容小 4. 输出电阻大
	1. 电压增益大 2. 输入电压与输出电压反相 3. 输入电阻高，输入电容大 4. 输出电阻主要由负载电阻 R_d 决定			

共栅接法因栅极与沟道之间的高阻未发挥作用，故很少用到。

2.3 例题

例 2.1 由两只二极管组成如图 2.6 所示电路。二极管导通压降 V_D 均为 0.7 V，输入正弦信号 v_i 的幅值为 $v_{im}=10$ V，$V_1=3$ V，$V_2=6$ V。试定性画出 v_o 的波形，并画出电压传输特性 $v_o=f(v_i)$ 曲线。（中科院半导体所 2005 年考研题）

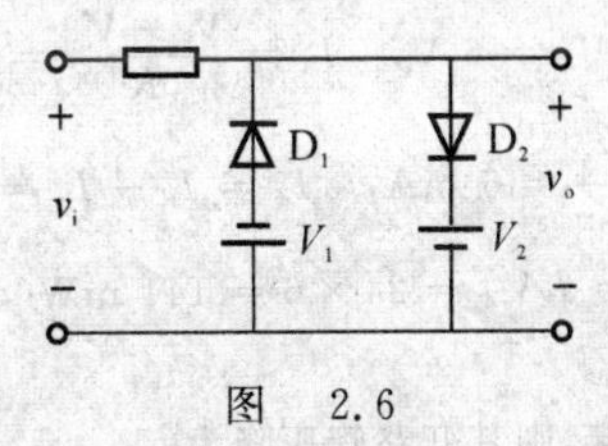

图 2.6

分析 此题主要利用二极管单向导电性及恒压降等效模型电路求解。

答 当 $v_i>V_2+0.7$ V 时，D_2 导通，$v_o=V_2+0.7\text{ V}=6.7$ V。

当 $v_i<-V_1-0.7$ V 时，D_1 导通，$v_o=-V_1-0.7\text{ V}=-3.7$ V。

其余时间 D_1，D_2 截止，$v_o=v_i$。输出电压波形如图 2.7 所示，电压传输特性曲线如图 2.8 所示。

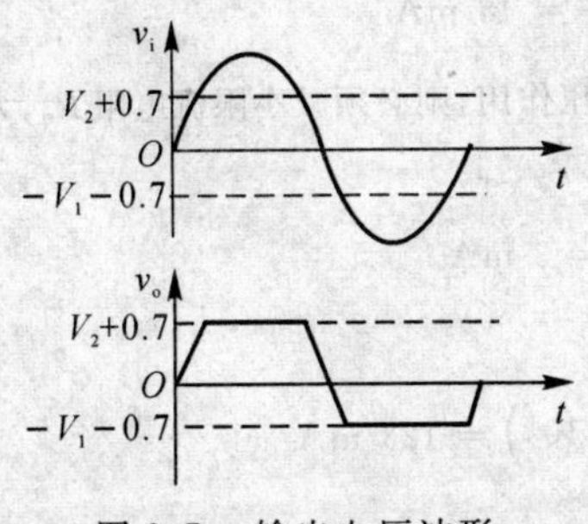

图 2.7 输出电压波形

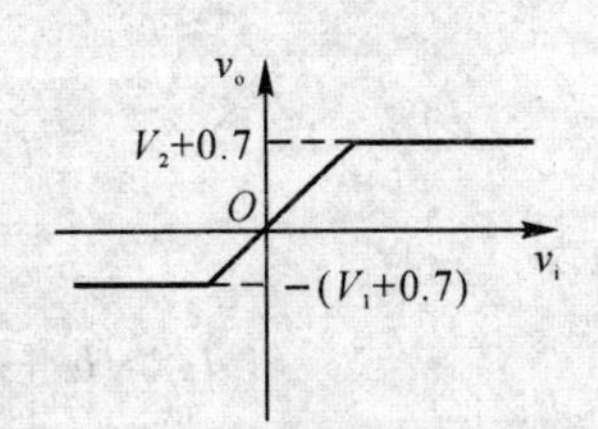

图 2.8 电压传输特性曲线

例 2.2 二极管电路如图 2.9 所示，试分析判断 D_1，D_2 导通截止情况。假设 D_1，D_2 为理想二极管，求 AO 两端电压 V_{AO}。（华中科技大学 2004 年考研题）

分析 判断二极管是否导通的思路，先断开二极管，找一个参考电位点，判断二极管阴、阳极电位，电位差大的二极管优先导通。

答 断开 D_1，D_2，以 O 为参考点，D_1 阳极电位 12 V，阴极电位 0 V；D_2 阳级电位 12 V，阴极电位 −6 V，

所以 D_2 先导通,则 $V_A = -6$ V,D_1 截止,$V_{AO} = -6$ V。

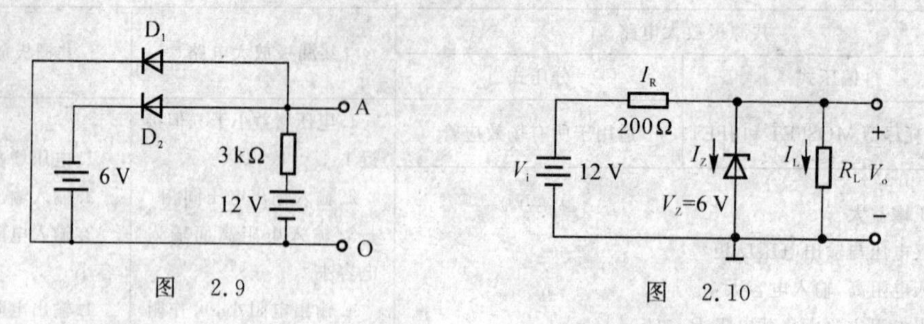

图 2.9　　　　图 2.10

例 2.3　稳压管电路如图 2.10 所示,已知稳定的电压 $V_Z = 6$ V,允许功耗 $P_{ZM} = 180$ mW。试回答

(1) 当 $R_L = 1$ kΩ 时,V_o,I_L,I_Z 的值为多少?

(2) 当 $R_L = 50$ Ω 时,V_o,I_L,I_Z 的值为多少?

(3) 当 $R_L = 50$ Ω 时,仍保持稳定电路正常工作,须采取什么措施?(东南大学 2002 年考研题)

分析　此题主要考查稳压管正常工作的条件,要稳压管两端反向电压超过击穿电压。

解　(1) 设稳压管不导通,则其开路管压降为

$$V_o = \left(\frac{1}{1+0.2}\right) V_i = 10 \text{ V}$$

超过了稳压管的击穿电压 6 V,故稳压管可击穿而进入稳压状态。因此有

$$V_o = V_Z = 6 \text{ V}, \quad I_R = \frac{V_i - V_o}{R} = 30 \text{ mA}$$

$$I_L = \frac{V_Z}{R_L} = 6 \text{ mA}, \quad I_Z = I_R - I_L = 24 \text{ mA}$$

$$P_Z = I_Z V_Z = 24 \times 6 = 144 \text{ mW} < P_{ZM}$$

可见,稳压管可安全工作。

(2) 若 $R_L = 50$ Ω,设稳压管未击穿,则其开路管压降为

$$V_o = \left(\frac{50}{200+50}\right) \times 12 = 2.4 \text{ V}$$

远小于稳压管的击穿电压 6 V,故稳压管不工作。因此有

$$V_Z = V_o = 2.4 \text{ V}$$

$$I_L = I_R = \frac{V_o}{R_L} = \frac{2.4}{50} = 48 \text{ mA}$$

(3) 若在 $R_L = 50$ Ω 的情况下,仍要稳压管工作而起稳压作用,则必须减小限流电阻 R_o,为保证稳压管稳定击穿,则有

$$I_Z = \frac{P_{ZM}}{V_Z} = \frac{180}{6} = 3 \text{ mA}$$

总其电流为

$$I_R > I_Z + I_L = \left(3 + \frac{6}{50} \times 10^3\right) = 123 \text{ mA}$$

限流电阻 R 必须符合关系

$$R \leqslant \frac{V_i - V_Z}{I_R} = \frac{12-6}{0.123} \approx 48.7 \ \Omega$$

故取限流电阻 $R = 42$ Ω。

例 2.4　选择题

1. 由 PNP 型晶体三极管构成的共发射极放大电路出现了切顶失真,欲改善失真应如何调节基极电流?(　　)(中山大学 2010 年考研题)

A. 增大　　　　　　　　　　　B. 减小

分析　输出顶部失真为饱和失真，原因是 Q 点过高，所以可以通过减小基极电流进行调节。

答　B

2. 若发现基本共射放大电路出现饱和失真，则为消除失真，可将(　　)。(北京科技大学 2011 年考研题)

A. R_B 减小　　　　　　B. R_C 减小　　　　　　C. V_{CC} 减小

分析　消除饱和失真的方法主要包括增大 R_B，减小 R_C，或者更换一只放大倍数较小的管子。

答　B

3. 在放大电路中，线性失真是(　　)。(北京邮电大学 2010 年考研题)

A. 截止失真　　　B. 相位失真　　　C. 交越失真　　　D. 饱和失真

分析　截止失真、饱和失真和交越失真都是属于非线性失真。幅度失真和相位失真属于线性失真。

答　B

4. 单管放大电路中，无电压放大能力的组态有(　　)。(北京邮电大学 2010 年考研题)

A. 共集　　　B. 共基　　　C. 共漏　　　D. 共源

分析　共射电路既可以放大电流又可以放大电压，共基只能放大电压不能放大电流，共集只能放大电流不能放大电压，场效应管共栅对应共基，共漏对应共集，共源对应共射。

答　AC

例 2.5　单管放大电路如图 2.11 所示，已知 BJT 的电流放大系数。

(1) 估算 Q 点。

(2) 画出简化 h 参数小信号等效电路。

(3) 估算 BJT 的输入电阻 r_{be}。

(4) 如输出端接入 4 kΩ 的电阻负载，计算 $A_v = v_o/v_i$ 及 $A_{vs} = v_o/v_s$。(西安交通大学 2006 年考研题；南开大学 2002 年考研题)

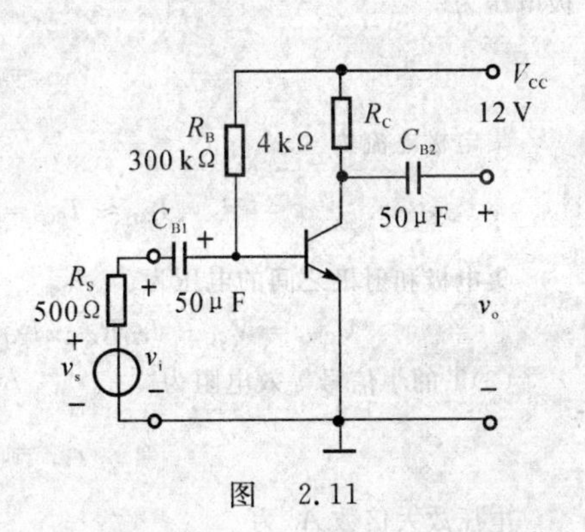

图　2.11

分析　此题为固定偏置式共射电路。

解　(1) 估算 Q 点，即

$$I_{BQ} \approx \frac{V_{CC}}{R_B} = 40\ \mu\text{A},\quad I_{CQ} = \beta I_{BQ} = 2\ \text{mA}$$

$$V_{CEQ} = V_{CC} - I_{CQ} \cdot R_C = 4\ \text{V}$$

(2) 小信号模型等效电路如图 2.12 所示。

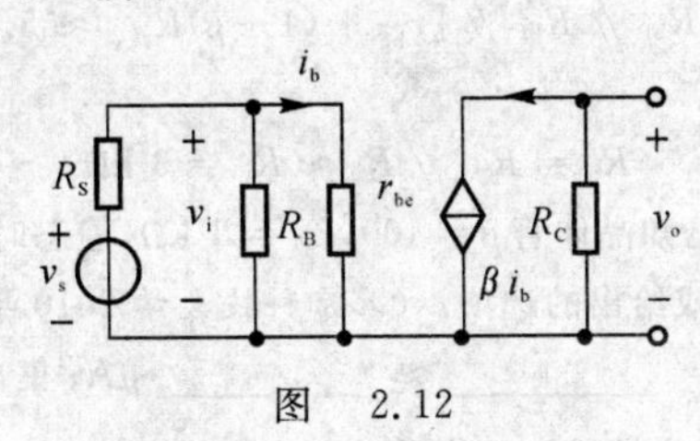

图　2.12

(3) $r_{be} = r_{bb'} + (1+\beta)\dfrac{26}{I_{CQ}} = \left[200 + (1+50) \times \dfrac{26}{2}\right] = 863\ \Omega$

(4) $A_v = \dfrac{v_o}{v_i} = -\dfrac{\beta R_c}{r_{be}} = -232$

$$A_{vs} = \frac{v_o}{v_s} = \frac{v_o}{v_i} \cdot \frac{v_i}{v_s} = A_v \frac{R_i}{R_i + R_s} = A_v \frac{R_B \mathbin{/\!/} r_{be}}{R_S + R_B \mathbin{/\!/} r_{be}} \approx -73$$

例 2.6　如图 2.13 所示放大电路，设 $V_{CC} = 15$ V，$R_{b1} = 22$ kΩ，$R_{b2} = 10$ kΩ，$R_{e1} = 0.5$ kΩ，$R_{e2} = 1.5$ kΩ，$R_c = 3$ kΩ，$V_{BE} = 0.7$ V，$\beta = 60$，求

(1) 电路的静态工作点 I_{CQ}，V_{CEQ}。

(2) 电压放大倍数 A_v、输入电阻 R_i 和输出电阻 R_o。（三峡大学 2007 年考研题）

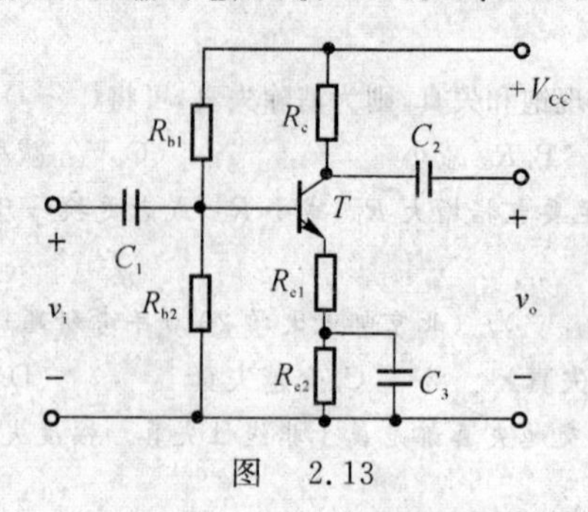

图 2.13

分析 此题为基极分层式射极偏置共射极放大电路，静态工作点求解从 V_B 求解。需注意求解动态参数时 C_3 交流短路。

解 (1) 由题并分析图示电路，利用基尔霍夫电压定律(KVL) 和基尔霍夫电流定律(KCL)，可得 T 的基极电压为

$$V_{BQ} = \frac{R_{b2}}{R_{b1}+R_{b2}}V_{CC} = \frac{75}{16} \approx 4.7\ \text{V}$$

集电极电流为

$$I_{CQ} \approx I_{EQ} = \frac{V_BQ - V_{BEQ}}{R_{e1}+R_{e2}} \approx \frac{V_E}{R_{e1}+R_{e2}} \approx 2\ \text{mA}$$

集电极和射极之间的电压为

$$V_{CEQ} = V_{CC} - I_{CQ}R_C - I_{EQ}(R_{e1}+R_{e2}) \approx V_{CC} - I_{CQ}(R_c+R_{e1}+R_{e2}) \approx 5\ \text{V}$$

(2)T 的小信号等效电阻为

$$r_{be} = 200\ \Omega + (1+\beta)\frac{V_T}{I_{EQ}} = 1\ \text{k}\Omega$$

电压放大倍数 A_v 为

$$A_v = -\frac{\beta R'_L}{r_{be}+(1+\beta)R_{e1}} \approx -\frac{R_c}{R_{e1}} = -6$$

输入电阻大小为

$$R_i = R_{b1} \mathbin{/\!/} R_{b2} \mathbin{/\!/} [r_{be}+(1+\beta)R_{e1}] \approx 5.7\ \text{k}\Omega$$

输出电阻大小为

$$R_o = R'_o \mathbin{/\!/} R_c \approx R_c = 3\ \text{k}\Omega$$

例 2.7 电路如图 2.14 所示，已知晶体管 $\beta = 100$，$r_{be} = 1\ \text{k}\Omega$，静态时 $|V_{BEQ}| = 0.7\ \text{V}$，其余参数如图所标注。在空白处填入表达式或数值或给出的选项。（北京科技大学 2010 年考研题）

(1) 静态时，基极电流 $|I_{BQ}|$ = ＿＿＿＿ ≈ ＿＿＿＿ μA；集电极电流 $|I_{CQ}|$ = ＿＿＿＿ ≈ ＿＿＿＿ mA；管压降 $|V_{CEQ}|$ = ＿＿＿＿ ≈ ＿＿＿＿ V。

(2) 电压放大倍数：$A_v = v_o/v_i$ = ＿＿＿＿ ≈ ＿＿＿＿；输入电阻 R_i = ＿＿＿＿ ≈ ＿＿＿＿ kΩ；输出电阻 R_o = ＿＿＿＿ ≈ ＿＿＿＿ kΩ。

(3) 空载时，若输入电压增大到一定幅值，则电路首先出现＿＿＿＿失真（饱和；截止），带3 kΩ 负载电阻时，若输入电压增大到一定幅值，则电路首先出现＿＿＿＿失真（饱和；截止）。

分析 此题容易被误认为共集电极放大电路求解Q点时的方法，同时由于使用PNP管要注意极性。以及饱和失真和截止失真与最大不失真输出电压的关系。

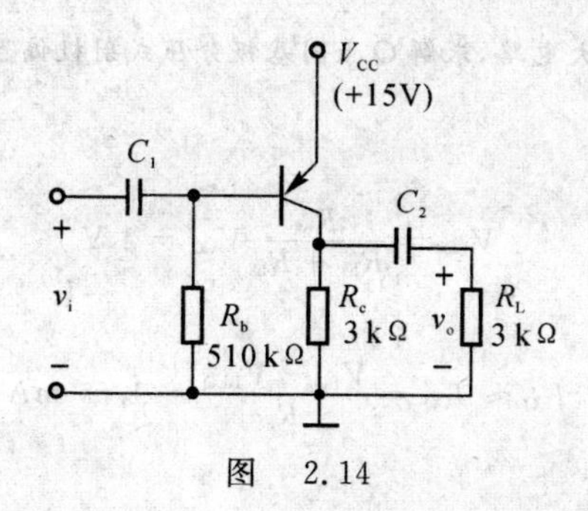

图 2.14

解 (1)

$$|I_{BQ}| = \frac{V_{CC} - V_{BEQ}}{R_b} = \frac{15 + 0.7}{510 \times 10^3} \approx 30.8\ \mu A$$

$$|I_{CQ}| = \beta |I_{BQ}| \approx 100 \times 30.8 \times 10^{-6} = 3.08\ mA$$

$$|V_{CEQ}| = V_{CC} - I_C R_C = 15 - 3.08 \times 10^{-3} \times 3 \times 10^3 = 5.76\ V$$

(2)

$$A_v = \frac{v_o}{v_i} = \frac{-\beta i_b (R_C \mathbin{/\!/} R_L)}{i_b \cdot r_{be}} = \frac{-\beta (R_C \mathbin{/\!/} R_L)}{r_{be}} = -\frac{100 \times 1.5}{1} = -150$$

$$R_i = R_b \mathbin{/\!/} r_{be} = \frac{510 \times 1}{510 + 1} \approx 0.998\ k\Omega$$

$$R_o = R_C = 3\ k\Omega$$

(3) 空载时，受饱和失真限制的输出电压最大幅值为

$$V_{om} = V_{CEQ} - |V_{CES}| = 5.76 - |V_{CES}|$$

受截止失真限制的输出电压最大幅值为

$$V'_{om} = V_{CC} - V_{CEQ} = I_{CQ} \cdot R_C = 3.08 \times 10^{-3} \times 3 \times 10^3 = 9.24\ V$$

因为 $|V_{CES}| > 0$，所以 $5.76 - |V_{CES}| < 9.24$ V，因此先出现饱和失真。

带 $R_L = 3$ kΩ 负载时，受饱和失真限制的输出电压最大幅值

$$V_{om} = V_{CEQ} - |V_{CES}| = 5.76 - |V_{CES}|$$

受截止失真限制的输出电压最大幅值

$$V'_{om} = I_{CQ} \cdot (R_C \mathbin{/\!/} R_L) = 3.08 \times 10^{-3} \times \frac{3 \times 3}{3 + 3} \times 10^3 = 4.62\ V$$

因为 $|V_{CES}| < 1$，所以 $V'_{om} < V_{om}$，先出现截止失真。

例 2.8 电路如图 2.15 所示，已知电路参数为：$V_{CC} = 16$ V，$R_{b1} = 60$ kΩ，$R_{b2} = 20$ kΩ，$R_c = 3$ kΩ，$R_e = 2$ kΩ，T 为硅管，$\beta = 70$，$C_1 = C_3 = 30\ \mu F$，$C_2 = 50\ \mu F$。(华中科技大学 2005 年考研题)

(1) 求 Q 点。

(2) 画出小信号等效电路。

(3) 求电压增益 A_v、输入电阻 R_i、输出电阻 R_o。

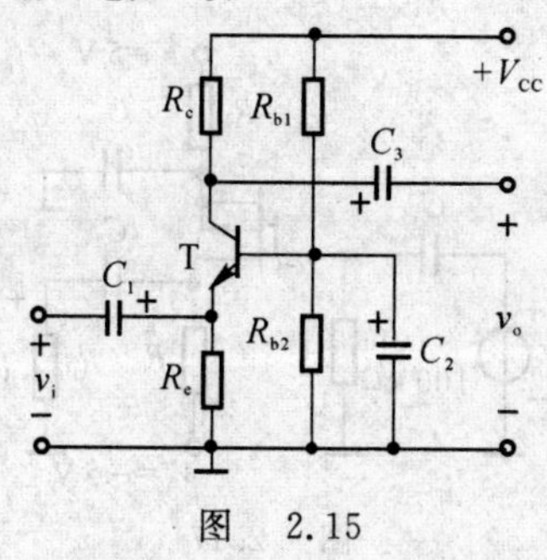

图 2.15

分析 此题电路为共基极放大电路,求解 Q 点同基极分压式射极偏置电路相似,画小信号等效电路要注意应与 i_b 的参考方向一致。

解 (1) 由图示电路可得

$$V_{BQ} = \frac{R_{b2}}{R_{b1} + R_{b2}} V_{CC} = 4\ \text{V}$$

射极电流为

$$I_{EQ} \approx I_{CQ} = \frac{V_{BQ} - V_{BEQ}}{R_e} = 1.65\ \text{mA}$$

则有

$$I_{BQ} = \frac{I_{CQ}}{\beta} = 24\ \mu\text{A}$$

$$V_{CEQ} = V_{CC} - I_{CQ}(R_b + R_e) = 7.75\ \text{V}$$

小信号等效电阻为

$$r_{be} = \left[200 + (1+70) \times \frac{26}{1.65}\right] = 1.3\ \text{k}\Omega$$

(2) 等效电路如图 2.16 所示。

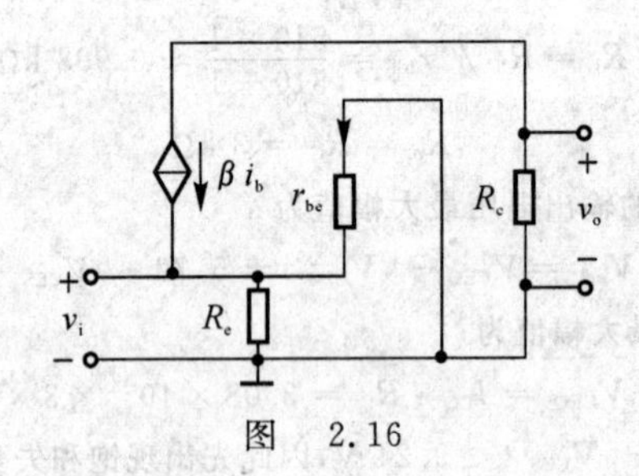

图 2.16

(3)

$$A_v = \frac{v_o}{v_i} = \frac{\beta R_C}{r_{be}} = 162$$

$$R_i = R_e \mathbin{/\!/} \frac{r_{be}}{1+\beta} = 18\ \Omega$$

$$R_o = R_C = 3\ \text{k}\Omega$$

例 2.9 共源极放大电路如图 2.17 所示,PMOS 晶体管参数为 $k_P = 5\ \text{mA/V}^2$, $V_T = -1.5\ \text{V}$, $\lambda = 0$,负载电阻 $R_L = 2\ \text{k}\Omega$。(电子科技大学 2007 考研题)

(1) 设计电路参数,使 $I_{DQ} = 1\ \text{mA}$, $V_{SDQ} = 5\ \text{V}$。

(2) 计算电压增益 $A_v = \frac{v_o}{v_i}$。

(3) 最大不失真输出电压等于多少?

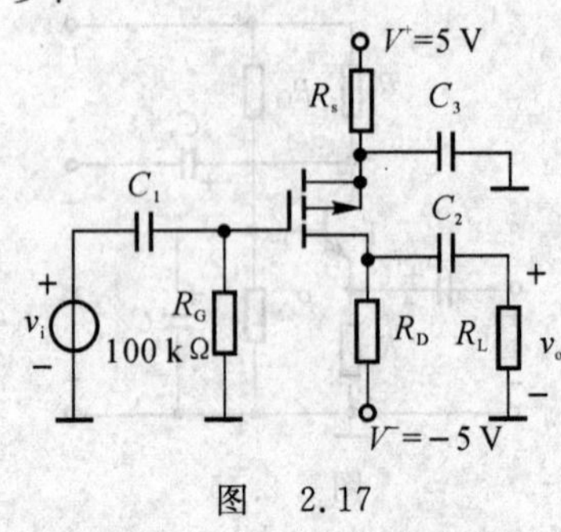

图 2.17

分析　此题主要考查共源极放大电路的 Q 点和动态参数的求解。

解　(1)

$$I_{DQ}=K_P(V_{GSQ}-V_T)^2=1$$

$$V_{GSQ}=\pm\frac{1}{\sqrt{K_P}}+V_T=\begin{cases}-1.05\ \text{V}\ \ (舍去)\\ -1.95\ \text{V}\end{cases}$$

$$R_S=\frac{V^+-V_{SGQ}}{I_{DQ}}=\frac{5-1.95}{1}=3.05\ \text{k}\Omega$$

$$V_{SDQ}=2V^+-I_{DQ}(R_S+R_D)=5\Rightarrow R_D=1.95\ \text{k}\Omega$$

(2)

$$g_m=2\sqrt{K_P I_{DQ}}=4.47\ \text{ms},\quad r_{ds}\rightarrow=\infty$$

$$A_v=\frac{v_O}{v_i}=-g_m(R_D\ /\!/\ R_L)=-4.41$$

(3) 电路的交流负载线方程

$$V_{SD}=V_{SDQ}+I_{DQ}(R_D\ /\!/\ R_L)-i_D(R_D\ /\!/\ R_L)=V_{DD}-i_D(R_D\ /\!/\ R_L)\approx 6-i_D$$

预夹断方程

$$i_D=K_P\cdot V_{SD}^2=5V_{SD}^2$$

联立求解

$$5V_{SDt}^2+V_{SDt}-6=0$$

$$V_{SDt}=\begin{cases}-1.2\ \text{V}\ \ (舍去)\\ 1\ \text{V}\end{cases}$$

最大不失真输出电压幅度为

$$V_{om}=\min[(V'_{DD}-V_{SDQ}),(V_{SDQ}-V_{SDt})]\approx\min[1,4]=1\ \text{V}。$$

例2.10　电路参数如图2.18所示。设FET的参数为 $g_m=0.8\ \text{mS}$，$r_d=200\ \Omega$，3AG29(VT_2)的 $\beta=40$，$r_{be}=1\ \text{k}\Omega$。试求放大电路的电压增益 A_v 和输入电阻 R_i。(南开大学2006年考研题)

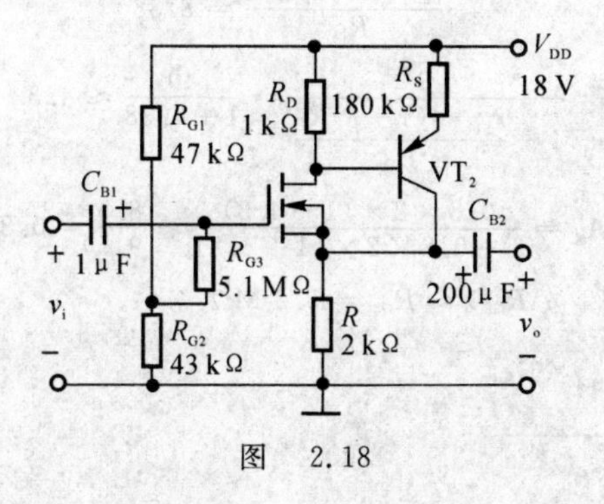

图　2.18

分析　此题电路为二级直接耦合放大电路，求解动态参数时用 $A_v=A_{V_1}\cdot A_{V2}$，输入电阻 R_i 为第一级输入电阻。

解　等效小信号模型如图2.19所示，$R_D\gg r_d$，故 r_d 可忽略。场效应管为共源接法，晶体管为共射接法。

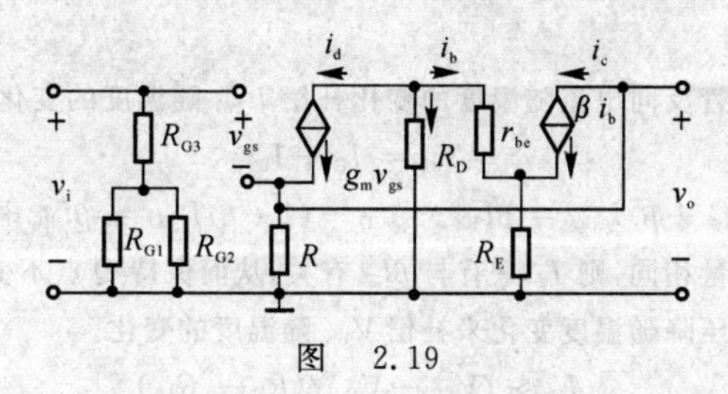

图　2.19

R 上的电流为

$$i_R = i_d - i_C = g_m v_{gS} - \beta i_b$$

输出电压为

$$v_o = (g_m v_{gS} - \beta i_b)R$$

又由于 $iR_d = i_b r_{be} + (1+\beta)i_b R_e$，所以

$$i = \frac{i_b r_{be} + (1+\beta)i_b R_E}{R_D}$$

由 KCL 定律 $i_d + i + i_b = 0$ 可得

$$i_d = -(i+i_b) = -i_b\left[1+\frac{r_{be}+(1+\beta)R_E}{R_D}\right] = g_m v_{gS}$$

所以有 $i_b = -\dfrac{g_m v_{gS}}{1+\dfrac{r_{be}+(1+\beta)R_E}{R_D}}$，故

$$v_o = g_m v_{gS}\left[1+\frac{\beta}{1+\dfrac{r_{be}+(1+\beta)R_E}{R_D}}\right]R$$

由 KVL 定律 $v_i = v_{gS} + v_o$，可知

$$A_v = \frac{v_o}{v_i} = \frac{g_m\left[1+\dfrac{\beta}{1+\dfrac{r_{be}+(1+\beta)R_E}{R_D}}\right]R}{1+g_m\left[1+\dfrac{\beta}{1+\dfrac{r_{be}+(1+\beta)R_E}{R_D}}\right]R}$$

其中

$$\frac{r_{be}+(1+\beta)R_E}{R_D} = 8.38$$

所以有

$$\frac{\beta}{1+\dfrac{r_{be}+(1+\beta)R_E}{R_D}} = \frac{40}{1+8.38} \approx 4.3$$

$$A_v = \frac{0.8\times 2\times(1+4.3)}{1+0.8\times 2\times(1+4.3)} \approx \frac{8.5}{9.5} = 0.89$$

输入电阻为 $R_i = R_{G3} + (R_{G1} \mathbin{/\!/} R_{G2}) \approx R_{G3} = 5.2\ \text{M}\Omega$

2.4 自学指导

一、利用补偿法稳定静态工作点

补偿法是利用二极管的参数或热敏电阻阻值随温度变化的特性，来补偿 BJT 参数随温度的变化，从而使静态工作点稳定。

例如图 2.20 是利用二极管反向电流随温度的变化补偿 I_{CBO} 随温度的变化。

$$I_{Rb} = I_D + I_B$$

$$I_C = \beta I_B + (1+\beta)I_{CBO} = \beta I_{Rb} - \beta I_D + (1+\beta)I_{CBO} \approx \beta I_{Rb} + \beta(I_{CBO} - I_D)$$

I_D 和 I_{CBO} 相等或随温度变化量相同，则 I_C 只有与 βI_B 有关，从而保持 Q 点不变。

图 2.21 利用二极管正向压降随温度变化来补偿 V_{BE} 随温度的变化。

$$I_R \approx (V_{CC} - V_D)/(R_{b1} + R_{b2})$$

$$V_B = V_{BE} + I_E \cdot R_e = V_D + I_R R_{b2}$$

$$V_D = V_{BE}$$

则
$$I_E \approx \frac{I_R R_{b2}}{R_e} \approx \frac{V_{CC} R_{b2}}{(R_{b1}+R_{b2})R_e}$$

V_{CC} 较大且不易波动就稳定了 Q 点。

图2.22利用电阻 R_b 的正温度系数进行补偿，温度升高 I_C 增大，但 R_b 增大，使 I_B 减小，I_C 减小，抑制了 I_C 增大，使 Q 点稳定。

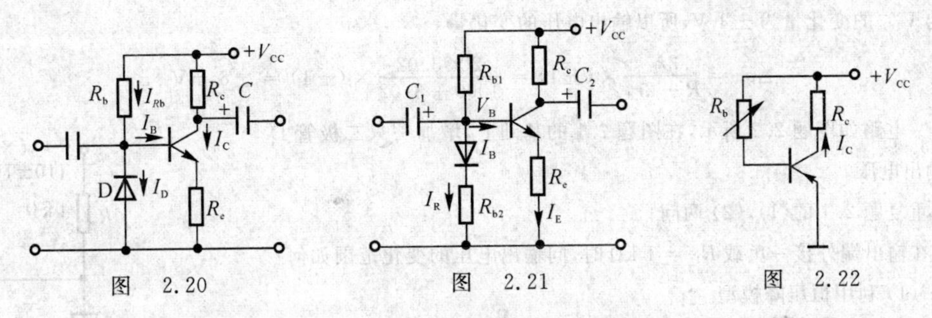

图　2.20　　图　2.21　　图　2.22

二、用实验的方法测量最大不失真输出电压 v_{om}

首先应将静态工作点调在交流负载线的中点，为此，在放大电路正常工作的情况下，逐步增大输入信号的幅度，并同时调节 R_b（改变静态工作点），用示波器观察输出 v_O，当输出波形同时出现削底和缩顶现象时，说明静态工作点已调在交流负载线中间，然后反复调整输入信号，使波形输出幅值最大，且无明显失真时，用交流毫伏表测 v_O 即为 v_{om}。

三、复合管

为了提高电流放大系数，增大电阻 r_{be}，改善电路的性能，可以用多只晶体管构成复合管来取代基本电路中的一只晶体管。

复合管的组合原则：

(1) 保证前级输出电流与后级输入电流实际方向一致。为了实现电流放大，应将第一只管子的集电极（漏极）或发射极（源极）电流作为第二只管子的基极电流。

(2) 外加电压的极性要使所有管子均发射结正偏，集电结反偏，工作在放大区。

(3) 两只同类型的三极管组成复合管，类型与原类型相同，复合管的 $\beta \approx \beta_1\beta_2$，复合管的 $r_{be} = r_{be1} + (1+\beta_1) r_{be2}$。

不同类型的三极管构成的复合管，类型与第一级三极管相同，复合管的 $\beta \approx \beta_1\beta_2$，复合管的 $r_{be} = r_{be1}$。

2.5　习题精选详解

2.1　电路如图题2.1所示。

(1) 利用硅二极管恒压降模型求电路的 I_D 和 v_o；

(2) 在室温（300 K）的情况下，利用二极管的小信号模型求 v_o 的变化范围。

解　(1) 利用恒压降模型

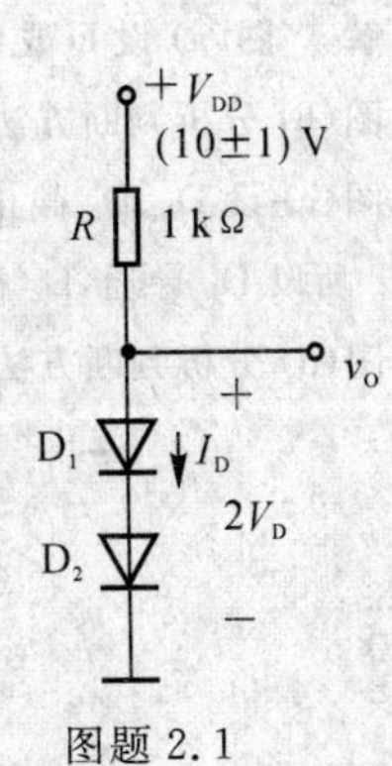

图题 2.1

$$I_D = \frac{V_{DD} - 2V_D}{R} = \frac{10 - 2 \times 0.7}{1} = 8.6 \text{ mA}$$

$$v_o = 2V_D = 1.4 \text{ V}$$

(2) 利用小信号模型

$$r_d = \frac{V_T}{I_D} = \frac{26}{8.6} = 3.02 \ \Omega$$

因为 V_{DD} 的变化量为 ± 1 V，所以输出电压的变化量

$$\Delta v_o = \frac{2r_d}{R + 2r_d} \times (\pm 1) = \frac{2 \times 3.02}{1000 + 3.02} \times (\pm 1) = \pm 6 \text{ mV}$$

2.2 电路如图题 2.2 所示，在图题 2.1 的基础上，增加一只二极管 D_3 以提高输出电压。

(1) 重复题 2.1 的(1)，(2) 两问；

(2) 在输出端外接一负载 $R_L = 1$ kΩ 时，问输出电压的变化范围如何？

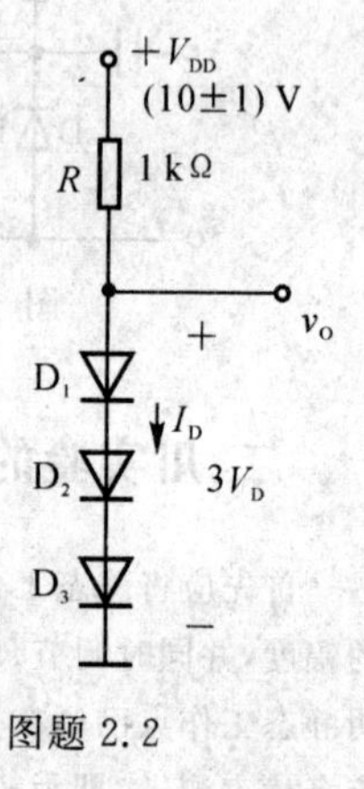

图题 2.2

解 (1) 利用恒压降模型

$$I_D = \frac{V_{DD} - 3V_D}{R} = \frac{10 - 3 \times 0.7}{1} = 7.9 \text{ mA}$$

$$v_o = 3V_D = 2.1 \text{ V}$$

利用小信号模型

$$r_d = \frac{V_T}{I_D} = \frac{26}{7.9} = 3.29 \ \Omega$$

$$\Delta v_o = \frac{3r_d}{R + 3r_d} \times (\pm 1) = \pm 9.77 \text{ mV}$$

(2) 在输出端外接一负载 $R_L = 1$ kΩ 以后，流经 D 的电流

$$I_D = \frac{V_{DD} - 3V_D}{R} - \frac{3V_D}{R_L} = \frac{10 - 2.1}{1} - \frac{2.1}{1} = 5.8 \text{ mA}$$

$$r_d = \frac{V_T}{I_D} = \frac{26}{5.8} = 4.48 \ \Omega$$

输出电阻

$$R_o = 3r_d \mathbin{/\!/} R_L = (3 \times 4.48) \mathbin{/\!/} 1\,000 = 13.4 \mathbin{/\!/} 1\,000 = 13.2 \ \Omega$$

输出电压变化是

$$\Delta v_o = \frac{R_o}{R_o + R} \times (\pm 1) = \frac{13.2}{13.2 + 1\,000} \times (\pm 1) = \pm 13 \text{ mV}$$

2.3 二极管电路如图题 2.3 所示，试判断图中的二极管是导通还是截止，并求出 AO 两端电压 V_{AO}。设二极管是理想的。

解 图(a) 设 D 截止，则 D 的"+"端为 −6 V，D 的"−"端为 −12 V，D 应处于导通状态，$V_{AO} = -6$ V。

图(b) 分析判断方法与上相同。D 应处于截止状态，$V_{AO} = -12$ V。

图(c) 设 D_1、D_2 截止，D_2 的"+"端为 −15 V，D_2 的"−"端为 −12 V；D_1 的"−"端为 −12 V，D_1 的"+"端为 0。所以 D_1 导通，D_2 截止，即 $V_{AO} = 0$。

图(d) 分析判断方法与上相同。D_2 导通，D_1 截止，即

$$V_{AO} = -\frac{12 - 6}{3} \times 3 + 12 = -6 \text{ V}$$

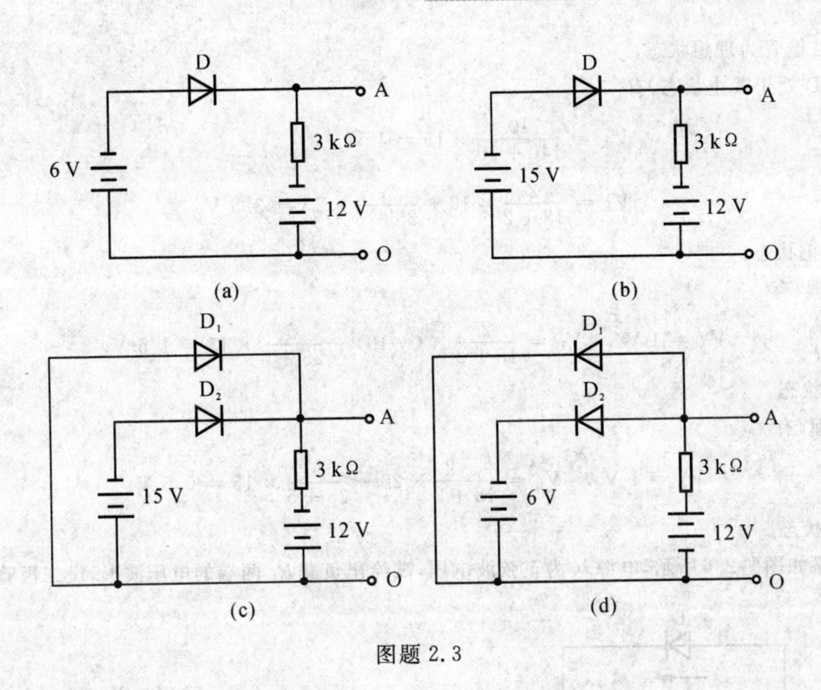

图题 2.3

2.4　试判断图题 2.4 中二极管导通还是截止，为什么？

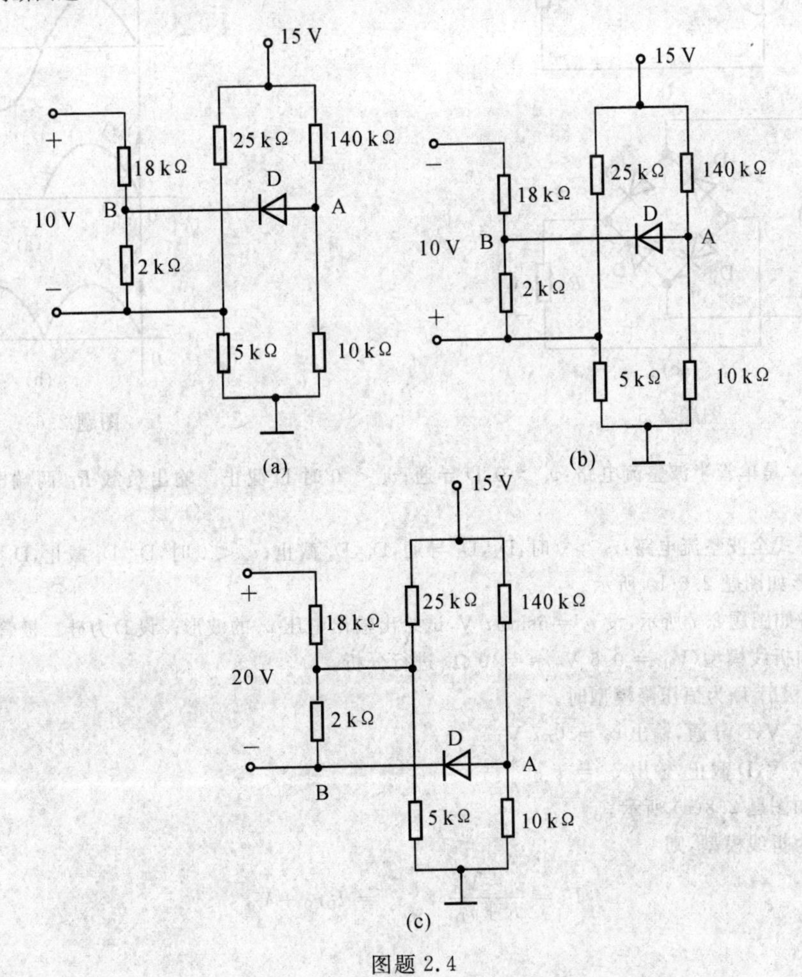

图题 2.4

解　设二极管为理想状态。

图(a)设D处于截止状态,有

$$V_A = \frac{10}{140+10} \times 15 = 1\ \text{V}$$

$$V_B = \frac{2}{18+2} \times 10 + \frac{5}{25+5} \times 15 = 3.5\ \text{V}$$

即管子处于截止状态。

图(b)同理,有

$$V_A = 1\ \text{V},\quad V_B = \frac{2}{18+2} \times (-10) + \frac{5}{25+5} \times 15 = 1.5\ \text{V}$$

管子处于截止状态。

图(c)同理,有

$$V_A = 1\ \text{V},\quad V_B = \frac{-2}{18+2} \times 20 + \frac{5}{25+5} \times 15 = 0.5\ \text{V}$$

管子处于导通状态。

2.5　电路如图题2.5所示,电源v_s为正弦波电压,试绘出负载R_L两端的电压波形,设二极管是理想的。

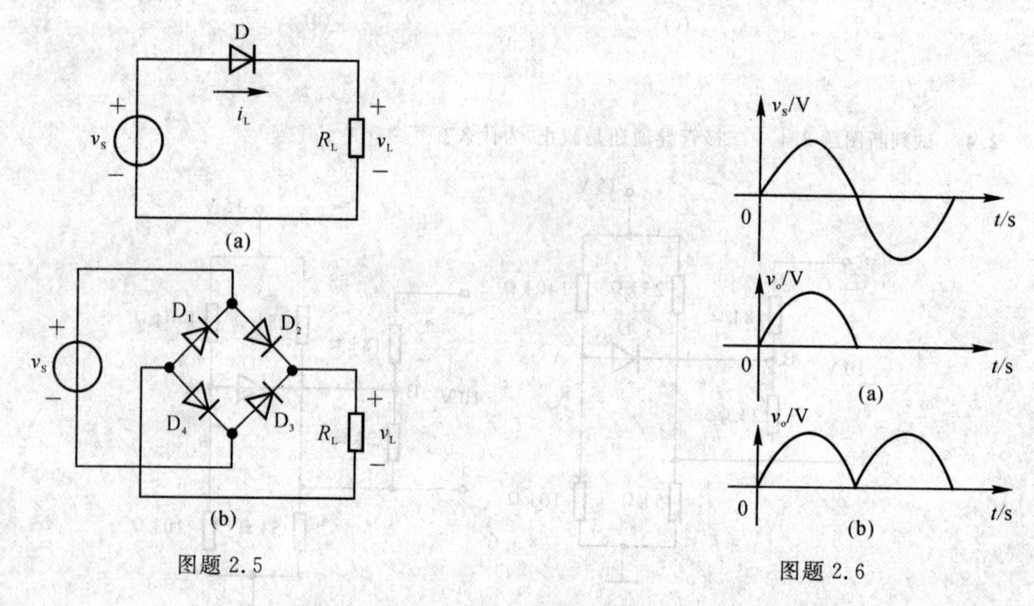

图题2.5　　　　图题2.6

解　图(a)是单管半波整流电路:$v_s > 0$,D导通;$v_s < 0$时D截止。输出负载R_L两端电压波形如图题2.6(a)所示。

图(b)是桥式全波整流电路:$v_s > 0$时,D_2,D_4导通,D_1,D_3截止;$v_s < 0$时,D_2,D_4截止,D_1,D_3导通。R_L两端的电压波形如图题2.6(b)所示。

2.6　电路如图题2.7所示,设$v_i = 6\sin\omega t$ V,试绘出输出电压v_o的波形。设D为硅二极管,使用恒压降(0.7 V)模型和折线模型($V_{th} = 0.6$ V,$r_D = 40\ \Omega$)进行分析。

解　设二极管D为恒压降模型时。

当$v_i > 0.7$ V,D导通,输出$v_o = 0.7$ V;

当$v_i < 0.7$ V,D截止,输出$v_o = v_i$。

输出电压波形如图题2.8(a)所示。

设二极管为折线模型,则

$$I_D = \frac{v_i - V_{th}}{R + r_D},\quad v_o = I_D r_D + V_{th}$$

根据上式计算得出部分值：

$v_i = 0.7\ \text{V}$　　　$v_o = 0.604\ \text{V}$

$v_i = 1\ \text{V}$　　　$v_o = 0.615\ \text{V}$

$v_i = 2\ \text{V}$　　　$v_o = 0.65\ \text{V}$

$v_i = 6\ \text{V}$　　　$v_o = 0.88\ \text{V}$

以上情况 D 导通。

当 $v_i < 0.6\ \text{V}$ 时，D 截止，$v_o = v_i$。输出波形如图 2.8(b) 所示。

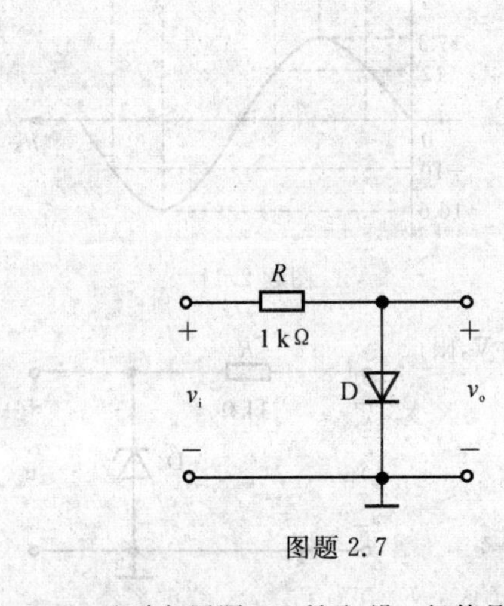

图题 2.7

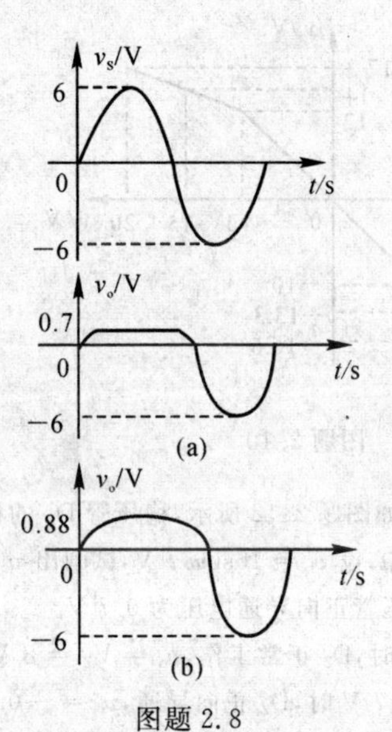

图题 2.8

2.7　电路如图题 2.9 所示，设二极管是理想的。

(1) 画出它的传输特性；

(2) 若输入电压 $v_i = 20\sin\omega t$ V，试根据传输特性绘出一周期的输出电压 v_o 的波形。

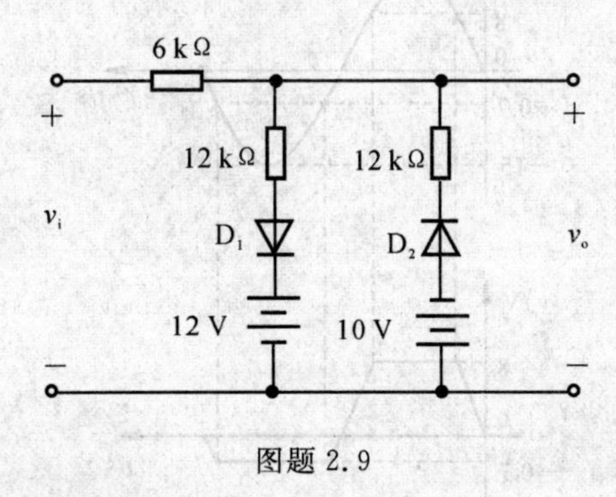

图题 2.9

解　因为二极管是理想的，导通电压为 0。

(1) 当 $v_i > 12$ V 时，D_1 导通，D_2 截止。$v_o = \dfrac{(v_i - 12)\times 12}{6+12} + 12\ \text{V}$；

当 $v_i < -10$ V 时，D_1 截止，D_2 导通，$v_o = -\left[\dfrac{(-10 - v_i)\times 12}{6+12} + 10\right]$；

当 $-10\ \text{V} < v_i < 12\ \text{V}$，$D_1$，$D_2$ 截止，$v_o = v_i$。

传输特性如图题 2.10 所示。

(2) 输出波形如图 2.11 所示。

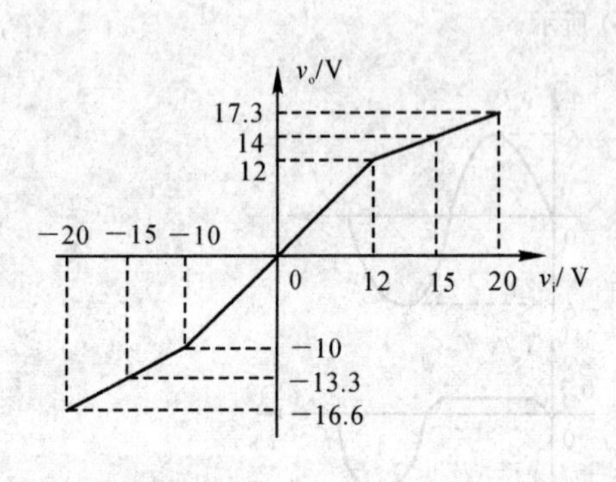

图题 2.10

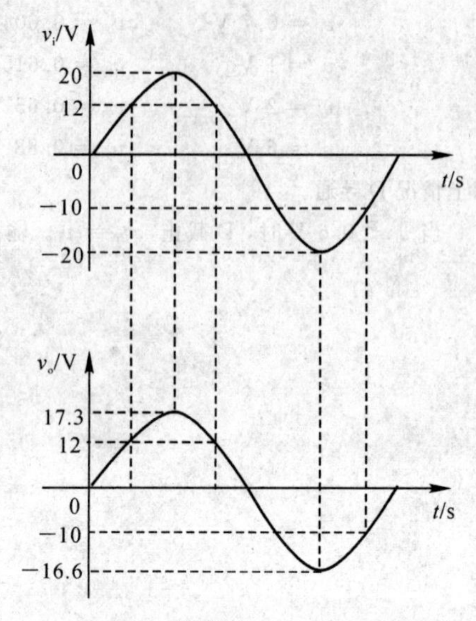

图题 2.11

2.8 电路如图题 2.12 所示，稳压管 D_Z 的稳定电压 $V_Z = 8$ V，限流电阻 $R = 3$ kΩ，设 $v_i = 15\sin\omega t$ V，试画出 v_o 的波形。

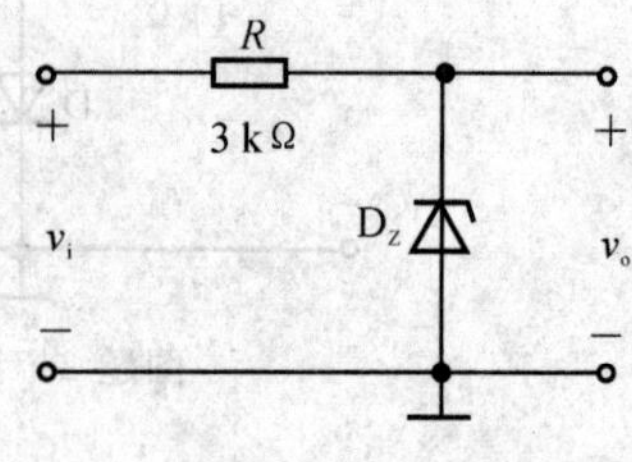

图题 2.12

解 设稳压管正向导通电压为 0.7 V。

当 $v_i \geqslant V_Z$ 时，D_Z 正常工作，$v_o = V_Z = 8$ V；

当 $v_i \leqslant -0.7$ V 时，D_Z 正向导通，$v_o = -0.7$ V；

当 $V_Z > v_i > -0.7$ V 时，D_Z 处于截止状态，$v_o = v_i$。

v_o 的波形如图题 2.13 所示。

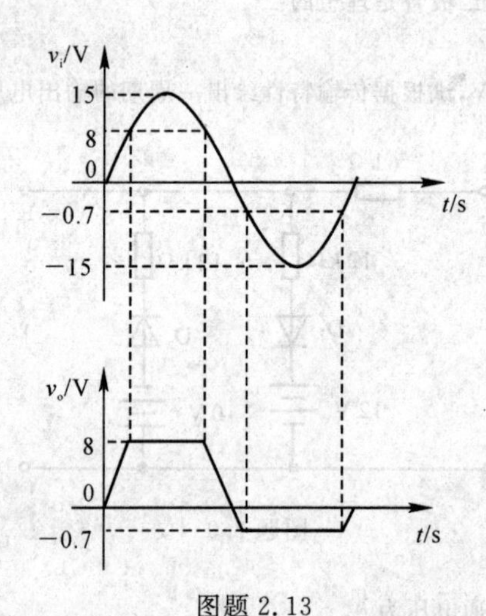

图题 2.13

2.9 两只全同的稳压管电路如图题 2.14 所示，假设它们的参数 V_Z 和正向特性的 V_{th}，r_d 为已知。试绘出电路的传输特性。

解 当 $v_i \geqslant V_{Z2} + V_{th}$ 时，D_{Z1} 正向导通，D_{Z2} 稳压。

$$v_{o2} = \frac{(V_I - V_{th} - V_{Z2})}{R + r_d} + V_{Z2}$$

当 $v_i \leqslant -(V_{Z1}+V_{th})$ 时，D_{Z1} 稳压，D_{Z2} 导通。

$$v_{o1} = -\left[\frac{(V_I + V_{th} + V_{Z1})}{R + r_d} + V_{Z1}\right]$$

传输特性如图题 2.15 所示。

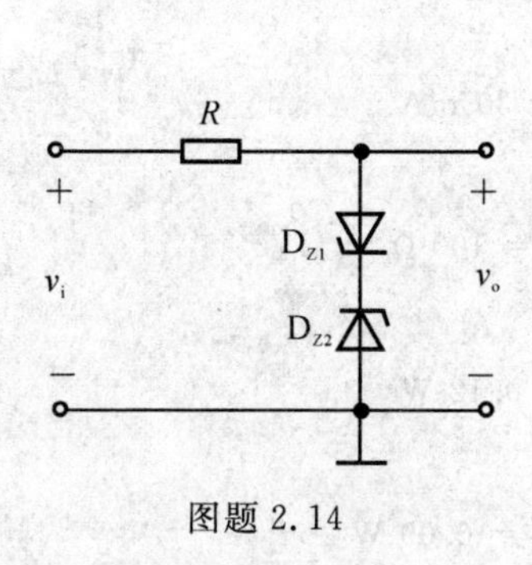

图题 2.14

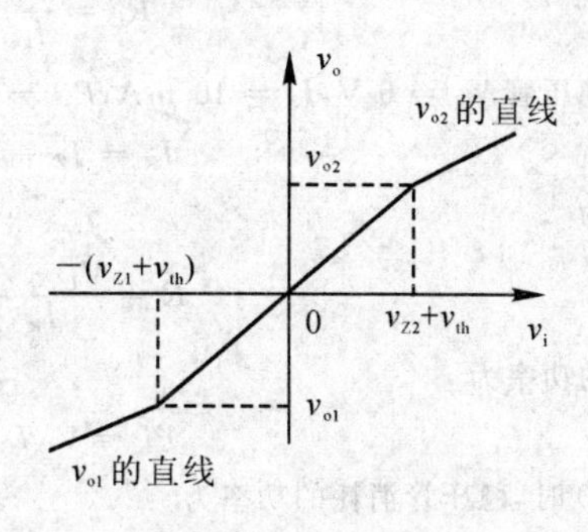

图题 2.15

当 $(V_{Z2}+V_{th}) > v_i > -(V_{Z1}+V_{th})$ 时 D_{Z1}，D_{Z2} 均截止，$v_o = v_i$。

2.10 设 $V_{Z1}=5$ V，$V_{Z2}=10$ V，$V_{th}=0.6$ V，$r_D=20\ \Omega$，$I_S\approx 0$，$R=510\ \Omega$，重复题 2.9 的要求。

解 将已知条件中的值代入得具体数值。

$$v_{o2} = \frac{v_i - 0.6 - 10}{510 + 20} \times 20 + 10 = \frac{v_i - 10.6}{530} \times 20 + 10$$

$v_i \geqslant V_{Z2}+V_{th} = 10.6$ V 时，按 v_{o2} 变化，描绘直线。

$$v_{o1} = -\left(\frac{v_i + 5.6}{530} \times 20 + 5\right)$$

$v_i \leqslant -(V_{Z1}+V_{th}) = -5.6$ V 时，按 v_{o1} 变化描绘直线。

图示如图题 2.15 所示。

2.11 稳压电路如图题 2.16 所示。

(1) 试近似计算稳压管的耗散功率 P_Z，并说明在何种情况下，P_Z 达到最大值或最小值；

(2) 计算负载所吸收的功率；

(3) 限流电阻 R 所消耗的功率为多少?

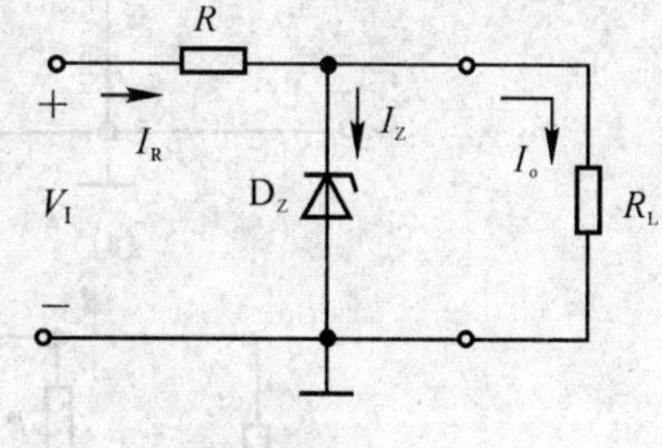

图题 2.16

解 (1) 稳压管的耗散功率为

$$P_Z = I_Z V_Z = \left(\frac{V_I - V_Z}{R} - \frac{V_Z}{R_L}\right) V_Z$$

由上式可以看出，当 $R_L \to \infty$ 时，有极大值 $P_{Z\max} = \dfrac{V_I - V_Z}{R} V_Z$；当

$I_Z = I_{Z\min}$，$V_Z = V_{Z\min}$ 时，有极小值 $P_{Z\min} = \left(\dfrac{V_I - V_{Z\min}}{R} - \dfrac{V_{Z\min}}{R_L}\right) V_{Z\min}$。

(2) 负载吸收的功率为

$$P_L = I_o V_o = \frac{V_Z^2}{R_L}$$

(3) 限流电阻所消耗的功率为

$$P_R = I_R V_R = \frac{(V_I - V_Z)^2}{R}$$

2.12 设计一稳压管稳压电路，要求输出电压 $V_O = 6$ V，输出电流 $I_O = 20$ mA，若输入直流电压 $V_I = 9$ V，试选用稳压管型号和合适的限流电阻值，并检验它们的功率定额。

解　设计的电路图如图题 2.30 所示。

由 $I_O = \frac{V_Z}{R_L}$，得

$$R_L = \frac{V_Z}{I_O} = \frac{6}{20 \times 10^{-3}} = 300\ \Omega$$

选择稳压管 $V_Z = 6\ \text{V}, I_Z = 10\ \text{mA}, P_M = 0.20\ \text{W}$，则

$$I_R = I_Z + I_O = 10 + 20 = 30\ \text{mA}$$

限流电阻为

$$R = \frac{V_I - V_Z}{I_R} = \frac{9 - 6}{30 \times 10^{-3}} = 100\ \Omega$$

负载消耗的功率为

$$P_L = V_O I_O = 6 \times 0.02 = 0.12\ \text{W}$$

$I_O = 0$ 时，稳压管消耗的功率为

$$P_Z = \frac{V_I - V_Z}{R} V_Z = \frac{9 - 6}{100} \times 3 = 0.09\ \text{W}$$

没有超过额定耗散功率。

限流电阻 R 上消耗的功率为

$$P_R = V_R I_R = (9 - 6) \times 30 = 3 \times 0.03 = 0.09\ \text{W}$$

选 $R = 100\ \Omega$，功率为 0.5 W 的电阻作限流电阻。

2.13　试分析图题 2.17 所示各电路对正弦交流信号有无放大作用，并简述理由（设各电容的容抗可忽略）。

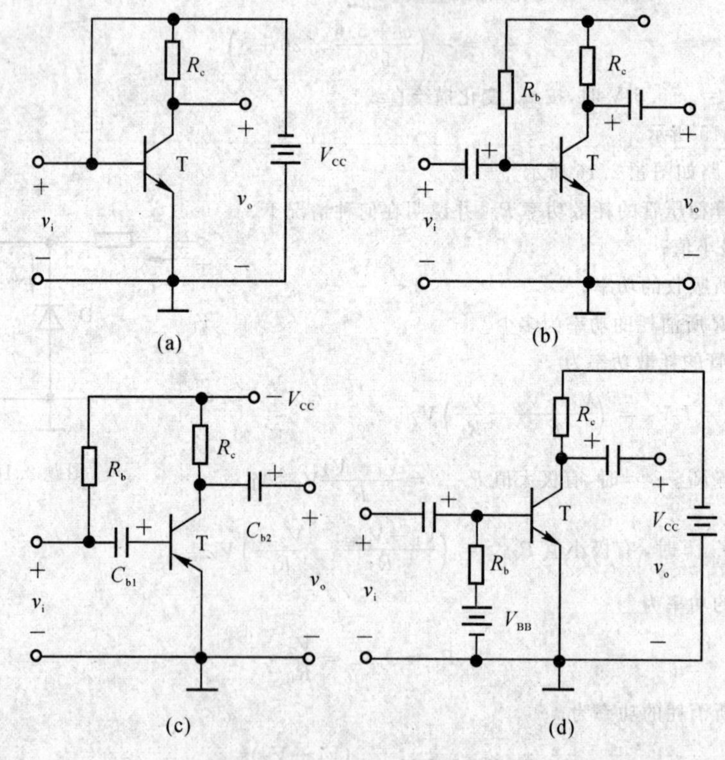

图题 2.17

解　图(a) 因为无 R_b 产生发射结正偏，集电结反偏，V_{CC} 又反向，更是无法满足上述要求，所以无放

大作用。

图(b) 具备了放大的条件,所以有放大作用。

图(c) 因为 C_{b1} 阻断了直流偏量,所以无放大作用。

图(d) 因 V_{CC} 反偏,使 T 无法工作在放大区,所以无放大作用。

2.14 电路如图题 2.18 所示,设 BJT 的 $\beta = 80$, $V_{BE} = 0.6$ V, I_{CEO}, V_{CES} 可忽略不计,试分析当开关 S 分别接通 A,B,C 三位置时,BJT 各工作在其输出特性曲线的哪个区域,并求出相应的集电极电流 I_C。

解 (1)S 接 A,则

$$I_B = \frac{12-0.6}{40} = 285\ \mu\text{A}$$

$$I_C \approx \beta I_B = 22.8\ \text{mA}$$

$$V_{CE} = 12 - I_C \times 4 = -79.2\ \text{V}$$

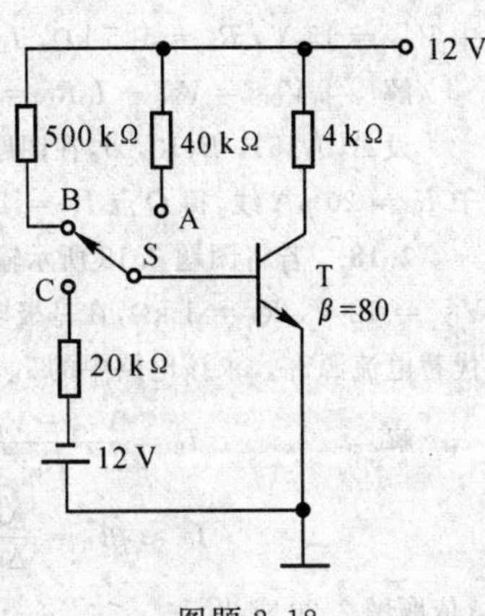

图题 2.18

说明在饱和区域,此时

$$I_C = \frac{V_{CC} - V_{CES}}{4} = \frac{12}{4} = 3\ \text{mA}$$

(2) S 接 B 点,则

$$I_B = \frac{V_{CC} - V_{BE}}{500} = 2.28\ \mu\text{A}$$

$$I_C = \beta I_B = 80 \times 2.28 = 1.82\ \text{mA}$$

$$V_{CE} = V_{CC} - I_C R_C = 12 - 1.82 \times 4 = 4.72\ \text{V}$$

说明工作在放大区域,此时 $I_C = 1.82$ mA 。

(3) S 接 C 点,V_{BB} 反偏,使 V_{BE} 反偏,V_{BC} 反偏,T 管工作在截止状态,$I_C = 0$。

2.15 BJT 的输出特性如图题 2.19 所示。求该器件的 β 值;当 $i_C = 10$ mA 和 $i_C = 20$ mA 时,管子的饱和压降 V_{CES} 为多少?

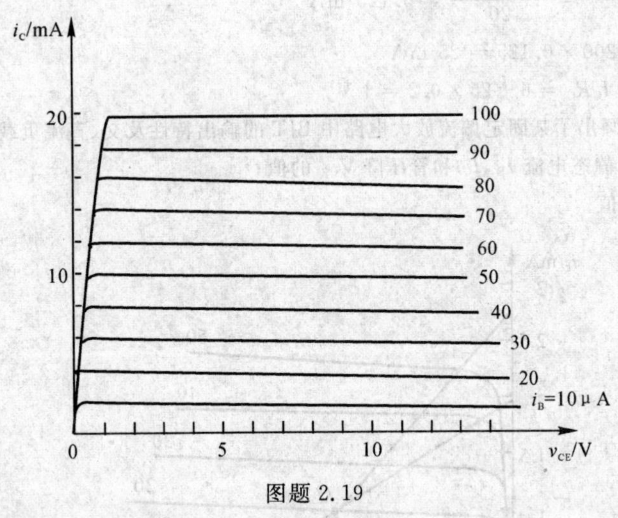

图题 2.19

解 由图可以看出,当 $i_C = 10$ mA 时,$i_B = 50\ \mu$A;当 $i_C = 20$ mA 时,$i_B = 100\ \mu$A。

$$\beta = \frac{\Delta i_C}{\Delta i_B} = \frac{(20-10)\text{mA}}{(100-50)\mu\text{A}} = \frac{10}{0.05} = 200$$

在图上测量得 $V_{CES} \approx 1$ V 。

2.16 测量某硅 BJT 各电极对地的电压值如下,试判别管子工作在什么区域?

(a) $V_C = 6$ V, $V_B = 0.7$ V, $V_E = 0$ V

(b) $V_C = 6$ V, $V_B = 2$ V, $V_E = 1.3$ V

(c) $V_C = 6\ \text{V}$， $V_B = 6\ \text{V}$， $V_E = 5.4\ \text{V}$

(d) $V_C = 6\ \text{V}$， $V_B = 4\ \text{V}$， $V_E = 3.6\ \text{V}$

(e) $V_C = 3.6\ \text{V}$， $V_B = 4\ \text{V}$， $V_E = 3.4\ \text{V}$

解　判断此类题目主要依据发射结正偏、集电结反偏为放大区，发射结、集电结均反偏为截止区，发射结、集电结正偏为饱和区。

最后判断出(a) 在放大区；(b) 在放大区；(c) 在饱和区，临界饱和；(d) 在接近截止区；(e) 在饱和区。

2.17　设输出特性如图题 2.19 所示的 BJT 接入图题 2.20 所示的电路，图中 $V_{CC} = 15\ \text{V}$，$R_c = 1.5\ \text{k}\Omega$，$I_B = 20\ \mu\text{A}$，求该器件的 Q 点。

解　$V_{CE} = V_{CC} - I_C R_C = 15 - I_C \times 15$

设 $A(0,15)$，$B(10,0)$，在图题 2.19 所示输出特性曲线上画得 A，B 直线交于 $I_B = 20\ \mu\text{A}$ 线，得 Q 点 $I_C = 4\ \text{mA}$，$V_{CE} = 8\ \text{V}$。

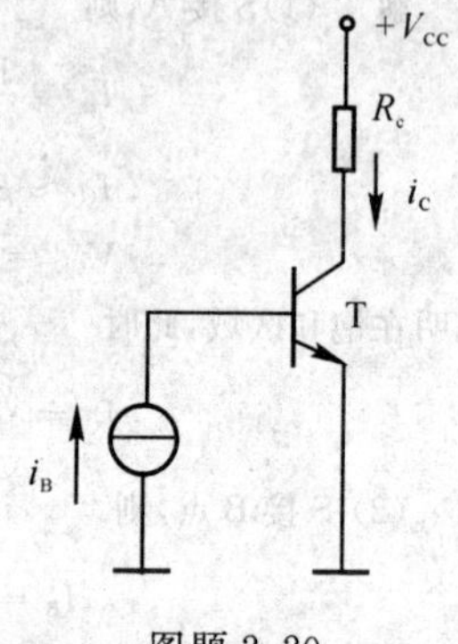

图题 2.20

2.18　若将图题 2.19 所示输出特性的 BJT 接成图题 2.20 的电路，并设 $V_{CC} = 12\ \text{V}$，$R_c = 1\ \text{k}\Omega$，在基极电路中用 $V_{BB} = 2.2\ \text{V}$ 和 $R_b = 50\ \text{k}\Omega$ 串联以代替电流源 i_B。求该电路中的 I_B，I_C 和 V_{CE} 的值，设 $V_{BE} = 0.7\ \text{V}$。

解
$$I_B = \frac{V_{BB} - V_{BE}}{R_b} = \frac{2.2 - 0.7}{50} = 30\ \mu\text{A}$$

$$I_C \approx \beta I_B = \frac{\Delta i_C}{\Delta i_B} I_B = 200 \times 30 = 6\ \text{mA}$$

β 依题图 2.20 求出。

$$V_{CE} = V_{CC} - I_C R_C = 12 - 6 \times 1 = 6\ \text{V}$$

2.19　设输出特性如图题 2.19 所示的 BJT 连接成图题 2.20 所示的电路，其基极端上接 $V_{BB} = 3.2\ \text{V}$ 与电阻 $R_b = 20\ \text{k}\Omega$ 相串联，而 $V_{CC} = 6\ \text{V}$，$R_c = 200\ \Omega$，求电路中的 I_B，I_C 和 V_{CE} 的值，设 $V_{BE} = 0.7\ \text{V}$。

解　$I_B = \dfrac{V_{BB} - V_{BE}}{R_b} = \dfrac{3.2 - 0.7}{20} = 0.125\ \text{mA}$

$I_C = \beta I_B = 200 \times 0.125 = 25\ \text{mA}$

$V_{CE} = V_{CC} - I_C R_C = 6 - 25 \times 0.2 = 1\ \text{V}$

2.20　图题 2.21 画出了某固定偏流放大电路中 BJT 的输出特性及交、直流负载线，试求：

(1) 电源电压 V_{CC}，静态电流 I_B，I_C 和管压降 V_{CE} 的值；

(2) 电阻 R_b，R_c 的值；

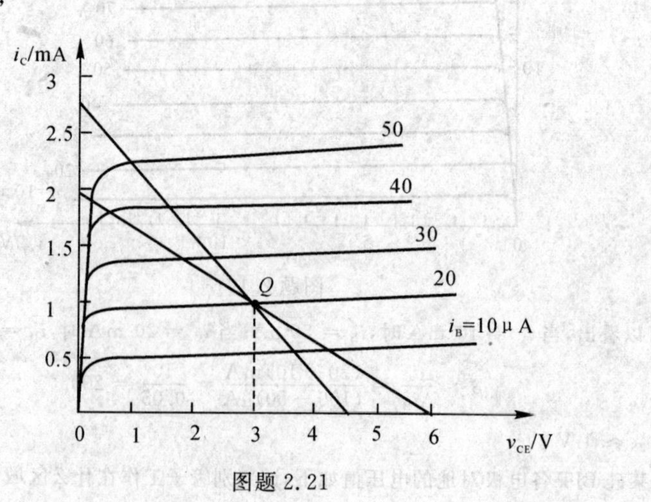

图题 2.21

(3) 输出电压的最大不失真幅度；

(4) 要使该电路能不失真地放大，基极正弦电流的最大幅值是多少？

解　(1) 由直流负载线得

$$V_{CC}=6\ \text{V},\quad I_B=20\ \mu\text{A},$$
$$I_C=1\ \text{mA},\quad V_{CE}=3\ \text{V}$$

(2)
$$R_b=\frac{V_{CC}}{I_B}=\frac{6}{20}=300\ \text{k}\Omega$$
$$R_c=\frac{V_{CC}-V_{CE}}{I_C}=\frac{6-3}{1}=3\ \text{k}\Omega$$

(3) 由交流负载线得

最大不饱和失真电压为

$$V_{om1}=V_{CE}-V_{CES}=3-1=2\ \text{V}$$

最大不截止失真电压为

$$V_{om2}=I_C R_L'=1.5\ \text{V}$$

输出电压的最大不失真幅度为 $V_{om2}=1.5$ V 。

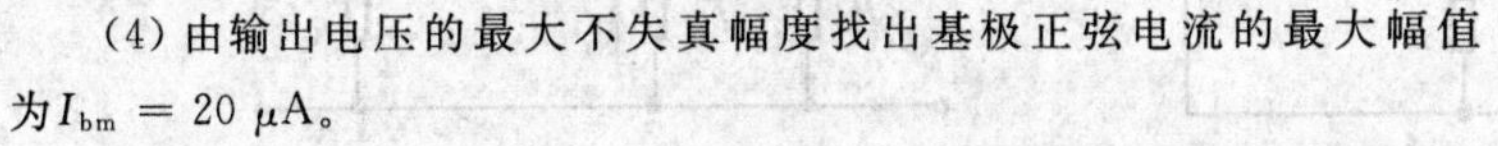

(4) 由输出电压的最大不失真幅度找出基极正弦电流的最大幅值为 $I_{bm}=20\ \mu$A。

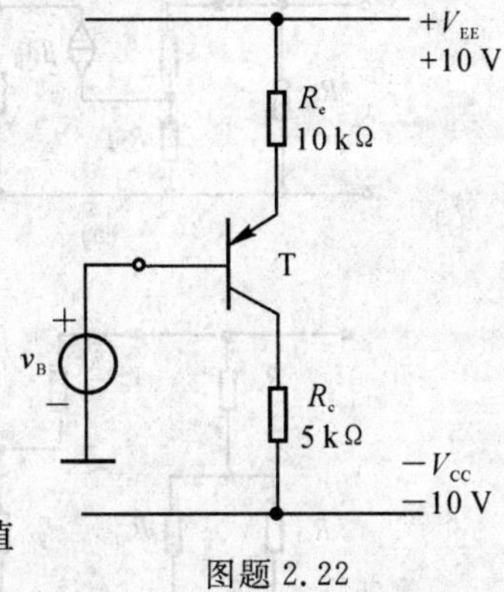

图题 2.22

2.21　设 PNP 型硅 BJT 的电路如图题 2.22 所示。问 v_B 在什么变化范围内,使 T 工作在放大区? 令 $\beta=100$。

解　设 PNP 为硅管,则 $|V_{CE}|\geqslant 1$ V, $|V_{BE}|=0.7$ V

$$V_E=V_{EE}-I_C R_e$$

而

$$I_C=\frac{V_{EE}-V_{CC}-V_{CE}}{R_e+R_c}=\frac{10-(-10)-1}{10+5}=1.27\ \text{mA}$$

$$V_E=V_{EE}-I_C R_e=10-1.27\times10=-2.7\ \text{V},\quad v_E\geqslant V_E$$

在放大区中,$v_B=v_E-0.7$ 在此范围内满足条件,即 $v_B\leqslant-2.7-0.7=-3.4$ V 以上。

2.22　画出图题 2.23 所示电路的小信号等效电路,设电路中各电容容抗均可忽略,并注意标出电压、电流的方向。

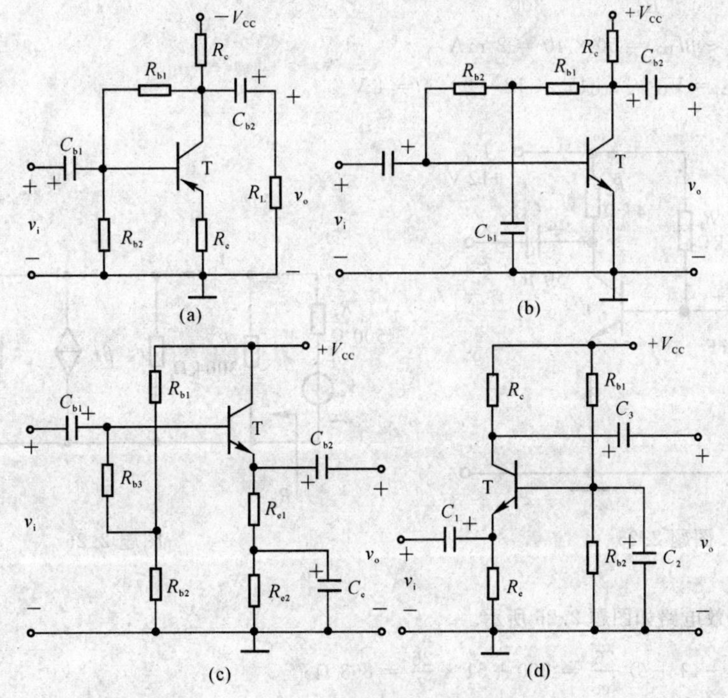

图题 2.23

解　等效电路图如图题 2.24 所示。

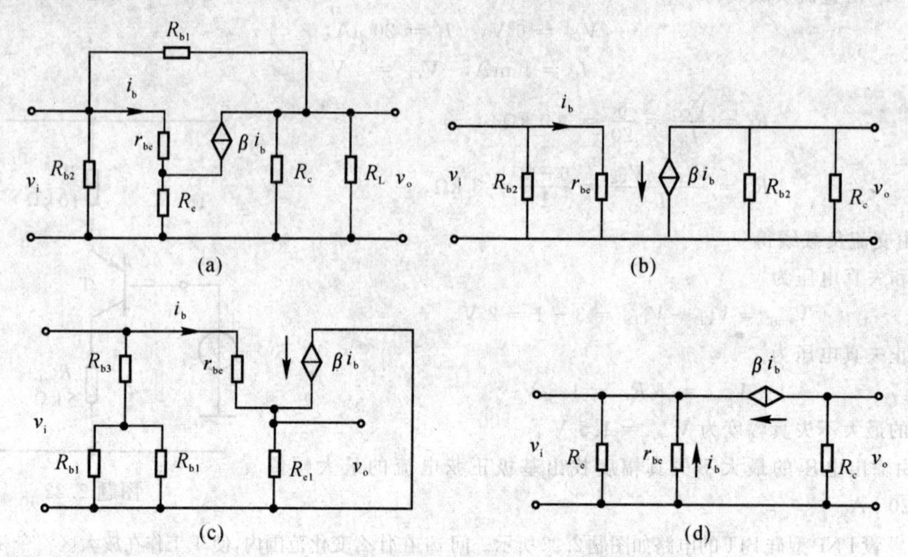

图题 2.24

2.23　单管放大电路如图题 2.25 所示，已知 BJT 的电流放大系数$\beta = 50$。

(1) 估算 Q 点；

(2) 画出简化 H 参数小信号等效电路；

(3) 估算 BJT 的输入电阻 r_{be}；

(4) 如输出端接入 4 kΩ 的电阻负载，计算 $A_v = \dfrac{v_o}{v_i}$ 及 $A_{vs} = \dfrac{v_o}{v_s}$。

解　(1) $I_{BQ} = \dfrac{V_{CC} - V_{BE}}{R_b} = \dfrac{12 - 0}{300} = 40\ \mu\text{A}$

$$I_{CQ} \approx \beta I_{BQ} = 50 \times 40 = 2\ \text{mA}$$

$$V_{CEQ} = V_{CC} - I_{CQ}R_c = 12 - 2 \times 4 = 4\ \text{V}$$

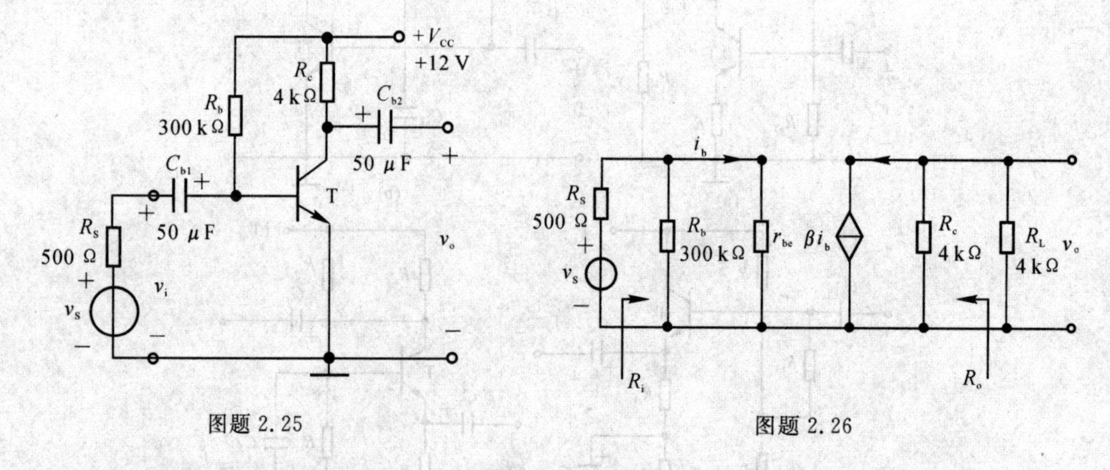

图题 2.25　　　　图题 2.26

(2) 小信号等效电路如图题 2.26 所示。

(3) $r_{be} = r_{bb'} + (1+\beta)\dfrac{26}{I_{CQ}} = 200 + 51 \times \dfrac{26}{2} = 863\ \Omega$

(4) $A_v = \dfrac{v_o}{v_i} = \dfrac{-\beta(R_c \,/\!/\, R_L)}{r_{be}} = -\dfrac{50 \times (4 \,/\!/\, 4)}{0.863} =$

-115.9

$$V_{vs} = \frac{v_o}{v_s} = \frac{R_i}{R_i + R_s}\dot{A}_V = \frac{(R_b \,/\!/\, r_{be})}{(R_b \,/\!/\, r_{be}) + R_s} + R_s\dot{A}_V =$$

$$\frac{300 \,/\!/\, 0.863}{(300 \,/\!/\, 0.863) + 0.5} \times (-115.9) = -73.3$$

2.24　电路如图题 2.27 所示，已知 BJT 的 $\beta = 100$，$V_{BE} = -0.7$ V。

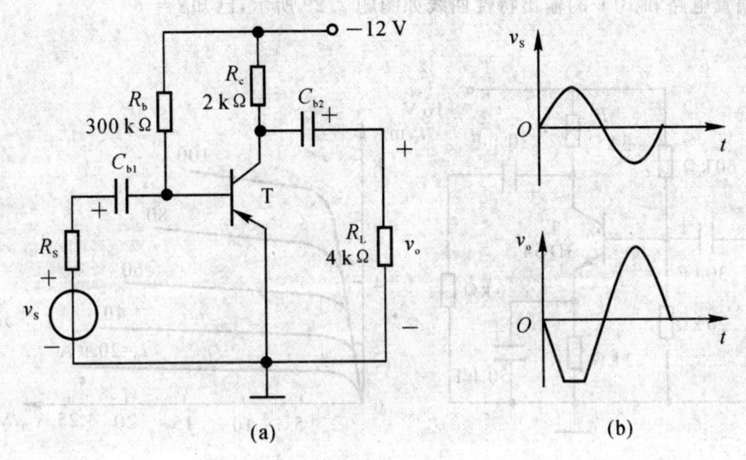

图题 2.27

(1) 试估算该电路的 Q 点；

(2) 画出简化的 H 参数小信号等效电路；

(3) 求该电路的电压增益 A_v，输入电阻 R_i，输出电阻 R_o；

(4) 若 v_o 中的交流成分出现图题2.27(b) 所示的失真现象？问是截止失真还是饱和失真？为消除此失真，应调整电路中的哪个元件？如何调整？

解　(1)　$I_{BQ} = \dfrac{V_{CC} - V_{BE}}{R_b} = \dfrac{-12-(-0.7)}{300} = -37.7\ \mu A$

$I_{CQ} = \beta I_{BQ} = -100 \times 37.7 = -3.77$ mA

$V_{CEQ} = V_{CC} - I_{CQ}R_c = -12 + 3.77 \times 2 = -4.47$ V

(2)H 参数小信号等效电路如图题 2.28 所示。

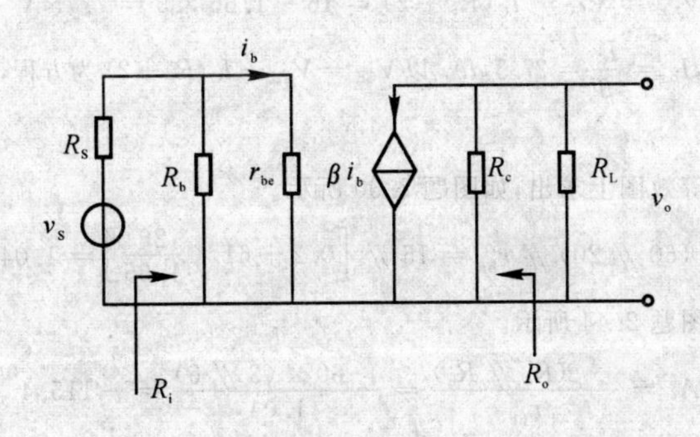

图题 2.28

(3) $r_{be}=r_{bb'}+(1+\beta)\dfrac{26}{|I_{CQ}|}=200+101\times\dfrac{26}{3.77}=0.897\ \text{k}\Omega$

$$A_v=\frac{v_o}{v_i}=-\frac{\beta R_L'}{r_{be}}=-\frac{100\times(2\ /\!/\ 4)}{0.82}=-148.3$$

$$R_i=R_b\ /\!/\ r_{be}=300\ /\!/\ 0.897=0.894\ \text{k}\Omega$$

$$R_o=R_c=2\ \text{k}\Omega$$

(4) 若 v_o 中的交流成分出现如图 2.27(b) 所示的失真。因 BJT 是 PNP,所以是截止失真,为消除它,应使 R_b 减小,即增大 $|I_{BQ}|$ 的值。

2.25 射极偏置电路和 BJT 的输出特性曲线如图题 2.29 所示,已知 $\beta=60$。

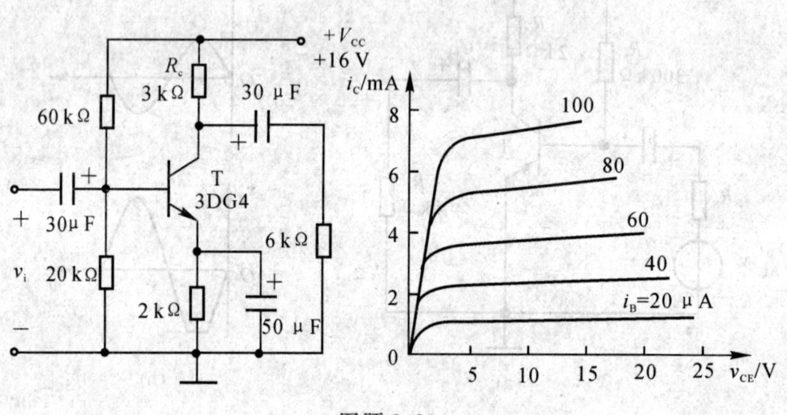

图题 2.29

(1) 分别用估算公式和图解法求 Q 点;

(2) 求输入电阻 r_{be};

(3) 用小信号模型分析法求电压增益 $\dot{A}_V$;

(4) 求输出电压最大不失真幅度;

(5) 若电路其他参数不变,如果要使 $V_{CE}=4$ V,问上偏流电阻为多大?

解 (1) 用估算公式求 Q 点。

$$V_B=\frac{20}{60+20}\times 16=4\ \text{V}$$

$$I_E=\frac{V_B-0.7}{2}=1.65\ \text{mA}\approx I_C$$

$$V_{CE}=V_{CC}-I_C(R_c+2)=16-1.65\times 5=7.75\ \text{V}$$

用图解法首先求出 I_B 值,$I_B=\dfrac{I_C}{\beta}=27.5\ \mu\text{A}$. 以 $V_{CE}=V_{CC}-I_C(R_c+2)$ 为方程,画出直线交于 $I_B=27.5\ \mu\text{A}$ 的直线,交点即为 Q,此处略。

(2) 输入电阻需在微变等效图上求出,如图题 2.30 所示。

$$R_i=(60\ /\!/\ 20)\ /\!/\ r_{be}=15\ /\!/\ \left[0.2+61\times\frac{26}{1.65}\right]=1.04\ \text{k}\Omega$$

(3) 微变等效电路图如图题 2.44 所示。

$$A_v=\frac{-\beta(R_e\ /\!/\ R_c)}{r_{be}}=\frac{-60\times(3\ /\!/\ 6)}{1.04}=-115.4$$

(4) 最大不饱和失真电压为

$$V_{om1}=V_{CE}-V_{CES}=7.75-1=6.75\ \text{V}$$

最大不截止失真电压为

$$V_{om2} = I_C R_L' = 1.65 \times 2 = 3.3\ \text{V}$$

取上述最小值，最大不失真幅值为 3.3 V 。

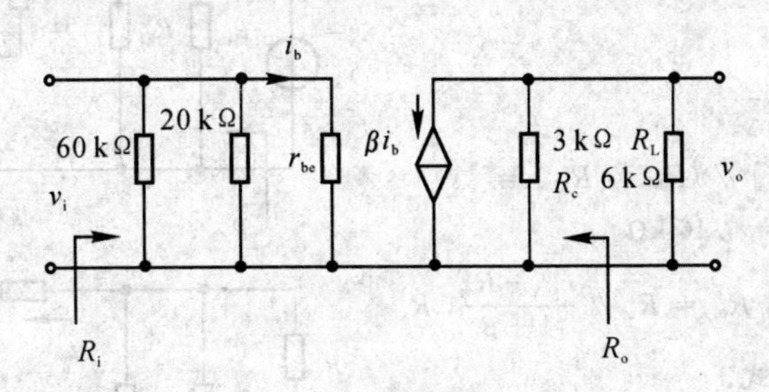

图题 2.30

(5) 若其他参数不变，$V_{CE} = 4\ \text{V} = V_{CC} - I_C(R_c + R_e)$

$$I_C = \frac{V_{CC} - V_{CE}}{R_c + R_e} = \frac{16-4}{5} = 2.4\ \text{mA}$$

$$I_B \approx \frac{I_C}{\beta} = \frac{2.4}{60} \approx 40\ \mu\text{A}$$

由 $V_E = V_B - V_{BE}$，得

$$V_B = V_E + V_{BE} = R_e I_E + V_{BE} = 2.4 \times 2 + 0.7 = 5.5\ \text{V}$$

又 $V_B = \dfrac{R_{b2}}{R_{b1} + R_{b2}} V_{CC}$，得上偏电阻为

$$R_{b1} = \frac{V_{CC}}{V_B} R_{b2} - R_{b2} = \frac{16}{5.5} \times 20 - 20 = 38.18\ \text{k}\Omega$$

2.26　电路如图题 2.31 所示，设 $\beta = 100$，试求：

(1)Q 点；

(2) 电压增益 $A_{v1} = \dfrac{v_{o1}}{v_s}$ 和 $A_{v2} = \dfrac{v_{o2}}{v_s}$；

(3) 输入电阻 R_i；

(4) 输出电阻 R_{O1} 和 R_{o2}。

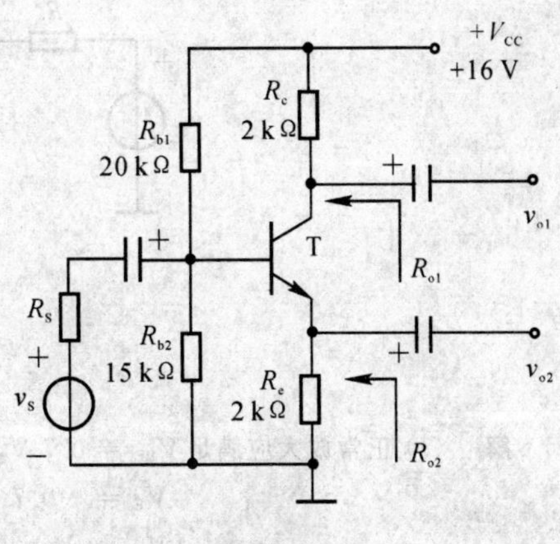

图题 2.31

解　(1) 求 Q 点。

$$V_B = \frac{R_{b2}}{R_{b1} + R_{b2}} V_{CC} = \frac{15}{15+20} \times 10 = 4.29\ \text{V}$$

$$V_E = V_B - V_{BE} = 4.29 - 0.7 = 3.59\ \text{V}$$

$$I_E \approx I_C = \frac{V_E}{R_e} = \frac{3.59}{2} = 1.8\ \text{mA}$$

$$V_{CE} = V_{CC} - I_C(R_c + R_e) = 10 - 1.8 \times 4 = 2.8\ \text{V}$$

$$r_{be} = 0.2 + (1+\beta)\frac{26}{I_E} = 0.2 + 101 \times \frac{26}{1.8} = 1.66\ \text{k}\Omega$$

(2) 从 v_{o1} 输出是共发射极电路，其微变等效电路图如图题 2.32(a) 所示；从 v_{o2} 输出是共集电极电路，其微变等效电路图如图题 2.32(b)。

$$A_{v1} = \frac{v_{o1}}{v_i} = \frac{-\beta R_e}{r_{be} + (1+\beta)R_e} = \frac{-100 \times 2}{1.66 + 101 \times 2} = -0.98$$

源增益

$$A_{V1s} = A_{V1} \cdot \frac{R_i}{R_i + R_s}$$

$$A_{V2}=\frac{v_{o2}}{v_i}=\frac{(1+\beta)R_e}{r_{be}+(1+\beta)R_e}=\frac{101\times 2}{1.66+101\times 2}$$
$$=-0.99$$

源增益

$$A_{V2s}=A_{V2}\cdot\frac{R_i}{R_i+R_s}$$

(3) 输入电阻

$$R_i=[r_{be}+(1+\beta)R_e]\,/\!/\,(R_{b1}\,/\!/\,R_{b2})=$$
$$203.66\,/\!/\,6.67=6.46\ \text{k}\Omega$$

(4) $R_{O1}=R_c=2\ \text{k}\Omega$，$R_{o2}=R_e\,/\!/\,\dfrac{r_{be}+R_s'}{1+\beta}$，$R_s$ 的值未给出，故只写出表达式。

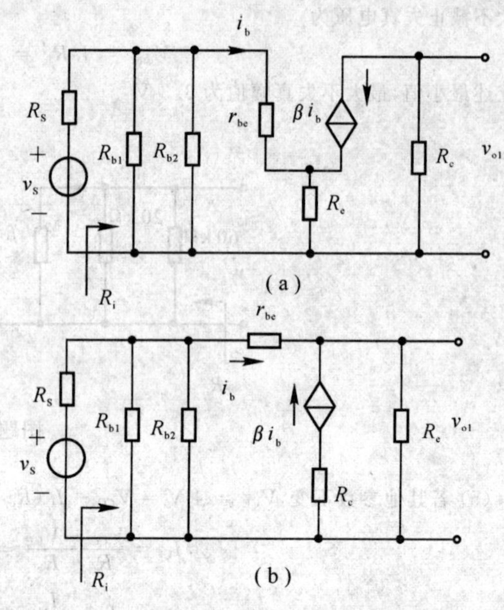

图题 2.32

2.27 在图题 2.33 所示的电路中，v_s 为正弦波小信号，其平均值为 0，BJT 的 $\beta=100$。

(1) 为使发射极电流 I_E 约为 1 mA，求 R_e 的值；

(2) 如需建立集电极电压 V_C 约为 +5 V，求 R_c 的值；

(3) 设 $R_L=5\ \text{k}\Omega$，求 $\dot{A}_{Vs}$。电路中的 C_{b1} 和 C_{b2} 的容抗可忽略，取 $R_s=500\ \Omega$。

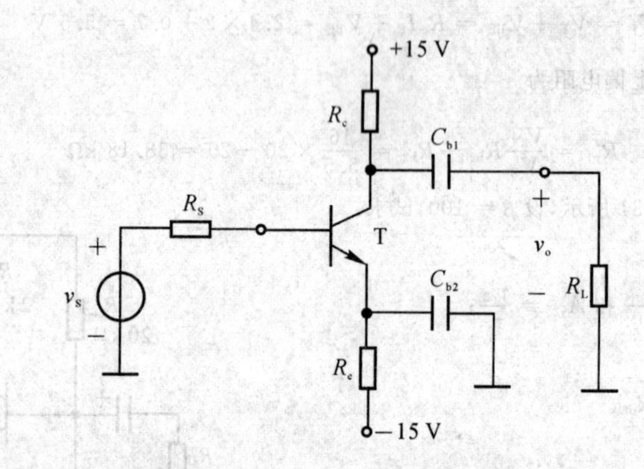

图题 2.33

解 (1) 正常放大应满足 $V_{BE}=0.7$ V，则

$$V_E=-0.7\ \text{V}$$
$$V_{R_e}=V_E-(-15)=-0.7+15=14.3\ \text{V}$$

流过 R_e 的电流 $I_e=\dfrac{V_{R_e}}{R_e}=1$ mA，得 $R_e=14.3\ \text{k}\Omega$。

(2) 如果 $V_C=5$ V，则

$$V_{R_c}=V_{CC}-V_C=15-5=10\ \text{V}$$
$$R_c=\frac{V_{R_c}}{I_C}\approx\frac{V_{R_c}}{I_e}=\frac{10}{1}=10\ \text{k}\Omega$$

(3) $$R_i=r_{be}=0.2+(1+\beta)\frac{26}{I_e}=0.2+101\times 26=2.8\ \text{k}\Omega$$

$$v_i = \frac{R_i}{R_i + R_s} v_s$$

$$A_{vs} = \frac{v_o}{v_s} = \frac{R_i}{R_i + R_s} \frac{v_o}{v_i} = \frac{R_i}{R_i + R_s}\left(-\frac{\beta R_L'}{r_{be}}\right) = \frac{2.8}{2.5 + 0.5} \times \left(-\frac{100 \times (10 /\!/ 5)}{2.8}\right) \approx -100$$

2.28　在图题2.34所示电路中，已知$R_b = 260\ \mathrm{k\Omega}$，$R_e = R_L = 5.1\ \mathrm{k\Omega}$，$R_s = 500\ \Omega$，$V_{EE} = 12\ \mathrm{V}$，$\beta = 50$。试求：

(1) 电路的Q点；

(2) 电压增益A_v，输入电阻R_i及输出电阻R_O；

(3) 若$v_s = 200\ \mathrm{mV}$，求v_o。.

解　(1) $I_{BQ} = \dfrac{V_{EE} - V_{EB}}{R_b + (1+\beta)R_e} = \dfrac{12 - 0.7}{260 + 51 \times 5.1} \approx 22\ \mu\mathrm{A}$

$I_{CQ} \approx I_{BQ}\beta = 22 \times 50 = 1.1\ \mathrm{mA} \approx I_{EQ}$

$V_{CE} = I_{EQ}R_e - V_{EE} = 1.1 \times 5.1 - 12 = -6.39\ \mathrm{V}$

(2) 由上式中条件得

$$r_{be} = 0.2 + (1+\beta)\frac{26}{I_{EQ}} = 0.2 + 51 \times \frac{26}{1.1} = 1.4\ \mathrm{k\Omega}$$

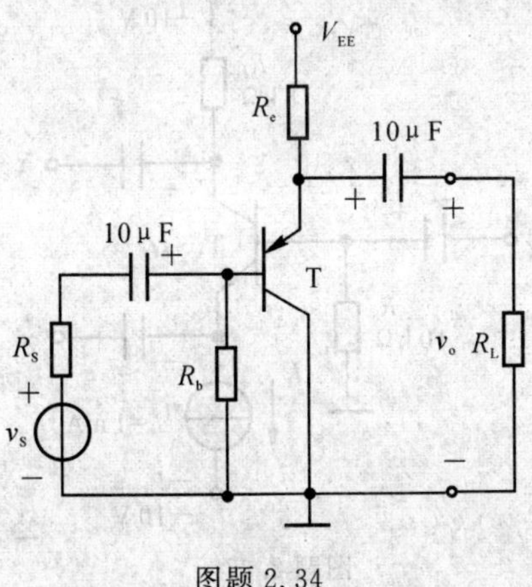

图题2.34

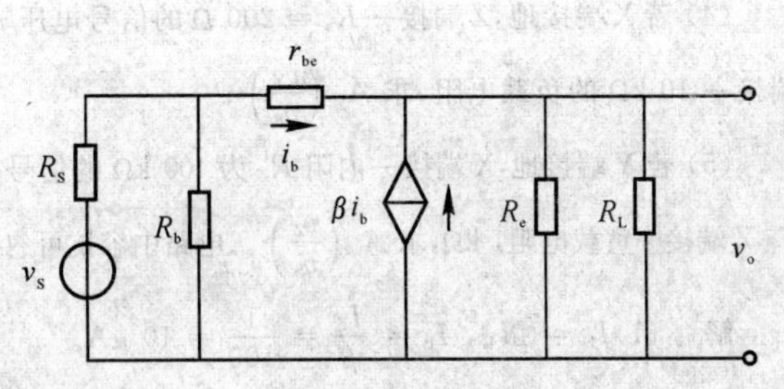

图题2.35

微变等效电路图如图题2.35所示。

$$A_v = \frac{v_o}{v_i} = \frac{(R_e /\!/ R_L)(\beta + 1)}{r_{be} + (1+\beta)(R_e /\!/ R_L)} \approx 0.99$$

$$R_i = R_b /\!/ [r_{be} + (1+\beta)R_L'] = 260 /\!/ \left(1.4 + 51 \times \frac{5.1}{2}\right) \approx 87.3\ \mathrm{k\Omega}$$

$$R_o = R_e /\!/ \frac{R_s' + r_{be}}{1+\beta} = 5.1 /\!/ \frac{(500 /\!/ 260 + 1.4)}{51} \approx 36.7\ \Omega$$

(3)

$$A_{vs} = \frac{R_i}{R_i + R_s}A_v = \frac{87.3}{87.3 + 0.5} \times 0.99 = 0.994$$

$$v_o = A_{vs}v_s = 0.994 \times 200 = 198.8\ \mathrm{mV}$$

2.29　共基极电路如图题2.36所示。射极电路里接入一恒流源，设$\beta = 100$，$R_s = 0$，$R_L \to \infty$。试确定电路的电压增益、输入电阻和输出电阻。

解　$r_{be} = 0.2 + (1+\beta)\dfrac{26}{I_E} = 0.2 + 101 \times \dfrac{26}{1.01} \approx 2.8\ \mathrm{k\Omega}$

$A_v = \dfrac{\beta R_c}{r_{be}} = \dfrac{100 \times 7.5}{2.8} = 2.68$

$$R_i = \frac{r_{be}}{1+\beta} = \frac{2.8}{101} \approx 28\ \Omega$$

$$R_o \approx R_c = 7.5\ \text{k}\Omega$$

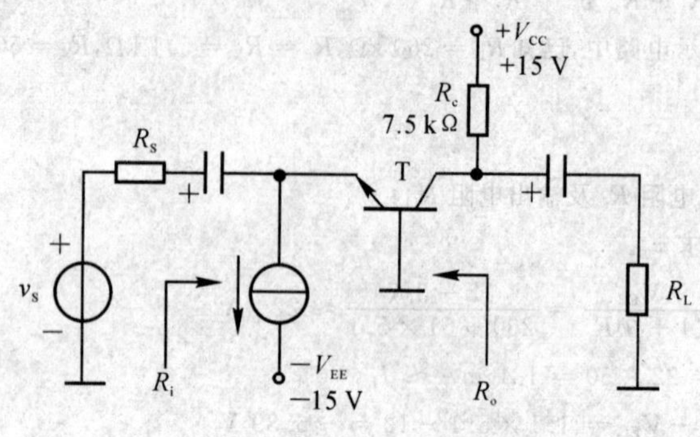

图题 2.36

2.30 电路如图题 2.37 所示，设 BJT 的 $\beta = 100$。

(1) 求各电极的静态电压 V_B, V_E 及 V_C；

(2) 求 r_{be} 的值；

(3) 若 Z 端接地，X 端接信号源且 $R_s = 10\ \text{k}\Omega$，Y 端接一 10 kΩ 的负载电阻，求 $A_{vs}\left(\frac{v_Y}{v_S}\right)$；

(4) 若 X 端接地，Z 端接一 $R_s = 200\ \Omega$ 的信号电压 v_S，Y 端接一 10 kΩ 的负载电阻，求 $A_{vs}\left(\frac{v_Y}{v_S}\right)$；

(5) 若 Y 端接地，X 端接一内阻 R_s 为 100 kΩ 的信号电压 $\dot{V}_S$，Z 端接一负载电阻1 kΩ，求 $A_{vs}\left(\frac{v_Z}{v_S}\right)$。电路中容抗可忽略。

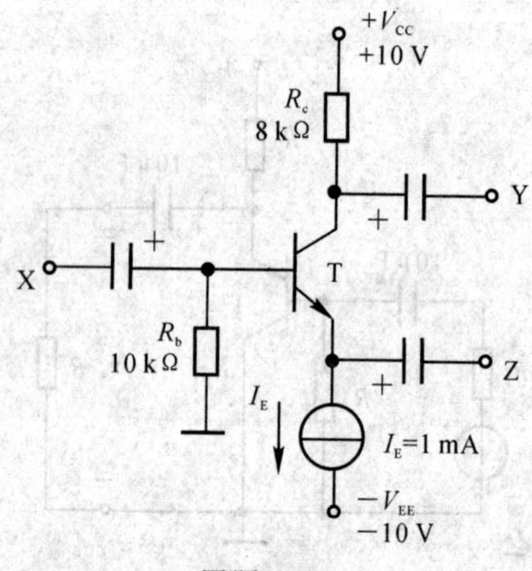

图题 2.37

解 (1) $I_E = \beta I_B$，$I_B = \frac{I_E}{\beta} = \frac{1}{100} = 10\ \mu\text{A}$。

$$V_B = -I_B R_b = -10 \times 10 = -0.1\ \text{V}$$

$$V_E = V_B - 0.7 = -0.1 - 0.7 = -0.8\ \text{V}$$

$$V_C = V_{CC} - I_E R_c = 10 - 1 \times 8 = 2\ \text{V}$$

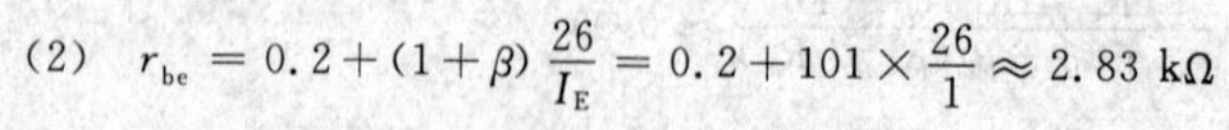

(2) $r_{be} = 0.2 + (1+\beta)\frac{26}{I_E} = 0.2 + 101 \times \frac{26}{1} \approx 2.83\ \text{k}\Omega$

(3) 这是共发射电路的形式

$$A_{vs} = \frac{R_i}{R_i + R_s} \frac{-\beta R_L'}{r_{be}}$$

$$R_i = R_b \mathbin{/\!/} r_{be} = 10 \mathbin{/\!/} 2.83 = 2.2\ \text{k}\Omega$$

代入得

$$A_{vs} = \frac{2.2}{2.2+10} \times \frac{-100 \times (8 \mathbin{/\!/} 10)}{2.83} \approx -28.27$$

(4) 这是共基极电路的形式

$$A_{vs} = \frac{R_i}{R_i + R_s} \frac{\beta R_L'}{r_{be}}$$

$$R_i = \frac{r_{be}}{1+\beta} = \frac{2.83}{101} = 28\ \Omega$$

代入得

$$A_{vs}=\frac{28}{28+200}\times\frac{100\times(8\,/\!/\,10)}{2.83}=0.123\times157.0\approx19.3$$

(5) 这是共集电极电路的形式

$$A_{vs}=\frac{R_i}{R_i+R_s}\frac{(1+\beta)R_L}{r_{be}+(1+\beta)R_L}$$

$$R_i=R_b\,/\!/\,[r_{be}+(1+\beta)R_L]=10\,/\!/\,[2.83+101\times10]=10\,/\!/\,103.8\approx9.12$$

代入得

$$A_{vs}=\frac{9.12}{9.12+100}\frac{(101)\times1}{2.83+101\times1}\approx0.08$$

2.31　已知电路形式如图题 2.38(a) 所示，其中管子输出特性如图题2.52(b) 所示，电路参数为 $R_d=25\ \text{k}\Omega, R=1.5\ \text{k}\Omega, R_g=5\ \text{M}\Omega, V_{DD}=15\ \text{V}$。试用图解法和计算法求静态工作点 Q。

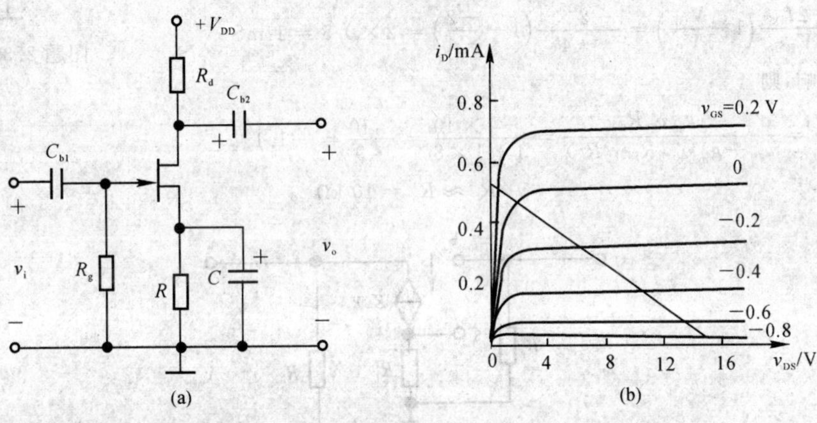

图题 2.38

解　图解法的原理是先确定 v_{GS} 值，然后画出 $V_{DS}=V_{DD}-i_D(R_d+R)$ 的直线与 v_{GS} 曲线相交于 Q 点。此处画图略。

用计算法求静态工作点 Q。

$$\begin{cases}v_{GS}=-i_DR\\ i_D=I_{DSS}\left(1-\dfrac{v_{GS}}{V_P}\right)^2\\ V_{DSQ}=V_{DD}-i_D(R_d+R)\end{cases}$$

由图题 2.38(b) 得 $V_P=-0.8\ \text{V}, I_{DSS}=0.5\ \text{mA}$，代入解方程得

$$3.6i_D^2-5.8i_D+1=0$$

解得 $i_{D1}=1.42\ \text{mA}, i_{D2}=0.2\ \text{mA}$。

其中 $i_{D1}=1.42\ \text{mA}$ 不符合条件舍去，即

$$I_{DQ}=i_{D2}=0.2\ \text{mA}$$

$$V_{GSQ}=v_{GS}=-i_DR=-0.3\ \text{V}$$

$$V_{DSQ}=V_{DD}-i_D(R_d+R)=15-0.2\times26.5=9.7\ \text{V}$$

2.32　在图题 2.39 所示 FET 放大电路中，已知 $V_{DD}=20\ \text{V}, V_{GS}=-2\ \text{V}$，管子参数 $I_{DSS}=4\ \text{mA}, V_P=-4\ \text{V}$。设 C_1, C_2 在交流通路中可视为短路。

(1) 求电阻 R_1 和静态电流 I_{DQ}；

(2) 求正常放大条件下 R_2 可能的最大值[提示：正常放大时，工作点落在放大区(即恒流区)]；

(3) 设 r_d 可忽略，在上述条件下计算 A_v 和 R_o。

解 (1) 由 $V_G = I_{DQ}R_2, V_S = I_{DQ}(R_1 + R_2)$，得

$$V_{GS} = -I_{DQ}R_1 = -2\ \text{V}$$

又 $I_{DQ} = I_{DSS}\left(1-\frac{V_{GS}}{V_P}\right)^2 = 4\left(1-\frac{-2}{-4}\right)^2 = 1\ \text{mA}$，得

$$R_1 = \frac{2}{I_{DQ}} = \frac{2}{1} = 2\ \text{k}\Omega$$

(2) 在正常工作条件下 $V_{GS} - V_{DS} \geqslant V_P$，即

$$V_{DS} \leqslant V_{GS} - V_P = -2-(-4) = 2\ \text{V}$$

又 $V_{DS} = V_{DD} - I_{DQ}(R_d + R_1 + R_2) \leqslant 2\ \text{V}$，得

$$R_2 \geqslant \frac{V_{DD}-2}{I_{DQ}} - R_d - R_1 = 18-10-2 = 6\ \text{k}\Omega$$

(3) 画出微变等效电路图如图题 2.40 所示。

$$g_m = \frac{-2I_{DSS}}{V_P}\left(1-\frac{V_{GS}}{V_P}\right) = \frac{-2\times 4}{-4}\left(1-\frac{-2}{-4}\right) = 2\times 0.5 = 1\ \text{mS}$$

忽略 R_g 的影响，则

$$A_v = \frac{v_o}{v_i} = \frac{-g_m v_{gs} R_d}{v_{gs} + g_m v_{gs}(R_1+R_2)} = \frac{-1\times 10}{1+1\times 8} = -\frac{10}{9} = -1.1$$

$$R_o \approx R_d = 10\ \text{k}\Omega$$

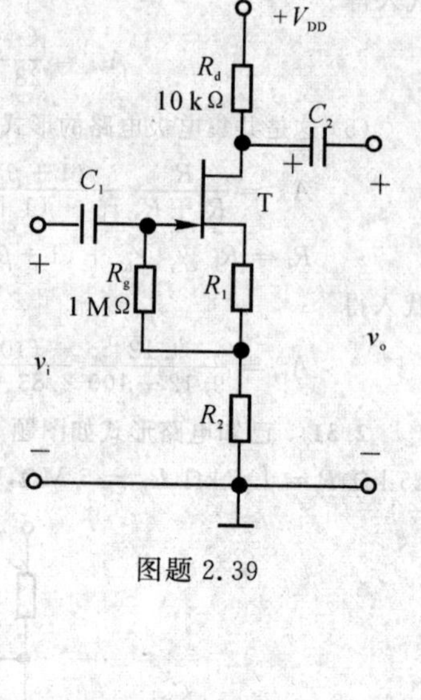

图题 2.39

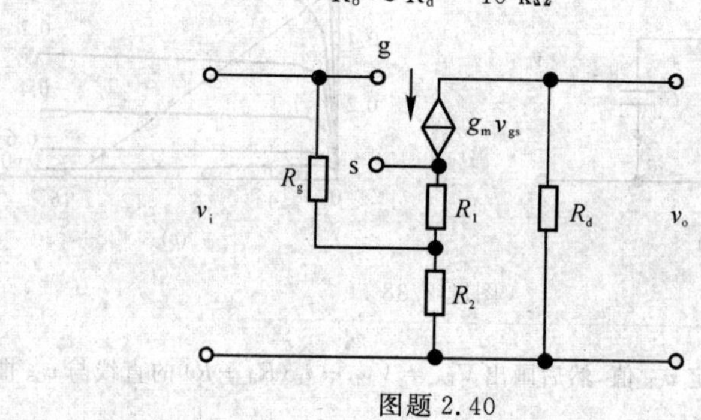

图题 2.40

2.33 已知电路参数如图题 2.41 所示，FET 工作点上的互导 $g_m = 1\ \text{mS}$，设 $r_d \geqslant R_d$。

(1) 画出电路的小信号模型；

(2) 求电压增益 A_v；

(3) 求放大器的输入电阻 R_i。

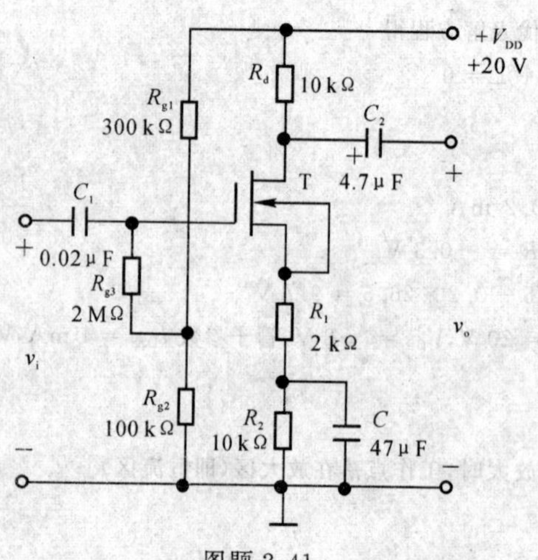

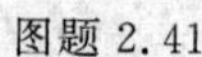
图题 2.41

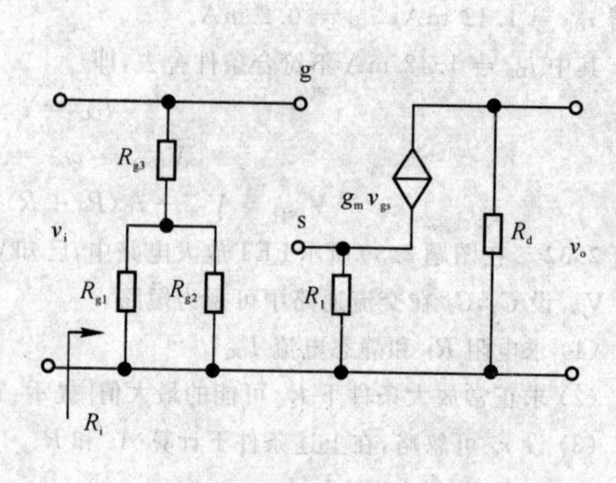

图题 2.42

解　(1) 小信号模型如图题2.42所示。

(2) $A_v = \frac{v_o}{v_i} = \frac{-g_m v_{gs} R_d}{v_{gs} + g_m v_{gs} R_1} = -\frac{g_m R_d}{1 + g_m R_1} = -\frac{1 \times 10}{1 + 1 \times 2} = -3.3$

(3) $R_i = R_{g3} + (R_{g1} \mathbin{/\!/} R_{g2}) = 2 + (300 \mathbin{/\!/} 100) = 2.075\ \text{M}\Omega$

2.34　FET恒流源电路如图题2.43所示。设已知管子的参数 g_m，r_d，试证明AB两端的小信号电阻 r_{AB} 为

$$r_{AB} = R + (1 + g_m R) r_d$$

解　画出小信号等效电路如图题2.44解所示。

$$R_{AB} = \frac{v_{AB}}{i_1} = \frac{(I_1 - g_m v_{gs}) r_d + i_1 R}{i_1} = \frac{(i_1 + g_m i_1 R) r_d + i_1 R}{i_1} = (1 + g_m R) r_d + R$$

上式中 $v_{gs} = -i_1 R$。

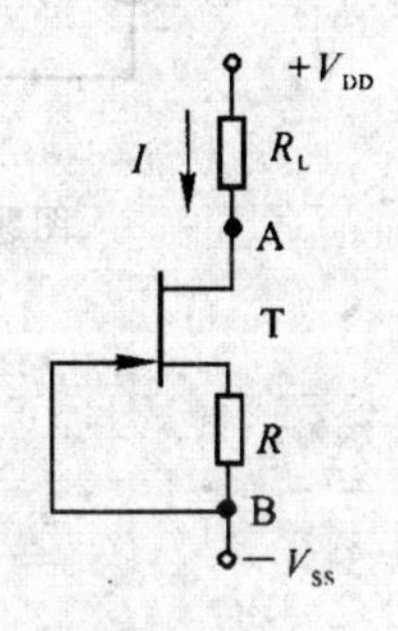

图题2.43

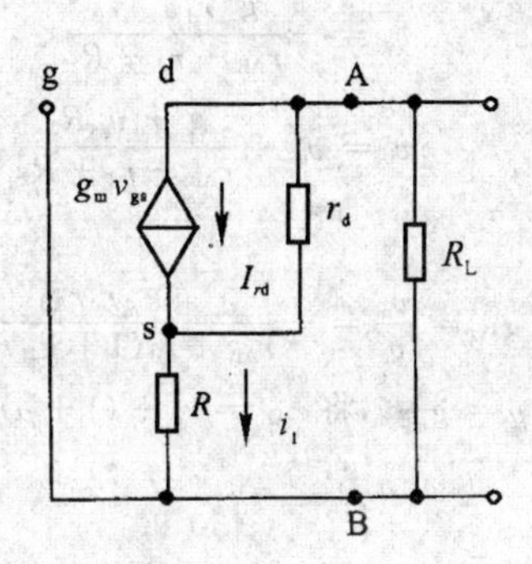

图题2.44

2.35　电路参数如图题2.45所示。设FET的参数为 $g_m = 0.8\ \text{mS}$，$r_d = 200\ \text{k}\Omega$；3AG29($T_2$)的 $\beta = 40$，$r_{be} = 1\ \text{k}\Omega$。试求放大器的电压增益 A_v 和输入电阻 R_i。

解　这是典型的场效应管和三极管组成的多级放大电路，其微变等效电路如图题2.46所示。

由 $i_b r_{be} + (1+\beta) i_b R_e = -(g_m v_{gs} + i_b) R_d$ 代入数值得

$$i_b = -8.5 \times 10^{-5} v_{gs}$$

$$A_v = \frac{v_o}{v_i} = \frac{(g_m v_{gs} - \beta i_b) R}{v_{gs} + (g_m v_{gs} - \beta i_b) R} = \frac{8.423}{9.423} = 0.894$$

$$R_i = R_{g3} + (R_{g1} \mathbin{/\!/} R_{g2}) = 5.122\ \text{M}\Omega$$

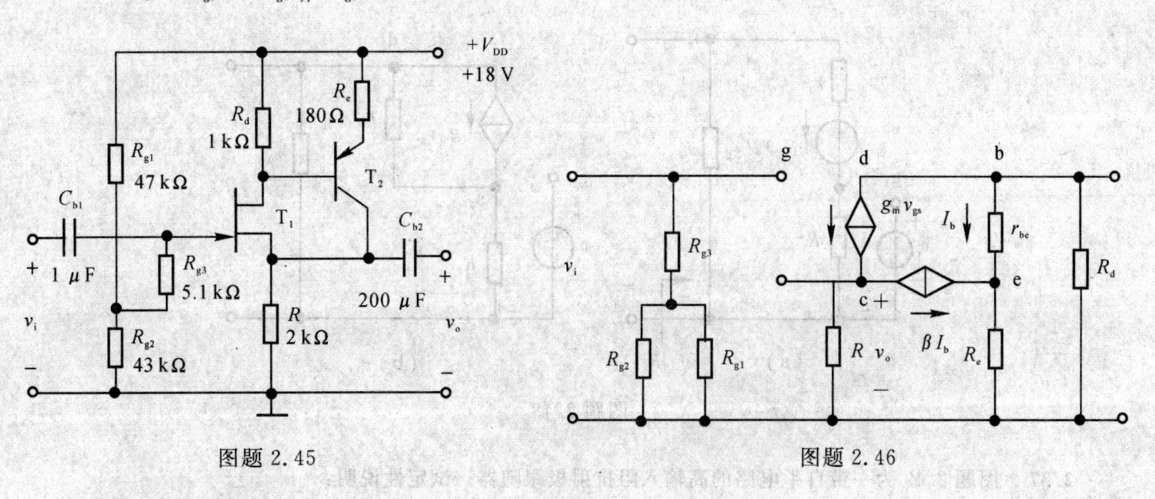

图题2.45　　　　图题2.46

2.36　电路如图题2.47所示，设两个FET的参数完全相同。试证明：

(1) 电压增益为

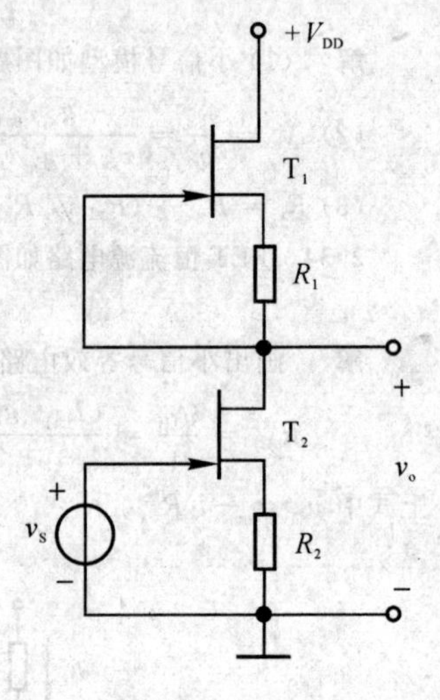

图题 2.47

$$A_v = \frac{-\mu[r_d + (1+\mu)R_1]}{2r_d + (1+\mu)(R_1+R_2)}, \quad \mu = g_m r_d$$

(2) 输出电导为

$$G_o = \frac{1}{R_o} = \frac{1}{r_d + (1+\mu)R_1} + \frac{1}{r_d + (1+\mu)R_2}$$

(3) 如果 $R_1 = R_2 = R$，试求 $\dot{A}_V$ 和 R_o。

解 (1) 图中 T_2 管构成共源电路，T_1 管构成有源负载，其等效电阻如题 2.47 所求 r_{AB}。

图题 2.47 的交流等效电路如图题 2.48(a) 所示。为计算方便，将 T_2 中的受控电流源改为电压源，如图题 2.48(b) 所示。

$$v_o = -\frac{g_m r_d v_{gs} r_{AB}}{r_{AB} + r_d + R_2}$$

$$v_i = v_{gs} + \frac{g_m r_d v_{gs} R_2}{r_{AB} + r_d + R_2} = \frac{v_{gs}(r_{AB} + r_d + R_2 + g_m r_d R_2)}{r_{AB} + r_d + R_2}$$

即

$$A_v = \frac{v_o}{v_i} = -\frac{g_m r_d r_{AB}}{r_{AB} + r_d(1 + g_m r_d)R_2} = -\frac{\mu r_{AB}}{r_{AB} + r_d + (1+\mu)R_2}$$

其中 $\mu = g_m r_d$，将 $r_{AB} = r_d + (1+\mu)R_1$，代入上式得

$$\dot{A}_V = -\frac{\mu[r_d + (1+\mu)R_1]}{2r_d + (1+\mu)(R_1+R_2)}$$

(2) 根据图题 2.48(b) 求输出电阻。

$$R_O = r_{AB} // r_{dg} = [r_d + (1+\mu)R_1] // [r_d + (1+\mu)R_2]$$

得电导

$$G_o = \frac{1}{R_o} = \frac{1}{r_d + (1+\mu)R_1} + \frac{1}{r_d + (1+\mu)R_2}$$

(3) 如果 $R_1 = R_2 = R$，则

$$\dot{A}_V = -\frac{\mu}{2r_d} = -\frac{g_m}{2}$$

$$R_o = \frac{1}{2}[r_d + (1+\mu)R]$$

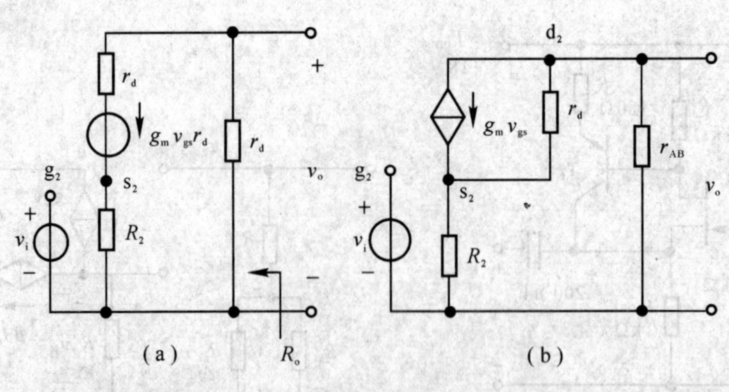

图题 2.48

2.37 图题 2.49 为一带自举电路的高输入阻抗射极跟随器。试定性说明：

(1) 电压增益接近 1；

(2) 如图所示，通过 C_3 引入自举可减少漏栅电容对输入阻抗的影响；

(3) 通过 C_2 引入自举大大提高了放大器的输入电阻。

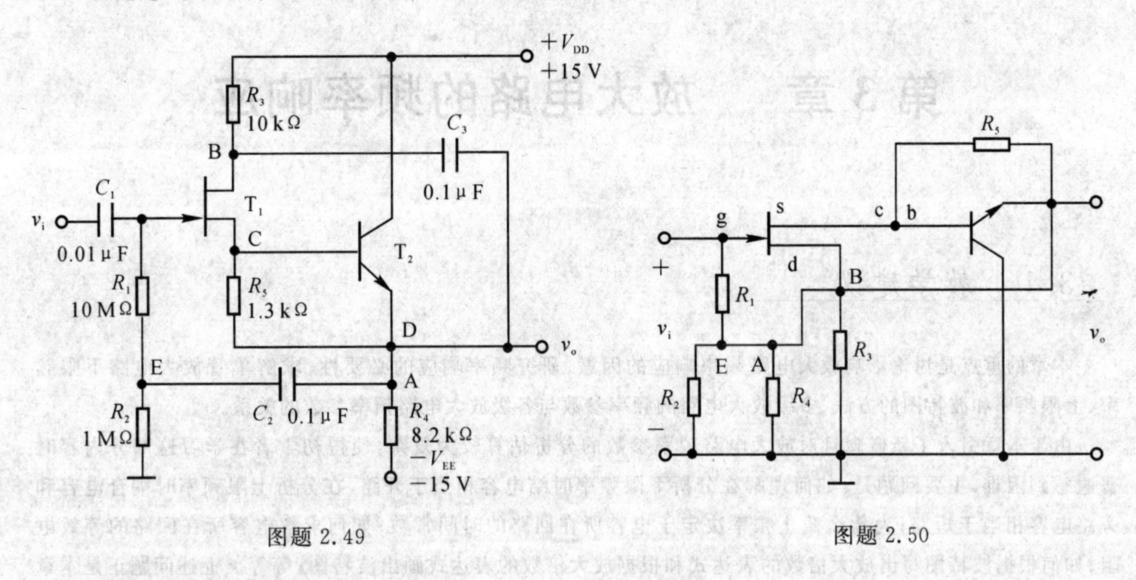

图题 2.49　　　　　　　　　　　　图题 2.50

解　画出等效电路图如图题 2.50 所示。

(1) 第一级场效应管是共漏极放大电路，第二极是共集电极放大电路，因此第一级放大增益 $A_{V1}\approx 1$，第二级放大增益 $A_{V2}\approx 1$，$A_v = A_{V1}A_{V2}\approx 1$。

(2) 通过 C_3 的引入，使 FET 的漏极与输出端 v_o 直接交流连接在等效电路图中是 B 与 D 相连，使得输入电压 v_i 中始终包含 $(R_1 /\!/ R_3 /\!/ R_4)\cdot(\beta i_b)$，与 $g_m v_{gs}$ 无关。因此输入信号如果受漏栅电容影响而改变了电路参数，但不影响输入电压的参数。因此对输入电阻的影响也较小。

(3) 通过 C_2 的引入，从等效电路看相当于 AE 连接，使经过放大的电压信号加入到输入端，等效输入电阻的输入电压增加，因此提高了输入电阻。

2.38　电路如图题 4.51 所示，设 FET 的互导为 g_m，r_d 很大；BJT 的电流放大系数为 β，输入电阻为 r_{be}。试说明 T_1、T_2 各属什么组态，求电路的电压增益 A_v、输入电阻 R_i 及输出电阻 R_o 的表达式。

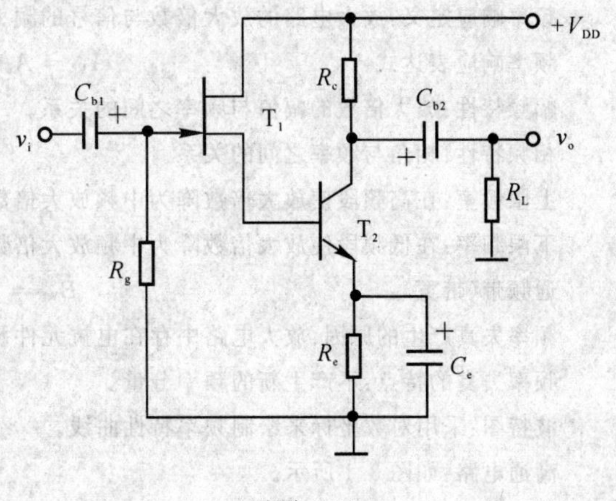

图题 2.51

解　T_1 管组成共漏电路，T_2 管组成共射放大电路。

$$A_{V1}\approx\frac{g_m R_{i2}}{1+g_m R_{i2}}=\frac{g_m r_{be}}{1+g_m r_{be}}$$

$$A_{V2}\approx\frac{-\beta R_L'}{r_{be}}=\frac{-\beta(R_c /\!/ R_L)}{r_{be}}$$

$$A_v = A_{V1}A_{V2} = -\frac{g_m r_{be}}{1+g_m r_{be}}\,\frac{\beta(R_c /\!/ R_L)}{r_{be}}$$

$$R_i\approx R_g,\quad R_o\approx R_e$$

第3章　放大电路的频率响应

3.1　教学建议

本章的重点是讨论影响放大电路频率响应的因素、研究频率响应的必要性、求解单管放大电路下限频率、上限频率和波特图的方法、多级放大电路的频率参数与各级放大电路频率参数的关系。

由于本章引入了新概念且对放大电路频率参数的分析估算较为复杂，使得初学者在学习这部分内容时普遍感到困难，主要问题是：如何理解在分析下限频率时结电容相当于开路，在分析上限频率时耦合电容和旁路电容相当于短路；为什么截止频率决定于电容所在回路的时间常数；如何求解电容所在回路的等效电阻；如何根据波特图写出放大倍数的表达式和根据放大倍数的表达式画出波特图；等等。上述问题正是本章学习应该熟悉、掌握的基本要点。因此，要正确引导学生定性理解决定放大电路频率响应的因素，掌握有关概念，然后再进行定量估算，避免在概念不清的情况下陷入具体计算。

3.2　主要概念

1. 频率响应概述

频率响应定义：放大电路的放大倍数与信号的频率之间的函数关系。

频率响应表达式：

$$\dot{A}_V = A_v(f)\angle\varphi(f)$$

幅频特性：放大倍数的幅值与频率之间的关系。

相频特性：相角与频率之间的关系。

上限频率：在高频段使放大倍数降为中频放大倍数的 0.707 倍时的频率为上限频率 f_H。

下限频率：在低频段使放大倍数降为中频放大倍数的 0.707 倍时的频率为下限频率 f_L。

通频带（带宽）：

$$B_W = f_H - f_L$$

频率失真产生的原因：放大电路中存在电抗元件及晶体管极间电容。

频率失真的特点：不产生新的频率分量。

波特图：采用对数坐标来绘制频率特性曲线。

高通电路：如图 3.1 所示。

幅频响应：

$$A_{VL} = \frac{1}{\sqrt{1+(f_L/f)^2}}$$

相频响应：

$$\varphi_L = \arctan(f_L/f)$$

下限频率：

$$f_L = \frac{1}{2\pi RC}$$

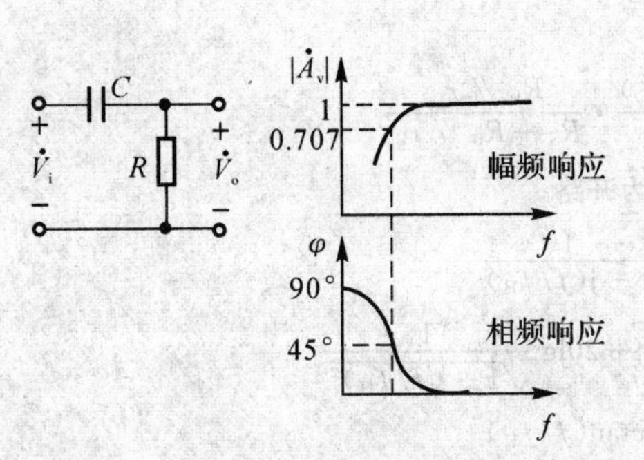

图 3.1　高通电路及其频率响应

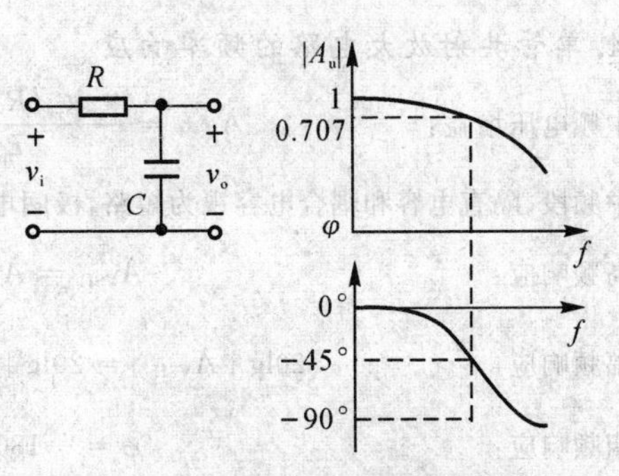

图 3.2　低通电路及频率响应

低通电路：如图 3.2 所示。

幅频响应：

$$A_{VH}=\frac{1}{\sqrt{1+(f/f_H)^2}}$$

相频响应：

$$\varphi_H=-\arctan(f/f_H)$$

上限频率：

$$f_H=\frac{1}{2\pi RC}$$

2. 三极管的高频等效模型

三极管的高频率效模型如图 3.3 和图 3.4 所示。

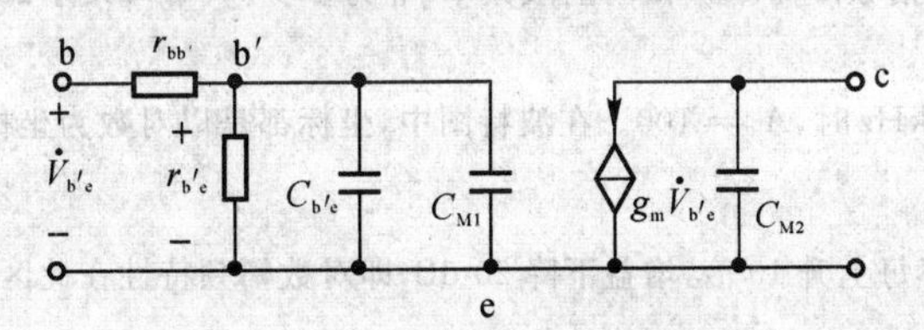

图 3.3　单向化后的混合 π 型

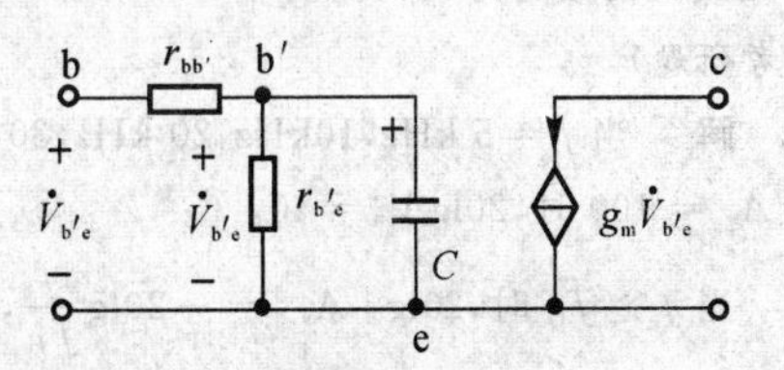

图 3.4　忽略 C_{M2} 的混合 π 模型

$$C=C_{b'e}+C_{M1}$$

$$C_{b'e}\approx\frac{g_m}{2\pi f_T}$$

$$r_{bb'}=r_{be}-r_{b'e}$$

$$r_{b'e}=\frac{\beta_0}{g_m}=(1+\beta_0)\frac{V_T}{I_{EQ}}$$

其中，$C_{M1}=(1+g_mR'_L)C_{b'c}$，$f_T$：特征频率

3. 晶体管的频率参数

$$\dot{\beta}\approx\frac{\beta_0}{1+j\omega(C_{b'e}+C_{b'c})r_{b'e}}$$

共射截止频率：$|\dot{\beta}|$ 下降到低频时 β_0 的 0.707 倍时的频率 f_β

$$f_\beta=\frac{1}{2\pi r_{b'e}(C_{b'e}+C_{b'c})}$$

β 的幅频响应：

$$|\dot{\beta}|=\frac{\beta_0}{\sqrt{1+(f/f_\beta)^2}}$$

β 的相频响应：

$$\varphi=-\arctan\frac{f}{f_\beta}$$

特征频率：$|\dot{\beta}|$ 降为 1 时的频率。

$$f_T\approx\beta_0 f_\beta$$

共基截止频率：$|\dot{\alpha}|$ 下降为低频时 α_0 的 0.707 倍时的频率定义为共基截止频率。

$$f_\alpha=(1+\beta_0)f_\beta\approx f_T$$

4. 单管共射放大电路的频率响应

中频电压增益：$\dot{A}_{VSM} = \dfrac{-g_m(R_C \mathbin{/\!/} R_L)}{r_{be}} \cdot \dfrac{R_b \mathbin{/\!/} r_{be}}{R_S + R_b \mathbin{/\!/} r_{be}}$

中频段、隔直电容和耦合电容视为短路，极间电容视为开路。

高频响应：$\dot{A}_{VSH} = \dot{A}_{VSM} \cdot \dfrac{1}{1 + j(f/f_H)}$

幅频响应：$20\lg|\dot{A}_{VSH}| = 20\lg|\dot{A}_{VSM}| + 20\lg\dfrac{1}{\sqrt{1+(f/f_H)^2}}$

相频响应：$\varphi = -180° - \arctan(f/f_H)$

低频响应：$\dot{A}_{VSL} = \dfrac{\dot{A}_{VSM}}{1 - j(f_L/f)}$

幅频响应：$20\lg|\dot{A}_{VSL}| = 20\lg|\dot{A}_{VSM}| - 20\lg\dfrac{1}{\sqrt{1+(f_L/f)^2}}$

相频响应：$\varphi = -180° + \arctan(f_L/f)$

3.3 例题

例 3.1 实验室测试一个单管放大电路的频率特性，当 $f = 5$ kHz，10 kHz，20 kHz，30 kHz，40 kHz 时，电压放大倍数均为100，而当 $f = 500$ kHz，电压放大倍数降为10。试问上限频率 f_H 为多少？（中山大学2004年考研题）

解 当 $f = 5$ kHz，10kHz，20 kHz，30 kHz，40 kHz 时，$A_v = 100$。在波特图中，坐标都是以对数为坐标，即 $A_v = 100$ 时，$20\lg A_v = 40$。

当 $f \gg f_H$ 时，$20\lg|A_v| = -20\lg\dfrac{f}{f_H}$，表明频率每上升10倍，增益下降20 dB，即对数幅频特性在此区间可等效成斜率为(−20 dB/10 oct)的直线，如图3.5所示。

当 $f = 500$ kHz 时，电压放大倍数降为10，即

$$y_0 = 20\lg|A_v| = 20\lg 10 = 20, \quad x_0 = \lg f = \lg(5 \times 10^5)$$

于是可列出斜率为(−20 dB/10 oct)的直线方程

$$y - y_0 = K(x - x_0), \quad y - 20 = -20[x - \lg(5 \times 10^5)]$$

把 $y = 20\lg|A_v| = 20\lg 100 = 40$，$x = \lg f_H$ 代入上面的方程，可以得到上限频率 f_H，即

$$f_H = 50 \text{ kHz}$$

评注 此题主要考查上限截止频率概念的理解。

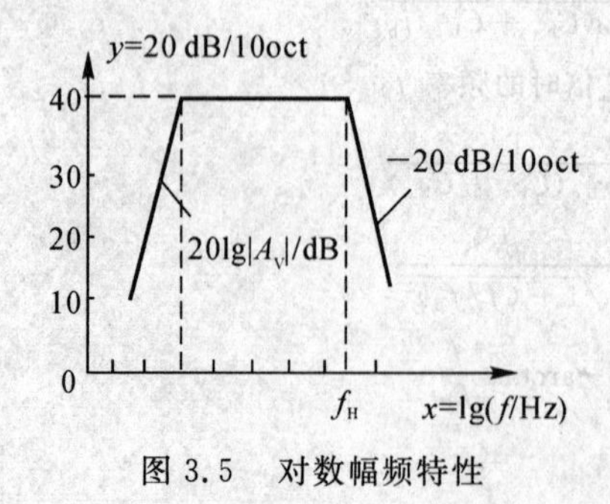

图 3.5 对数幅频特性

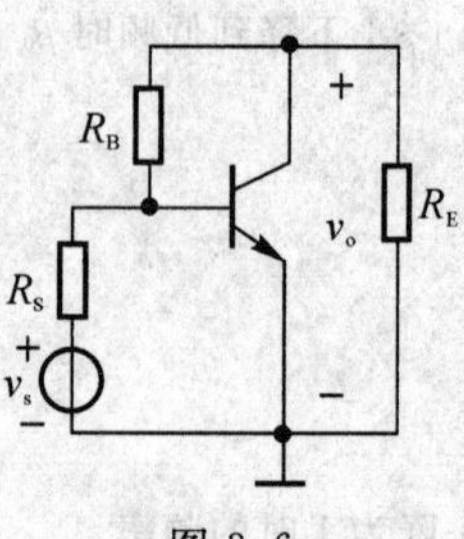

图 3.6

例 3.2 设图3.6所示电路参数为：$\beta_0 = 60$，$I_E = 2.4$ mA，$V_{BE} = 0.6$ V，$r_{bb'} = 100\ \Omega$，$r_{b'e} = 660\ \Omega$，$f_T = 200$ MHz，$C_M = 5$ PF，$R_L = \infty$，$R_S = 50\ \Omega$。

(1) 计算电路的上限频率 f_H，写出高频区电压放大倍数表达式；

(2) 若将集电极电阻 R_C 减小至 200 Ω，试问参数的变化对高频特性的影响？

(3) 不改变电路连接，也不更换晶体管，试问通过电路参数调整能增加带宽吗？（北京航空航天大学 2006 年考研题）

解　(1) 画出高频混合 π 型等效电路如图 3.7(a) 所示。

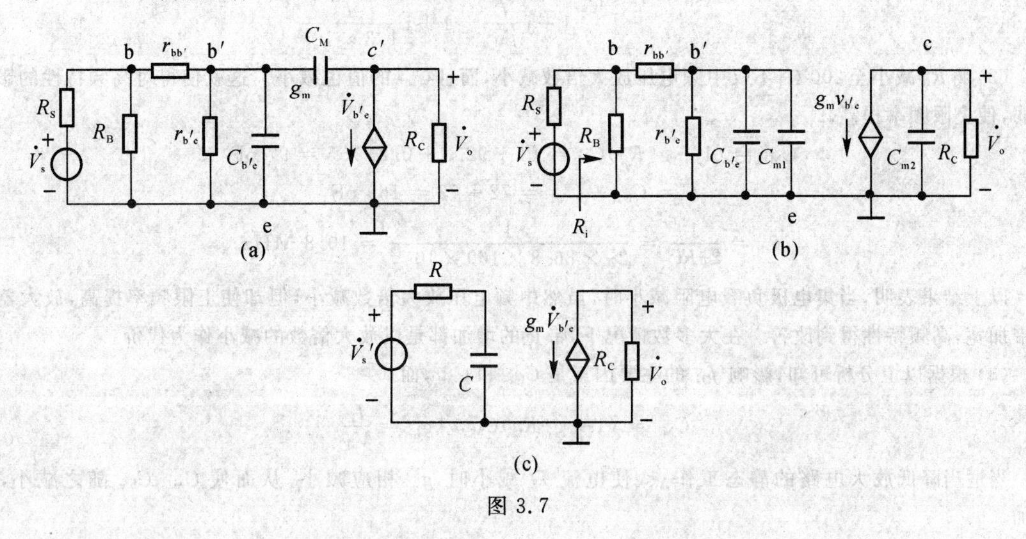

图 3.7

用密勒定律将跨接在基极和集电极的结电容 C，折合到输入回路和输出回路，分别用 C_{M1} 和 C_{M2} 表示，可得单向化等效电路如图 3.7(b) 所示，利用戴维南定理对输入回路进行等效变换得图 3.7(c)。

$$C_{M1}=(1-\dot K)C_M\approx(1+|\dot K|)C_M,\quad C_{M2}=\frac{\dot K-1}{\dot K}C_M$$

其中

$$\dot K=\frac{\dot V_{ce}}{\dot V_{b'e}}=-g_mR_C$$

一般情况下，C_{M2} 的容抗远大于集电极总负载，可忽略不计。

图题 3.3(a) 等效时是从电容 C'_π 向里看的电压、电阻：

$$\dot V'_s=\frac{r_{b'e}}{r_{be}}\cdot\frac{R_i}{R_s+R_i}\cdot\dot V_s$$

其中，$r_{be}=r_{bb'}+r_{b'e}$。

$$R=r_{b'e}\ /\!/\ (r_{bb'}+R_s\ /\!/\ R_B)\approx r_{b'e}\ /\!/\ (r_{bb'}+R_s)=660\ /\!/\ (100+50)\ \Omega\approx122\ \Omega$$

$$g_m\approx\frac{I_E}{V_T}=\frac{2.4\ \text{mA}}{26\ \text{mV}}=92.3\ \text{mS}$$

因为

$$f_T\approx\beta_0f_\beta=\frac{\beta_0}{2\pi r_{b'e}(C_{b'e}+C_M)}\approx\frac{\beta_0}{2\pi r_{b'e}C_{b'e}}$$

所以有

$$C_{b'e}\approx\frac{\beta_0}{2\pi r_{b'e}f_T}=\frac{60}{2\pi\times600\times200\times10^6}\approx72\times10^{-12}\ \text{F}=72\ \text{pF}$$

$$C=C_{b'e}+C_{M1}=C_{b'e}+(1+g_mR_C)C_M=72+(1+92.3\times2)\times5=1\ 000\ \text{pF}$$

上限频率为

$$f_H=\frac{1}{2\pi RC_{M1}}=\frac{1}{2\pi\times122\times10\ 000\times10^{-12}}=1.3\ \text{MHz}$$

在求中频区电压放大倍数时,可以忽略极间电容,此时放大倍数为

$$\dot{A}_{VSM}=\frac{\dot{V}_o}{\dot{V}_s}=\frac{R_i}{R_s+R_i}\cdot\frac{r_{b'e}}{r_{be}}\cdot(-g_mR_C)\approx\frac{r_{b'e}(-g_mR_C)}{R_s+r_{bb'}+r_{b'e}}=\frac{660\times(-92.3\times 2)}{50+100+600}=-150$$

在求高频区电压放大倍数时,极间电容不可忽略,此时放大倍数表达式为

$$\dot{A}_{VSH}=\dot{A}_{VSM}\cdot\frac{1}{1+\mathrm{j}\frac{f}{f_H}}=\frac{-150}{1+\mathrm{j}\frac{f}{1.3\times 10^6}}$$

(2) 将 R_C 减小至 200 Ω,不仅中频电压放大倍数减小,而且 C_{M1} 的值也减小。这就使得对高频特性的影响减弱,使上限频率提高。

$$C_{M1}=(1+g_mR_C)C_M=(1+92.3+0.2)\times 5=97\ \mathrm{pF}$$

$$C=C_{b'e}+C_{M1}=72+79=169\ \mathrm{pF}$$

$$f_H=\frac{1}{2\pi RC}=\frac{1}{2\pi\times 86.8\times 169\times 10^{-12}}=10.8\ \mathrm{MHz}$$

以上结果表明,当集电极负载电阻减小时,虽然中频电压放大倍数减小,但却使上限频率提高,放大器的频带加宽,高频特性得到改善。在大多数情况下,带宽的增加都是以放大倍数的减小作为代价。

(3) 根据以上分析可知,影响 f_H 的主要因素是 $C_{b'e}$ 和 C_{M1},而

$$C_{M1}=(1+g_mR_C)C_M,\quad g_m=\frac{I_E}{V_T}$$

当适当降低放大电路的静态工作点,使电流 I_E 减小时,g_m 相应减小,从而使 C_{M1},$C_{b'e}$ 随之减小,f_H 增加。

设 $R_C=200\ \Omega$,减小 R_{B1},使 I_E 由 2.4 mA 减小到 1 mA,其他参数不变,则有

$$g_m\approx\frac{1}{26}=38\ \mathrm{mS}$$

$$r_{b'e}=(1+\beta_0)\frac{V_T}{I_E}=(1+60)\times\frac{26}{1}=1\,586\ \Omega$$

$$C_{M1}=(1+g_mR_C)C_M=(1+38\times 0.2)\times 5=43\ \mathrm{pF}$$

$$C_{b'e}\approx\frac{\beta_0}{2\pi r_{b'e}f_T}=\frac{60}{2\pi\times 1\,586\times 200\times 10^6}\approx 30\ \mathrm{pF}$$

$$C=C_{b'e}+C_{M1}=73\ \mathrm{pF}$$

$$R\approx r_{b'e}\ /\!/\ (r_{bb'}+R_s)=1\,586\ /\!/\ (100+50)=137\ \Omega$$

$$f_H=\frac{1}{2\pi RC}=\frac{1}{2\pi\times 137\times 73\times 10^{-12}}=16\ \mathrm{MHz}$$

综合本题的分析结果可知,要提高上限截止频率 f_H,除根据 f_H 和 A_{vm} 的要求选择适当的 R_C 外,选择 $r_{bb'}$ 小、f_T 高和 $C_{b'e}$ 小的高频管也是很重要的。

例 3.3 放大电路如图 3.8 所示,要求下限频率 $f_L=10$ Hz,若假设 $r_{be}=2.6$ kΩ,且 C_1,C_2,C_3 对下限频率的贡献是一样的,试分别确定 C_1,C_2,C_3 的值。(北京邮电大学 2005 年考研题)

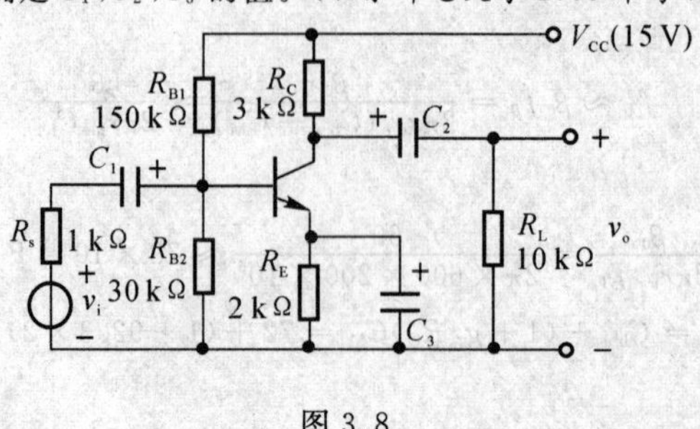

图 3.8

解　根据题意可得

$$f_L = \sqrt{f_{L1}^2 + f_{L2}^2 + f_{L3}^2} = \sqrt{3} f_{L1}$$

故
$$f_{L1} = f_{L2} = f_{L3} = \frac{f_L}{\sqrt{3}} = \frac{10}{\sqrt{3}} \approx 5.77 \text{ Hz}$$

C_1,C_2,C_3 所确定的低频截止频率由其各自所在的回路得到，其中，等效电容是由电容向里看所得到的，则

$$f_{L1} \approx \frac{1}{2\pi C_1 (R_s + R_{B1} /\!/ R_{B2} /\!/ r_{be})} \quad (\text{仅考虑 } C_1 \text{ 的影响})$$

$$C_1 \approx \frac{1}{2\pi f_{L1}(R_s + r_{be})} = \frac{1}{2\pi \times 5.77 \times (1+2.6) \times 10^3} = 7.66\ \mu\text{F} \quad (\text{取 } C_1 = 10\ \mu\text{F})$$

$$f_{L2} \approx \frac{1}{2\pi C_2 (R_C + R_L)}$$

$$C_2 \approx \frac{1}{2\pi f_{L2}(R_C + R_L)} = \frac{1}{2\pi \times 5.77 \times (3+10) \times 10^3} = 2.12\ \mu\text{F} \quad (\text{取 } C_2 = 10\ \mu\text{F})$$

$$f_{L3} \approx \frac{1}{2\pi C_3 \left(R_E /\!/ \dfrac{R_s + r_{be}}{1+\beta}\right)}$$

$$C_3 \approx \frac{1}{2\pi f_{L3}\left(R_E /\!/ \dfrac{R_s + r_{be}}{1+\beta}\right)} = \frac{1}{2\pi \times 5.77 \times \left(2\times 10^3 /\!/ \dfrac{1\times 10^3 + 2.6\times 10^3}{100}\right)} \approx$$
$$766\ \mu\text{F} \quad (\text{取 } C_3 = 1\ 000\ \mu\text{F})$$

3.4　自学指导

1. 共基极放大电路的高频响应

(1) 高频等效电路如图 3.9 所示。

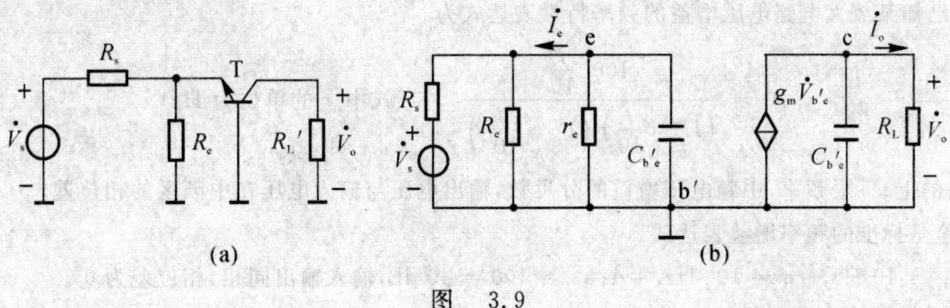

图　3.9

(2) 高频响应：

中频增益：
$$\dot{A}_{VSM} = g_m R'_L \frac{r_e /\!/ R_e}{R_s + r_e /\!/ R_e}$$

高频响应：
$$\dot{A}_{VSH} = \frac{\dot{A}_{VSM}}{\left(1 + j\dfrac{f}{f_{H1}}\right)\left(1 + j\dfrac{f}{f_{H_2}}\right)}$$

其中
$$f_{H1} = \frac{1}{2\pi(R_s /\!/ R_e /\!/ r_e)C_{b'e}}, \quad f_{H2} = \frac{1}{2\pi R'_L C_{b'c}}$$

因为 r_e 很小，$f_{H1} \approx \dfrac{1}{2\pi r_e C_{b'e}} \approx \dfrac{g_m}{2\pi C_{b'e}} = f_T$，为特征频率。

(3) 共基放大电路的带宽主要受输出回路时间常数的限制。

(4) 共基放大电路的上限截止频率远高于共射放大电路，因此常用于高频或宽频带放大电路。

2. 多级放大电路的频率响应

(1) 多级放大电路的频率特性：

幅频特性： $20\lg|\dot{A}_V| = |20\lg|\dot{A}_{V1}| + 20\lg|\dot{A}_{V2}| + \cdots + 20\lg|\dot{A}_{Vn}|$

相频特性： $\varphi = \varphi_1 + \varphi_2 + \cdots + \varphi_n$

(2) 多级放大电路的上限频率和下限频率：

$$\frac{1}{f_H^2} \approx \frac{1}{f_{H1}^2} + \frac{1}{f_{H2}^2} + \cdots + \frac{1}{f_{Hn}^2}$$

$$f_L = \sqrt{f_{L1}^2 + f_{L2}^2 + \cdots + f_{Ln}^2}$$

3.5 习题精选详解

3.1 某放大电路中 $\dot{A}_V$ 的对数幅频特性如图题 3.1 所示。

(1) 试求该电路的中频电压增益 $|\dot{A}_{VM}|$，上限频率 f_H，下限频率 f_L；

(2) 当输入信号的频率 $f = f_L$ 或 $f = f_H$ 时，该电路实际的电压增益是多少 dB?

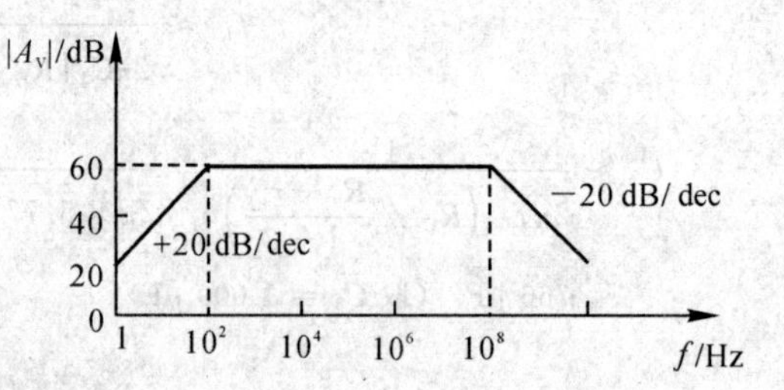

图题 3.1

解 (1) 由图题 3.1 得其中频增益

$|\dot{A}_{VM}| = 60\ \text{dB} = 1\ 000$

$f_L = 100\ \text{Hz}, \quad f_H = 100\ \text{MHz}$

(2) 当输入信号的频率 $f = f_L$ 或 $f = f_H$ 时，此时该电路实际的电压增益是中频增益下降 3 dB，即 57 dB。

$$|\dot{A}_V| = 57\ \text{dB} = 707.94$$

3.2 已知某放大电路电压增益的频率特性表达式为

$$A_v = \frac{100\text{j}\,\frac{f}{10}}{\left(1+\text{j}\,\frac{f}{10}\right)\left(1+\text{j}\,\frac{f}{10^5}\right)} \quad (\text{式中 } f \text{ 的单位为 Hz})$$

试求该电路的上、下限频率，中频电压增益的分贝数，输出电压与输入电压在中频区的相位差。

解 这是标准的频率增益表达式。

其中 $f_L = 10\ \text{Hz}$，$f_H = 10^5\ \text{Hz}$，$|\dot{A}_{VM}| = 100 = 40\ \text{dB}$，输入输出同相，相位差为 0°。

3.3 一放大电路的增益函数为

$$A(s) = 10\,\frac{s}{s + 2\pi \times 10}\,\frac{1}{1 + s/(2\pi \times 10^6)}$$

试绘出它的幅频响应的波特图，并求出中频增益、下限频率 f_L 和上限频率 f_H，以及增益下降到 1 时的频率。

解 将增益函数整理为

$$A(s) = 10\,\frac{\frac{s}{2\pi \times 10}}{\left(1 + \frac{s}{2\pi \times 10}\right)}\,\frac{1}{\left(1 + \frac{s}{2\pi \times 10^6}\right)}$$

由此得出

$$|\dot{A}_{VM}| = 10, \quad f_L = 10\ \text{Hz}, \quad f_H = 10^6\ \text{Hz}$$

幅频特性为

$$A(f)=20\lg10+20\lg\sqrt{\left(\frac{f}{10}\right)^2}-20\lg\sqrt{1+\left(\frac{f}{10}\right)^2}-20\lg\sqrt{1+\left(\frac{f}{10^6}\right)^2}$$

依据幅频特性画出波特图，此处略。

当 $A(f)=1$ 时，代入上式求得 $f=1$ Hz 或 $f=10^7$ Hz 。

3.4　一单级阻容耦合共射放大电路的通频带是 0.05～50 kHz，中频电压增益 $|\dot{A}_{VM}|=40$ dB，最大不失真交流输出电压范围是 $-3\sim+3$ V。

(1) 若输入一个 $10\sin(4\pi\times10^3t)$（mV）的正弦波信号，输出波形是否会产生频率失真和非线性失真？若不失真，则输出电压的峰值是多大？$\dot{V}_o$ 与 $\dot{V}_i$ 间的相位差是多少？

(2) 若 $v_i=40\sin(4\pi\times25\times10^3t)$（mV），重复回答(1)中的问题；

(3) 若 $v_i=10\sin(4\pi\times50\times10^4t)$（mV），输出波形是否会失真？

解　已知中频增益 $|\dot{A}_{VM}|=40\text{ dB}=100$，通频带为 0.05～50 kHz。

(1) 输入信号频率 $f=2\times10^3=2\,000$ Hz，在通频带内，不会产生线性失真。

$$v_o=|A_{VM}|v_i=100\times10=1\,000\text{ mV}=1\text{ V}$$

所以不会产生非线性失真。输出的峰值 $v_{om}=1$ V，共射极放大电路输入输出相位相差 $-180°$。

(2) 输入信号频率 $f_H=50\times10^3=50$ kHz。在 f_H 处不会产生线性失真，此时 $|\dot{A}_{VM}|$ 比原中频增益下降 3 dB，即 $|\dot{A}_{VM}|=37\text{ dB}=70.8$，故

$$v_{om}=|\dot{A}_{VM}|v_i=70.8\times40=2.83\text{ V}$$

所以不会产生非线性失真。输出峰值 $v_{om}=2.83$ V，相位差为 $-180°-45°=-225°$。

(3) 作为单一的正弦波输入信号，虽然其频率超过通频带，但它是不会产生线性失真的，即不会产生我们所说的波形失真。

3.5　电路如图题 3.2(a) 所示，已知 BJT 的 $\beta=50$，$r_{be}=0.72\text{ k}\Omega$。

(1) 估算电路的下限频率；

(2) 若 $|\dot{V}_{im}|=10$ mV，且 $f=f_L$，则 $|\dot{V}_{om}|=$？$\dot{V}_o$ 与 $\dot{V}_i$ 间的相位差是多少？

解　低频等效电路如图题 3.2(b) 所示。

(1) 等效电容为

$$C_1=\frac{C_{b1}C_e}{(1+\beta)C_{b1}+C_e}=\frac{1\times50}{51\times1+50}=0.495\ \mu\text{F}$$

$$f_{L1}=\frac{1}{2\pi C_1(R_s+r_{be})}=\frac{1\times10^6}{2\pi\times0.495\times(100+720)}=392.3\text{ Hz}$$

$$f_{L2}=\frac{1}{2\pi C_{b2}(R_c+R_L)}=\frac{1\times10^6}{2\pi\times1\times(2.5+5.1)\times10^3}=20.95\text{ Hz}$$

因 $f_{L1}\gg f_{L2}$，故电路的下限频率 $f_L=f_{L1}=392.3$ Hz 。

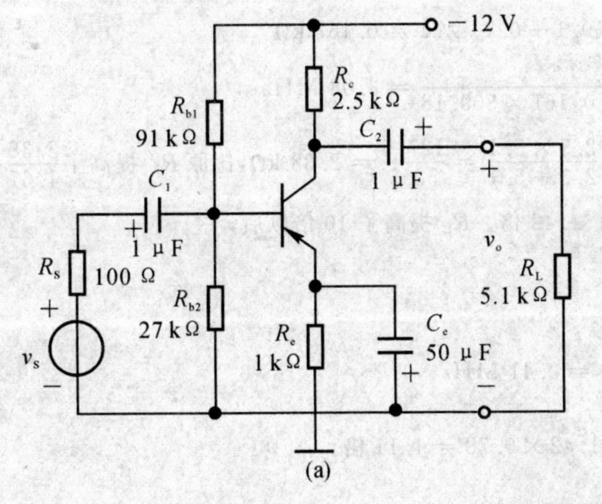

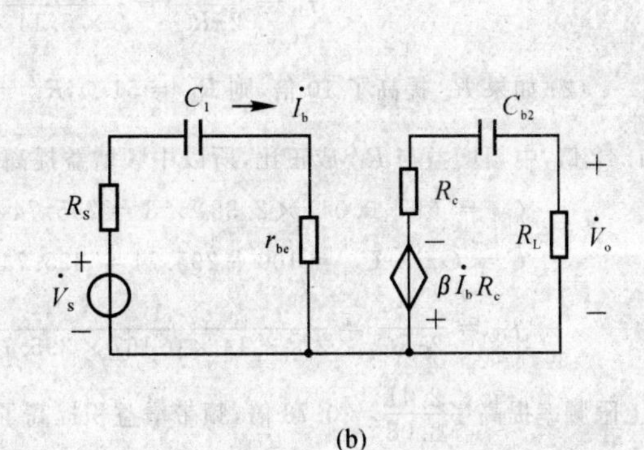

图题 3.2

(2) 中频增益为

$$|\dot{A}_{VM}| = \frac{\beta R_L'}{r_{be}} = \frac{50\times(2.5 /\!/ 5.1)}{0.72} = 116.5$$

当 $f = f_L$ 时，放大增益是中频增益的 0.707 倍。

$$A_{Vf_L} = 0.707 \times 116.5 = 82.37\ ,\quad |\dot{V}_{om}| = A_{Vf_L}\ |V_{im}| = 823.7$$

共发射极输入与输出相差 $-180°$，f_L 处则又下降 45°，所以相位差为 $-135°$。

3.6 一高频 BJT，在 $I_C = 1.5$ mA，测出其低频 H 参数为：$r_{be} = 1.1$ kΩ，$\beta_0 = 50$，特征频率 $f_T = 100$ MHz，$C_{b'c} = 3$ pF，试求混合 Ⅱ 型参数 g_m，$r_{b'e}$，$r_{bb'}$，$C_{b'e}$，f_β。

解

$$g_m = \frac{1}{r_e} = \frac{I_E}{0.026} = \frac{1.5}{0.026} = 57.69 \text{ mS}$$

$$r_{b'e} = \frac{\beta}{g_m} = \frac{50}{57.69} = 866.7\ \Omega$$

$$r_{bb'} = r_{be} - r_{b'e} = 1100 - 866.7 = 233.3\ \Omega$$

$$C_{b'e} = \frac{g_m}{2\pi f_T} = \frac{57.69\times10^{-3}}{2\times3.14\times100\times10^6} = 91.9 \text{ pF}$$

$$f_\beta = \frac{1}{2\pi r_{b'e}(C_{b'e}+C_{b'c})} = \frac{1}{2\times3.14\times866.7\times(91.9+3)} = 1.94 \text{ MHz}$$

3.7 电路如图题 3.2(a) 所示，BJT 的 $\beta = 40$，$C_{b'c} = 3$ pF，$C_{b'e} = 100$ pF，$r_{b'b} = 100\ \Omega$，$r_{b'e} = 1$ kΩ。

(1) 画出高频小信号等效电路，求上限频率 f_H；

(2) 如 R_L 提高 10 倍，问中频区电压增益、上限频率及增益带宽积各变化多少倍？

解 (1) 高频小信号等效电路如图题 3.3 所示，忽略 R_b。

$$C_M = (1+g_m R_L')C_{b'c}$$

由 $r_{b'e} = (1+\beta)\dfrac{26\text{ mV}}{I_E}$，$g_m \approx \dfrac{I_E}{V_T}$，得

$$I_E = (1+\beta)\frac{26}{r_{b'e}} = 41\times\frac{26}{1} = 1.07 \text{ mA}$$

$$g_m \approx \frac{1.07}{26} = 0.041$$

$$R_L' = \frac{2.5\times5.1}{2.5+5.1} = 1.67 \text{ k}\Omega$$

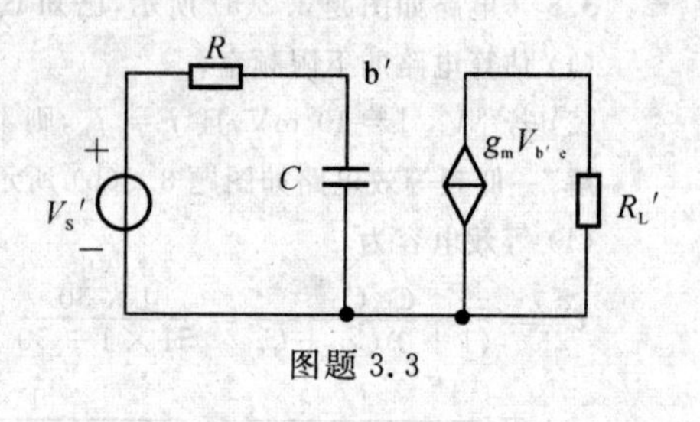

图题 3.3

$$C_M = (1+0.041\times1.57)\times3 = 209.18 \text{ pF}$$

等效电路中

$$C = C_{b'e} + C_M = 100 + 209.18 = 309.18 \text{ pF}$$

$$R = (R_s + r_{bb'}) /\!/ r_{b'e} = (0.1+0.1) /\!/ 1 = 0.167 \text{ k}\Omega$$

$$f_H = \frac{1}{2\pi RC} = \frac{1}{2\times3.14\times0.167\times309.18} = 3.08 \text{ MHz}$$

(2) 如果 R_L 提高了 10 倍，则 $R_L = 51\ \Omega$，$R_L' = \dfrac{2.5\times5.1}{2.5+5.1} = \dfrac{127.5}{53.5} = 2.38$ kΩ，比原 R_L' 提高了 $\dfrac{2.38}{1.67} = 1.42$ 倍，中频增益与 R_L' 成正比，所以中频增益提高了 1.42 倍。R_L 提高了 10 倍以后，

$$C_M = (1+0.041\times2.38)\times3 = 295.74$$

$$C = C_{b'e} + C_M = 100 + 295.74 = 395.74$$

$$f_H = \frac{1}{2\pi RC} = \frac{1}{2\times3.14\times0.167\times395.74} = 2.41 \text{ MHz}$$

上限频率提高了 $\dfrac{2.41}{3.08} = 0.78$ 倍，频带增益积提高了 $1.42\times0.78 = 1.11$ 倍。

3.8　电路如图题3.4所示（射极偏置电路），设在它的输入端接一内阻 $R_s = 5\ k\Omega$ 的信号源，电路参数为：$R_{b1} = 33\ k\Omega$，$R_{b2} = 22\ k\Omega$，$R_e = 3.9\ k\Omega$，$R_c = 4.7\ k\Omega$，$R_L = 5.1\ k\Omega$，$C_e = 50\ \mu F$（与 R_e 并联的电容器），$V_{CC} = 5\ V$，$I_E \approx 0.33\ mA$，$\beta_0 = 120$，$r_{ce} = 300\ k\Omega$，$r_{bb'} = 50\ \Omega$，$f_T = 700\ MHz$ 及 $C_{b'c} = 1\ pF$。求：(1) 输入电阻 R_i；

(2) 中频区电压增益 $|\dot{A}_{VM}|$；

(3) 上限频率 f_H。

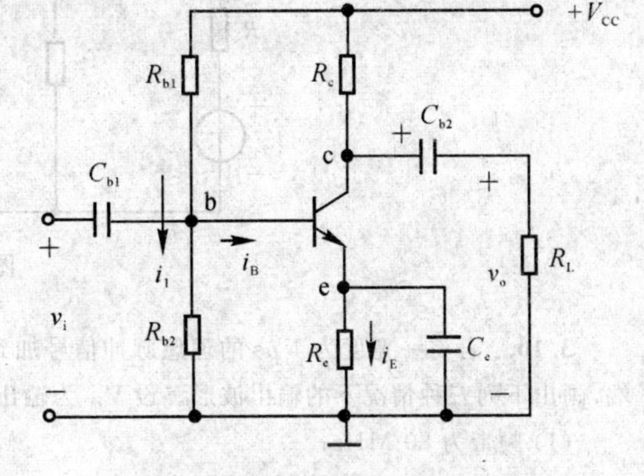

图题 3.4　射极偏置电路

解　高频等效电路图如图题3.5所示。

(1) $R_i = (R_{b1} \,/\!/\, R_{b2}) \,/\!/\, (r_{bb'} + r_{b'e}) =$

$(33 \,/\!/\, 22) \,/\!/\, \left(0.05 + (1+\beta)\dfrac{26}{I_E}\right) =$

$13.2 \,/\!/\, (0.05 + 9.53) =$

$13.2 \,/\!/\, 9.58 \approx 5.55\ k\Omega$

(2) 中频增益

$$\dot{A}_{VM} = -\frac{\beta R_L'}{r_{be}} = -\frac{120 \times (4.7 \,/\!/\, 5.1)}{9.58} \approx -30.64$$

(3) $g_m = \dfrac{I_E}{V_T} = \dfrac{0.33}{26} = 0.013\ S$

$$C_M = (1 + g_m R_L')C_{b'c} = (1 + 0.013 \times 2.45 \times 1\,000) \times 1 = 32.85\ pF$$

$$C_{b'e} = \frac{g_m}{2\pi f_T} - C_{b'c} = \frac{0.013}{2 \times 3.14 \times 700 \times 10^6} - 1 = 1.96\ pF$$

$$C = C_{b'e} + C_M = 1.96 + 32.85 = 34.81\ pF$$

将高频等效图简化，忽略 R_b，得

$$R = (R_s + r_{bb'}) \,/\!/\, r_{b'e} = (5 + 0.05) \,/\!/\, 9.455 = 3.29\ k\Omega$$

$$f_H = \frac{1}{2\pi RC} = \frac{1}{2 \times 3.14 \times 3.29 \times 34.81} = 1.39\ MHz$$

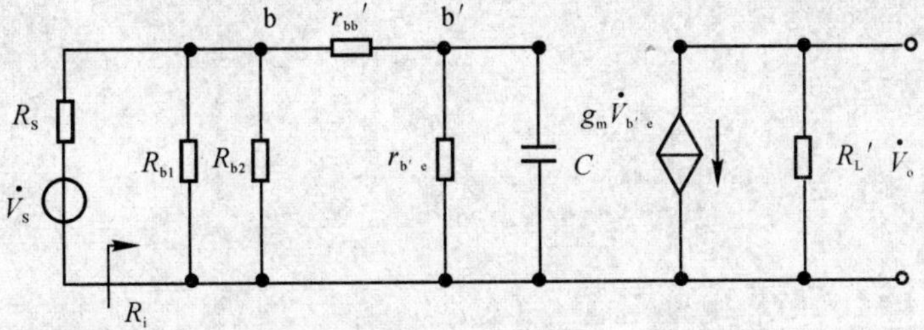

图题 3.5

3.9　在题3.4所述的放大电路中，$C_{b1} = C_{b2} = 1\ \mu F$，射极旁路电容 $C_e = 10\ \mu F$，求下限频率。

解　简化的低频等效电路如图题3.6所示。

$$C_1 = \frac{C_{b1} C_e}{(1+\beta)C_{b1} + C_e} = \frac{1 \times 10}{121 \times 1 + 10} = 0.076\ \mu F$$

$$f_{L1} = \frac{1}{2\pi C_1 (R_s + r_{be})} = \frac{1}{2 \times 3.14 \times 0.076(5 + 9.58)} = 144\ Hz$$

$$f_{L2} = \frac{1}{2\pi C_{b2}(R_c + R_L)} = \frac{1}{2 \times 3.14 \times 1 \times (4.7 + 5.1)} = 16.25\ Hz$$

因 $f_{L1} > 4 f_{L2}$，故 $f_L = f_{L1} = 144\ Hz$。

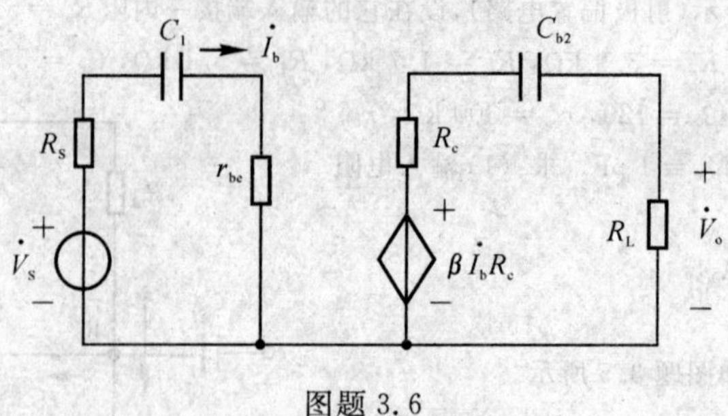

图题 3.6

3.10 若将一宽度为 1 μs 的理想脉冲信号加到一单级共射放大电路(假设只有一个时间常数) 的输入端，画出下列三种情况下的输出波形。设 V_m 为输出电压最大值：

(1) 频带为 80 MHz；

(2) 频带为 10 MHz；

(3) 频带为 1 MHz(假设 $f_L = 0$)。

解 画输出波形的关键是求出上升时间 t_r。因为

$$t_r = \frac{0.35}{f_H}$$

当频带分别为 80 MHz，10 MHz，1 MHz 时其 $f_L = 0$。相应地 f_H 分别为80 MHz，10 MHz，1MHz，所以依次计算出其上升时间分别为 0.004 4 μs，0.035 μs，0.35 μs，输出波形略。

第 4 章　集成运算放大电路

4.1　教学建议

通用型集成运放是由四个电路组成的，每部分电路的基本功能和基本特点在相关章节中都有详细的介绍。这一章节的主要内容集中在基本电流源电路的组成和工作原理、差分放大电路工作原理和静态工作点、差模放大倍数、共模放大倍数、共模抑制比、输入电阻、输出电阻的分析。

可以从集成运放内部结构特点开始引出为电路提供偏置的电流源电路，讲解镜像电流源、微电流源、多路电流源、比例电流源电路以及电流源作为有源负载对电路的作用。

从多级放大电路几种耦合方式的特点入手，讲解直接耦合放大电路便于集成化，直接耦合电路实际应用中必须解决的零点漂移现象，说明零点漂移现象，克服零漂的主要方法就是采用差分放大电路。通过分析差分放大电路的构成，介绍其基本特点以及基本功能。

采用基本放大电路的静态、动态分析方法分析差分放大电路，确定静态工作点以及差分放大电路的共模放大倍数、差模放大倍数、共模抑制比、输入电阻、输出电阻等参数。与基本放大电路不同的是差分放大电路动态分析过程中涉及输入信号，共模输入和差模输入、双端输出和单端输出有明显的不同，需要分别对上述形式分析，计算相应形式下的动态参数。

这一章节学生普遍感觉到困难的是集成运放的读图，教学过程中可以结合学生的实际能力，利用原理性的集成运放电路图使学生理解其内部电路结构，提高学生识读电路的能力以及更好地运用集成运放的水平。

4.2　主要概念

一、内容重点精讲

1. 集成电路概述

(1) 把整个电路中的元器件制作在一块硅基片上，构成特定功能的电子电路称为集成电路。集成电路分为模拟集成电路和数字集成电路。

(2) 模拟集成电路特点：

1) 电路结构与元件参数具有对称性。

2) 用有源器件代替无源器件。

3) 采用复合管结构的电路。

4) 采用直接耦合方式。

5) 电路中的二极管多采用 BJT 的发射结构成。

(3) 集成运放的一般组成有四部分：输入级、中间级、输出级和偏置电路。为了抑制温漂和提高共模抑制比，输入级常采用差分式放大电路。为了有效地提高增益，多采用复合管构成的共射放大电路。

为了使输出电阻小，最大不失真电压尽可能大，多采用互补对称电压跟随电路作输出级。

电流源电路构成偏置电路。

2. 电流源电路

电流源电路是模拟集成电路的基本单元电路，其特点是直流电阻小，交流电阻很大，并具有温度补偿作用，常用来作为放大电路的有源负载和决定放大电路各级 Q 点的偏置电路。

单管电流源电路是利用三极管在基极电流保持不变时，集电极电流基本不随集电极、发射极间电压而变化。

集成电路中的电流源电路中镜像电流源应用得较多，其他如比例电流源、微电流源等都是在此基础上改进而成。

3. 差分式放大电路

差分式放大电路如图 4.1 所示。

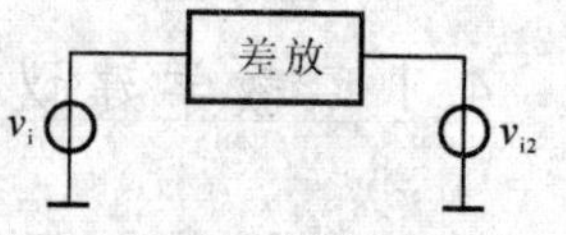

差放

v_i v_{i2}

图 4.1

(1) 差模信号

$$v_{id}=v_{i1}-v_{i2}$$

共模信号
$$v_{ic}=\frac{1}{2}(v_{i1}+v_{i2})$$

两输入端中的共模信号大小相等，相位相同；两输入端中的差模信号大小相等，相位相反。共模信号相当于两输入信号中相同的部分，差模信号相当于两输入信号的不同部分。

(2) 差分式放大电路是集成电路运算放大器的重要组成单元，它既能放大直流信号，又能放大交流信号；它对差模信号具有很强的放大能力，而对共模信号却具有很强的抑制能力。由于电路输入、输出方式的不同组合，共有四种典型电路。分析这些电路时，要着重分析两边电路输入信号分量的不同，至于具体指标的计算与共射（或共源）的单级电路基本一致。

简单差放抑制共模信号即抑制漂移，是利用电路的对称性，在双端输出时基本无漂移。为进一步提高抑制共模的能力，采用恒流源电路代替 R_E，利用强负反馈作用抑制零漂。

差模放大倍数 A_{VD} 与输出形式有关。双端输出时，与单管共发射极放大电路增益相同，单端输出时为双端输出的一半。

共模放大倍数 A_{VC} 在双端输出时一般视为零，单端输出时与单管带 $2R_E$ 射极电阻的共发射极电路放大增益相同。

(3) 差分式放大电路的传输特性。两管的集电极电流之和恒为 I，在 $|v_{id}|\leqslant 100\ \text{mV}$ 范围内，近似为线性；在线性区内，差分放大电路的电压放大增益与 I 成正比 $A_{VD}(\text{双})=-\dfrac{R_C}{2V_T}I$，通过控制恒流源电流 I，可实现自动增益控制。

当 $|v_{id}|\geqslant 4V_T$，即超过 100 mV 时，电路工作在非线性区。差分放大电路呈现良好的限幅特性。

二、重点、难点

(1) 电流源电路如表 4.1 所示。

表 4.1

	镜像电流源	微电流源	比例电流源	多路比例电流源
电路结构	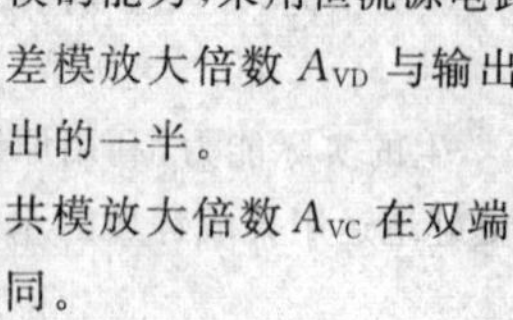 $+V_{CC}$, I_R, R, $2I_B$, I_{C1}, I_{C0}, T_0, T_1, I_{B0}, I_{B1}	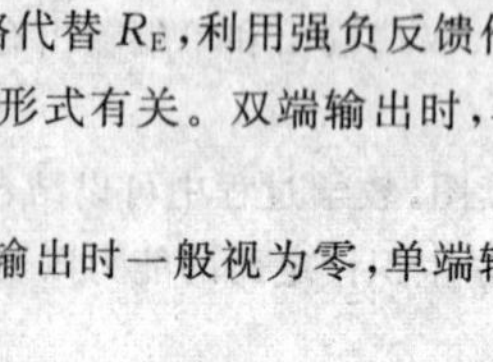 $+V_{CC}$, I_R, R, $I_{B0}+I_{B1}$, I_{C1}, I_{C0}, T_0, T_1, I_{B0}, I_{B1}, R_e, I_{E1}	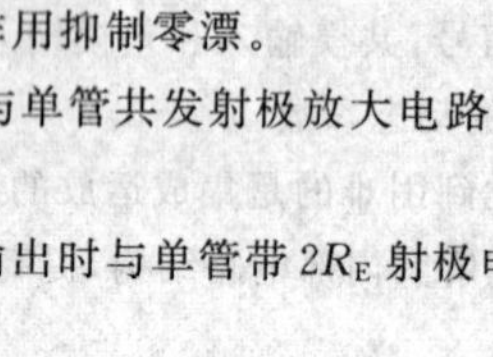 $+V_{CC}$, I_R, R, $I_{B0}+I_{B1}$, I_{C1}, I_{C0}, T_0, T_1, I_{B0}, I_{B1}, I_{E0}, R_{e0}, R_{e1}, I_{E1}	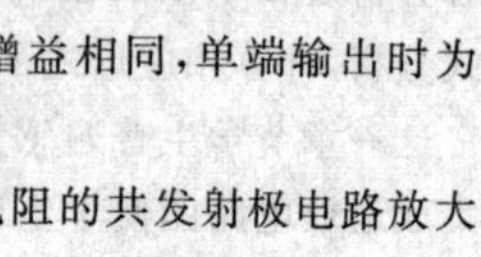 I_R, I_{C1}, I_{C2}, I_{C0}, T_1, T_2, I_{E0}, I_{E1}, I_{E2}, R_{e0}, R_{e1}, R_{e2}

续 表

	镜像电流源	微电流源	比例电流源	多路比例电流源
工作原理	T_0 和 T_1 特性完全相同。 $I_{REF}=(V_{CC}-V_{BE})/R$ $I_R=I_{C0}+I_{B0}+I_{B1}=I_C+\frac{2I_C}{\beta}$ $I_C=\frac{\beta}{\beta+2}\cdot I_R$ 若 $\beta\geqslant 2$,则 $I_C\approx I_R$	能够提供较小的静态电流而不使用大电阻 $I_{C1}\approx I_{E1}=(V_{BE0}-V_{BE1})/R_e$ $I_{E0}\approx I_{C0}\approx I_R=(V_{CC}-V_{BE0})/R$ $I_{C1}\approx\frac{V_T}{R_C}\cdot\ln\frac{I_R}{I_C}$ 先确定 I_{E0} 和 I_{E1},再选 R 和 R_e	改变镜像电流源 $I_C\approx I_R$ 的关系,使 I_C 与 I_R 成比例。若 $\beta\geqslant 2$,$I_{C0}\approx I_{E0}\approx I_R$,$I_{C1}\approx I_{E1}$ $I_{C1}\approx\frac{R_{e0}}{R_{e1}}\cdot I_R$	$V_{BE0}+I_{E0}R_{e0}=V_{BE1}+I_{E1}R_{e1}=V_{BE2}+I_{E2}R_{e2}$ 由此可得 $I_{E0}R_{e0}\approx I_{E1}R_{e1}\approx I_{E2}R_{e2}$

(2) 差分式放大电路几种接法的性能指标如表 4.2 所示。

表　4.2

输入方式	双端输入	
原理电路图	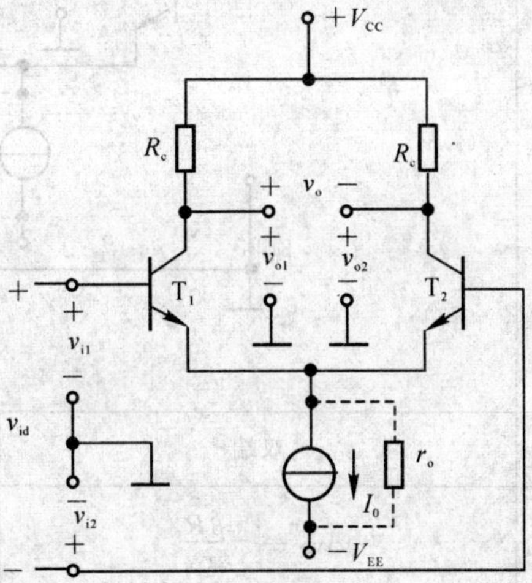	
差模电压增益 A_{VD}	$A_{VD}=\frac{v_o}{v_{id}}=-\frac{\beta R_c}{r_{be}}$	$A_{VD1}=\frac{v_{o1}}{v_{id}}=-\frac{v_{o2}}{v_{id}}=-\frac{\beta R_c}{2r_{be}}$
共模电压增益 A_{VC}	$A_{VC}\to 0$	$A_{VC1}\approx\frac{R_c}{2r_o}$
共模抑制比 K_{CMR}	$K_{CMR}\to\infty$	$K_{CMR}\approx\frac{\beta r_o}{r_{be}}$
差模输入电阻 R_{id}	$R_{id}=2r_{be}$	
共模输入电阻 R_{ic}	$R_{ic}=\frac{1}{2}[r_{be}+(1+\beta)2r_o]$	

续 表

输出方式	双端	单端
输出电阻 R_o	$R_o = 2R_c$	$R_o = R_c$
高频响应	与共射极电路相同	
用　　途	1. 用于输入、输出不需要一端接地时 2. 常用于多级直接耦合放大电路的输入级、中间级	将双端输入转换为单端输出，常用于多级直接耦合放大电路的输入级和中间级
输入方式	单端输入	
原理电路图	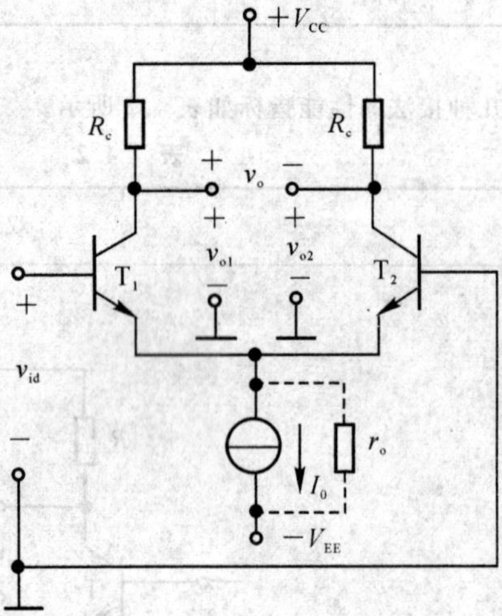	
输出方式	双端	单端
差模电压增益 A_{VD}	$A_{VD} = -\frac{\beta R_c}{r_{be}}$	$A_{VD1} = \frac{v_{o1}}{v_{id}} = -\frac{v_{o2}}{v_{id}} = -\frac{\beta R_c}{2r_{be}}$
共模电压增益 A_{VC}	$A_{VC} \to 0$	$A_{VC1} \approx -\frac{R_c}{2r_o}$
共模抑制比 K_{CMR}	$K_{CMR} \to \infty$	$K_{CMR} \approx -\frac{\beta r_o}{r_{be}}$
差模输入电阻 R_{id}	$R_{id} = 2r_{be}$	
共模输入电阻 R_i	$R_{ic} = \frac{1}{2}[r_{be} + (1+\beta)2r_o]$	
输出电阻 R_o	$R_o = 2R_c$	$R_o = R_c$

续表

输出方式	双端	单端
高频响应	从 v_{o2} 输出，T_1 管是共射电路，T_2 管是共基电路，故 T_1，T_2 组成共射-共基电路，有效地提高了上限频率	
用　　途	将单端输入转换为双端输出，常用于多级直接耦合放大电路的输入级	用在放大电路输入和输出电路均需有一端接地的电路中

(3) 电流源做有源负载如表 4.3 所示。

表　4.3

名　称	电路结构	工作原理
共射放大电路	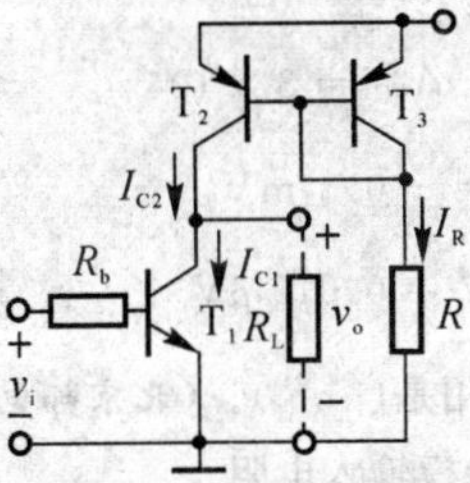 T_2, T_3, I_{C2}, I_R, R_b, I_{C1}, T_1, R_L, v_o, R, v_i	T_2 是 T_1 的有源负载，代替原来的 R_{C1}，T_1 接 R_{C1} 时，电压增益为 $A_V \approx \dfrac{\beta_1(R_{C1} \mathbin{/\!/} R_L)}{R_b + r_{be1}}$ 接有源负载后，电压增益为 $A_v \approx \dfrac{\beta_1 R_L}{R_b + r_{be1}}$ 有源负载使电压增益大大提高。
差分放大电路	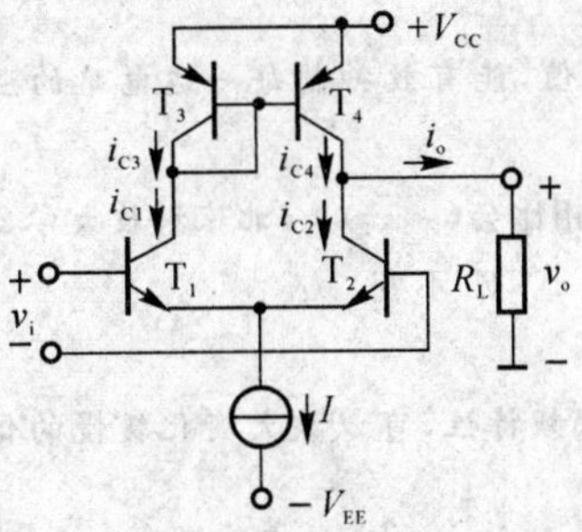 $+V_{CC}$, T_3, T_4, i_{C3}, i_{C4}, i_o, i_{C1}, i_{C2}, T_1, T_2, R_L, v_o, v_i, I, $-V_{EE}$	静态时，$i_o = i_{C4} - i_{C2} \approx 0$ 动态时，$\Delta i_o = \Delta i_{C4} - \Delta i_{C2} \approx 2\Delta i_{C1}$ 输出电流约为单管输出时的两倍，因而电压放大倍数接近双端输出时的情况。 $A_v = \dfrac{\beta_1(r_{ce1} \mathbin{/\!/} r_{ce2} \mathbin{/\!/} R_L)}{r_{be1}} \approx \dfrac{\beta_1 R_L}{r_{be1}}$

4.3 例题

例 4.1 如图 4.2 所示的威尔逊电流源，设三个管子参数相同，试证明：$I_0 = \left(1 - \dfrac{2}{\beta^2 + 2\beta + 2}\right) I_R$。（北京大学 2000 年考研题）

证明 T_1 与 T_2 两个管子构成最基本的镜像电流源，则

$$I_{C1} = I_{C2} \quad I_{B1} = I_{B2}$$

$$I_R = I_{C1} + I_{B3} = I_{C1} + \frac{I_0}{\beta}$$

$$[(1+\beta)/\beta]I_0 = I_{C2} + 2I_{B2}$$

则由以上关系可得

$$(\beta+1)I_0 = \beta \cdot I_{C2} + 2\beta \cdot I_{B2} = \beta \cdot I_{C1} + 2I_{C1}$$

$$I_R = \frac{\beta+1}{\beta+2}I_0 + \frac{1}{\beta}I_0 = \frac{\beta(\beta+1)+\beta+2}{\beta(\beta+2)+2}I_0$$

由此可得

$$I_0 = \left(1 - \frac{2}{\beta^2+2\beta+2}\right)I_R$$

该电路的 T_3 将 T_1 的 V_{CE} 钳位在 $2V_{BE(ON)}$，仅与 T_3 的 V_{CE} 相差一个导通电压，以匹配输出电阻的影响，从而提高电流源的精度。

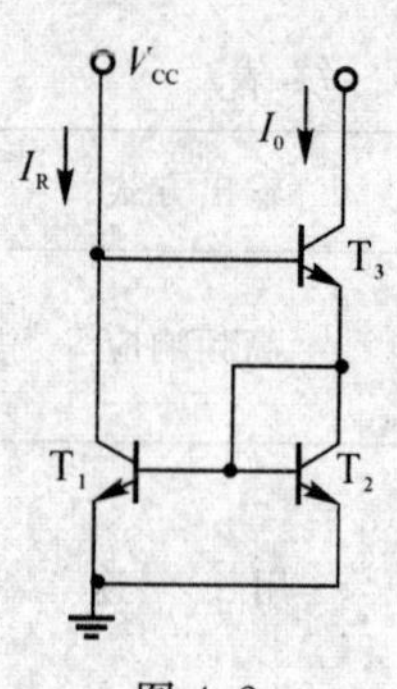

图 4.2

例 4.2 差分放大电路的输入端未加输入信号时，收到附近手机造成的 10 μV 电磁干扰，该电路的差模放大倍数是 −30，共模拟抑制比是 80 dB，则该差分放大电路的差模输出电压是（　），共模输出电压是（　）。（北京邮电大学 2010 年考研题）

答 −0.3 mV；0.015 μV。

解析 共模抑制比为 80 dB，则有

$$20\lg K_{CMR} = 80$$

$$K_{CMR} = 10^4 = \left|\frac{A_{vd}}{A_{vc}}\right| = \left|\frac{-30}{A_{vc}}\right|, \quad A_{VC} = 3\times 10^{-3}$$

差模输出电压：$v_{od} = A_{VD}v_{id} = -30 \times 10\ \mu V = -0.3\ mV$

共模输出电压：$v_{oc} = A_{VC}v_{ic} = 3\times 10^{-3} \times \frac{10}{2}\ \mu V = 0.015\ \mu V$

例 4.3 (1) 差分放大电路中发射极接入电阻 R_E 的主要作用是（　）。（北京邮电大学 2010 年考研题）

A. 提高差模电压增益　　B. 增大差模输入电阻

C. 抑制零点漂移　　D. 减小差模输入电阻

答案：C

解析 *在差分放大电路中，增大发射极电阻 R_E 的阻值，能有效抑制每一边电路的温漂，提高共模抑制比。*

(2) 直接耦合放大电路在高频时，其放大倍数与中频时相比会（　）。（北京科技大学 2011 研究生考题）

A. 增大　　B. 降低　　C. 不变

答案：B

解析 *直接耦合放大电路的突出优点是具有良好的低频特性，可以放大变化缓慢的信号，所以频率越高，放大能力越差。*

例 4.4 图 4.3 所示电路是一个单端输出的差分放大电路。试指出“1”、“2”两端中哪个是同相输入端，哪个是反相输入端，并求出该电路的共模抑制比。设 $V_{CC} = 12$ V，$V_{EE} = -6$ V，$R_B = 10$ kΩ，$R_C = 6.2$ kΩ，$R_E = 5.1$ kΩ，$\beta_1 = \beta_2 = \beta = 50$，$r_{bb'1} = r_{bb'2} = 300$ Ω，$V_{BE1} = V_{BE2} = 0.7$ V。（中山大学 2004 年考研题）

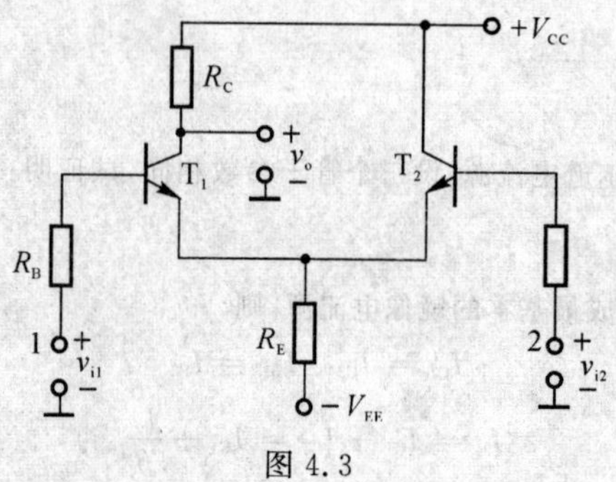

图 4.3

解　(1) 由于是从 T_1 的集电极输出，而 T_1 的基极与集电极的极性相反，所以"1"端为反相输入端，"2"端为同相输入端。

(2) 可以先画出交流等效电路，由于 I_B 远小于射极电流 I_E，所以可以设 $I_B\approx 0$。在共模的情况下，T_1 和 T_2 的射极电流相等且均流入 R_E。差模时相当于 T_1 和 T_2 的射极均接地。

因为 $V_{BE}=V_{BQ}-V_{EQ}=0.7\text{ V}$，所以 $V_{EQ}=-0.7\text{ V}$。

$$I_{EQ1}=I_{EQ2}=\frac{1}{2}\frac{V_{EQ}-(-V_{EE})}{R_E}=\frac{1}{2}\frac{-0.7-(-6)}{5.1}\approx 0.52\text{ mA}$$

$$r_{be}=r_{bb'}+(1+\beta)\frac{26}{I_{EQ}}=300+(1+50)\frac{26}{0.52}\approx 2.85\text{ k}\Omega$$

单端输出时，有

$$A_{vd}=-\frac{\beta R_C}{2(R_B+r_{be})},\quad A_{vc}=-\frac{R_C}{2R_E}$$

所以

$$K_{CMR}=\left|\frac{A_{vd}}{A_{vc}}\right|=\frac{\beta R_E}{R_B+r_{be}}=\frac{50\times 5.1}{10+2.85}\approx 20$$

例 4.5　如图 4.4 所示电路，已知三极管的 $\beta=100$，$r_{be}=10.3\text{ k}\Omega$，$V_{CC}=V_{EE}=15\text{ V}$，$R_C=36\text{ k}\Omega$，$R_E=27\ \Omega$，$R=2.7\text{ k}\Omega$，$R_W=100\ \Omega$，$R_W$ 的滑动端处于中点，$R_L=18\ \Omega$，试估算：

(1) 静态工作点；

(2) 差模电压放大倍数；

(3) 差模输入电阻。(哈尔滨工业大学 2004 年考研题)

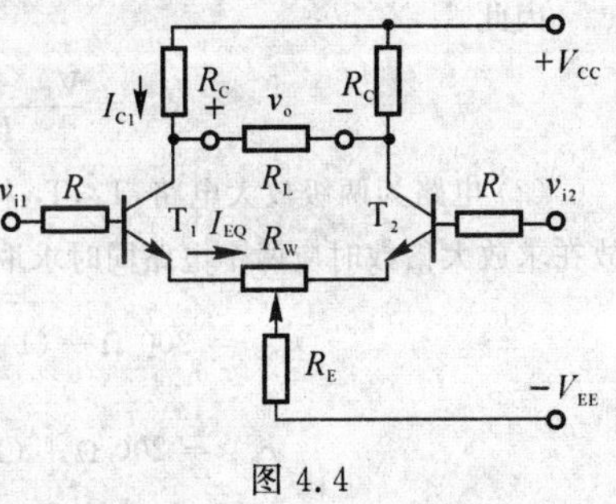

图 4.4

分析　求解静态工作点 $v_i=0$，利用 $I_{B1}=\frac{1}{\beta}I_{C1}=\frac{1}{\beta}\cdot I_{EQ}$，得到 I_{EQ}，则 Q 点可得。此电路为双端输入双端输出，求解动态参数时 R_W 滑动端交流电位为 0。差模电压增益为单管共射电路的电压增益。负载为 $R'_L=R_C\ /\!/\ \frac{1}{2}R_L$。

解　$(1)\ 0-I_{BQ}\cdot R-V_{REQ}-I_{EQ}\frac{R_W}{2}-2I_{EQ}\cdot R_E=-V_{EE}$

$$I_{EQ}=\frac{V_{EE}-V_{BEQ}}{R+(1+\beta)\left(\frac{1}{2}R_W+2R_E\right)}=\frac{15-0.7}{2.7+101\times[0.05+(2\times 27)]}\text{ mA}\approx 0.26\text{ mA}$$

$$I_{CQ}\approx I_{EQ}=0.26\text{ mA}$$

$$V_{CQ}=V_{CC}-I_{CQ}\cdot R_C=15-0.26\times 36=5.64\text{ V}$$

$$V_{BQ}=-I_{BQ}R=-(2.6\times 2.7)\approx -7\text{ mV}$$

(2)
$$A_{vd}=-\frac{\beta\left(R_C\ /\!/\ \frac{1}{2}R_L\right)}{R+r_{be}+(1+\beta)\frac{R_W}{2}}=-\frac{100\times 7.2}{2.7+10.3+101\times 0.05}\approx -40$$

$$(3)\ R_{id}=2\left[R+r_{be}+(1+\beta)\frac{R_W}{2}\right]=2\times(2.7+10.3+101\times 0.05)=36\text{ k}\Omega$$

例 4.6　电路如图 4.5 所示，BJT 中 T_1，T_2，T_3 均为硅管，设 $\beta_1=\beta_2=50$，$\beta_3=80$，$|V_{BE}|=0.7\text{ V}$，当 $v_i=0$ 时，$v_o=0\text{ V}$。

(1) 估算各级的静态电流 I_{C3}，I_{C2}，I_E，管压降 V_{CE3}，V_{CE2} 及 R_{E2} 的值；

(2) 总的电压增益 $A_v=A_{VD2}\cdot A_{V2}$；

(3) 当 $v_i=5\text{ mV}$ 时，$v_o=?$

(4) 当输出端接一 $R_L=12\text{ k}\Omega$ 的负载时，电压增益 A_v 为多少？(清华大学 2006 年考研题)

分析　此题电路为直接耦合二极放大电路，第一级为单端输入单端输出的差放电路，第二级为共射放大电路。求解静态工作点，利用已知条件 $v_i=0$ 时 $v_o=0$，$I_{BQ}=2I_{C1}=2I_{C2}$ 求解。

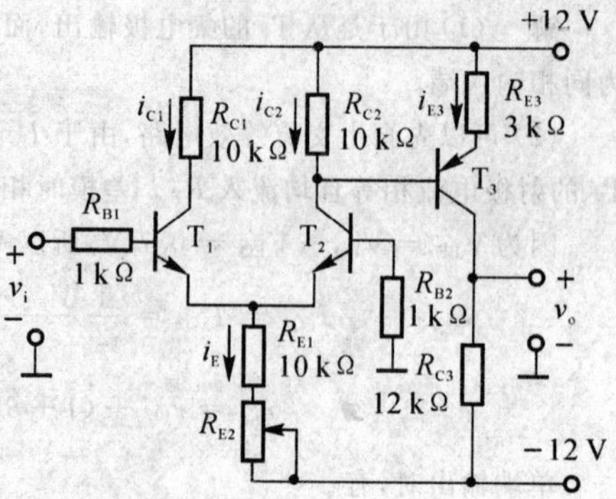

解　(1)　$I_{C3}=\frac{0-(-12\ V)}{R_{C3}}=1\ mA$

T_3 基极电位为

$$V_{B3}=V_{CC}-I_{E3}R_{E3}-|V_{BE3}|=V_{CC}-I_{C2}R_{C2}$$

所以

$$I_{C2}=\frac{I_{E3}R_{E3}+|V_{BE3}|}{R_{C2}}=0.37\ mA$$

$$I_E=2I_{E2}\approx 2I_{C2}=0.74\ mA$$

由 KVL 定律得

$$-V_{CE3}=V_{CC}-(-V_{EE})-I_{E3}(R_{E3}+R_{C3})=$$

$$[24-1\times(3+12)]\ V=9\ V$$

所以　$V_{CE3}=-9\ V$

图 4.5

因为 $v_i=0$，所以 $V_{E2}=V_{E1}=-0.7\ V$，则有

$$V_{CE2}=V_{EE}-I_{C2}R_{C2}-V_{E2}=12-0.37\times 10+0.7=9\ V$$

$$V_{E2}-(-V_{EE})=I_E(R_{E1}+R_{E2})$$

因此

$$R_{E2}=\frac{V_{E2}+V_{EE}}{I_E}-R_{E1}=\frac{-0.7+12}{0.74}-10=5.2\ k\Omega$$

(2) 电路为两级放大电路，T_1，T_2 构成差分放大电路，而后一级放大电路的输入电阻是差放电路的负载，故在求放大倍数时应两个电路同时求取，由

$$r_{be2}=200\ \Omega+(1+\beta_2)\frac{26\ mV}{I_{E2}}=200\ \Omega+51\times\frac{26}{0.37}\ \Omega=3.78\ k\Omega$$

$$r_{be3}=200\ \Omega+(1+\beta_3)\frac{26\ mV}{I_{E3}}=200\ \Omega+81\times\frac{26}{1}\ \Omega=2.3\ k\Omega$$

及共射放大器输入电阻

$$R_{i2}=r_{be3}+(1+\beta_3)R_{E3}=2.3+81\times 3=245.3\ k\Omega$$

可得差分放大增益为

$$A_{Vd2}=\frac{\beta_2(R_{C2}\ /\!/\ R_{i2})}{2(r_{be2}+R_{B2})}=\frac{50\times(10\ /\!/\ 245.3)}{2\times(38.7+1)}\approx 50.3$$

电路的次级放大增益

$$A_{V2}=\frac{-\beta_3 R_{C3}}{r_{be3}+(1+\beta_3)R_{E3}}=-\frac{80\times 12}{2.3+81\times 3}=-3.9$$

总的电压增益为

$$A_v=A_{Vd2}A_{V2}=50.3\times(-3.9)=-196.2$$

(3) 当 $v_i=5\ mV$ 时

$$v_o=A_v v_i=-196.2\times 5\times 10^{-3}=-0.98\ V$$

(4) 当输出端接一 $R_L=12\ k\Omega$ 的负载时

$$R_{E3}=R_L=12\ k\Omega$$

则有

$$A'_{V2}=-\frac{\beta_3(R_{C3}\ /\!/\ R_L)}{v_{be3}+(1+\beta_3)R_{E3}}=\frac{1}{2}A_{V2}$$

所以电压增益为

$$A'_V=A_{Vd2}A'_{V2}=\frac{1}{2}A_V=-98.1$$

4.4　自学指导

1. 变跨导型模拟乘法器

利用输入电压控制差分电路差分管的发射极电流，使之跨导作相应的变化，从而达到输入差模信号相乘的目的。如图 4.6 所示，输出电压

$$v_o = -(i_{C1} - i_{C2})R_C = -g_m R_C v_x$$

$$g_m \approx \frac{I_{EQ}}{V_T} = \frac{I}{2V_T}$$

$$I = \frac{V_T - v_{BE3}}{R_e}$$

若 $v_y \gg v_{BE3}$，则

$$g_m \approx \frac{v_y}{2V_T R_e}$$

所以

$$v_o \approx \frac{R_C}{2V_T R_e} \cdot v_x v_y$$

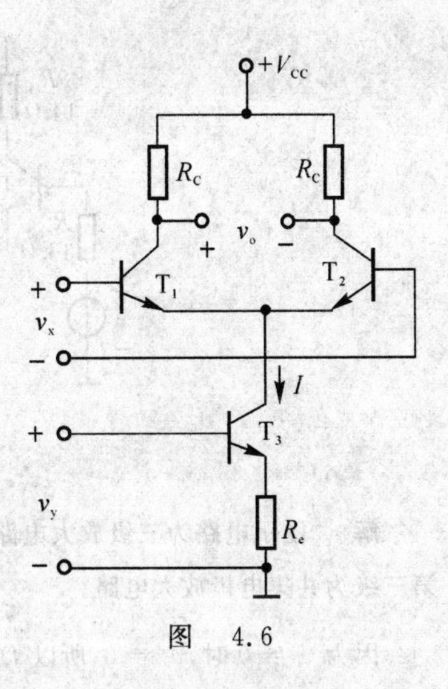

图　4.6

2. 乘法器在运算电路中的应用如表 4.4 所示

表　4.4

名　称	内　容	说　明
乘方运算		$v_o = kv_i^2$ 若 $v_i = \sqrt{2} v_i \sin\omega t$ 则 $v_o = 2kv_i^2 \sin^2 \omega t = 2kv_i^2(1 - \cos 2\omega t)$
除法运算		$v_o = -\frac{R_2}{R_1} \cdot \frac{v_{i1}}{kv_{i2}}$ 运算电路中集成运放必须引入负反馈
开方运算		$v_o = \sqrt{-\frac{R_2}{kR_1} \cdot v_i}$

3. 电路如图 4.7 所示，若静态为 $V_{be1}=V_{be2}=V_{be4}=V_{be}=0.7\ \text{V}$，$V_{be3}=-0.3\ \text{V}$，所有三极管的 $\beta=50$，当 $v_i=0$ 时，$v_o=0$，则 $R_{c2}=$？若在输出端接负载 R_L，R_{c2} 的阻值应怎样改变才能使 $v_o=0$？

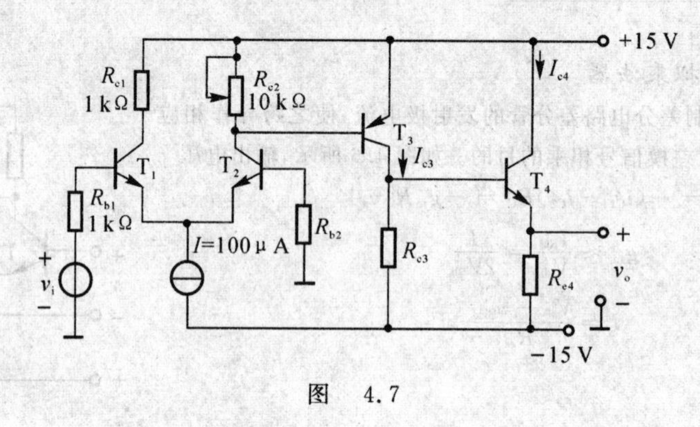

图　4.7

解　图示电路为三级放大电路，第一级为单端输入-单端输出的差分放大电路，第二级为共射放大电路，第三级为共集电极放大电路。

因为 $v_i=0$ 时，$v_o=0$，所以 $I_{e4}=\dfrac{0\ \text{V}-(-15)\ \text{V}}{R_{e4}}=\dfrac{15\ \text{V}}{3\ \text{k}\Omega}=5\ \text{mA}$。

$$I_{b4}\approx\frac{I_{c4}}{\beta}=\frac{5\ \text{mA}}{50}=0.1\ \text{mA}$$

$$I_{rc3}=\frac{V_{b4}-(-15\ \text{V})}{R_{c3}}=\frac{0.7\ \text{V}+15\ \text{V}}{20\ \text{k}\Omega}=0.785\ \text{mA}$$

$$I_{b3}=\frac{I_{c3}}{\beta}=\frac{I_{rc3}+I_{b4}}{\beta}=\frac{(0.785+0.1)\ \text{mA}}{50}\approx 18\ \mu\text{A}$$

因为

$$I_{c1}=I_{c2}=\frac{I}{2}=50\ \mu\text{A}$$

$$R_{c2}=\frac{-V_{be3}}{I_{c2}+I_{b3}}=\frac{-(-0.3\ \text{V})}{(0.05+0.018)\ \text{mA}}=4.41\ \text{k}\Omega$$

当输出端接 R_L 时

$$I_{e4}=\frac{0\ \text{V}-(-15)\ \text{V}}{R_{e4}\ /\!/\ R_L}\Rightarrow I_{e4}\uparrow\Rightarrow I_{b4}\uparrow\Rightarrow I_{c3}\uparrow\Rightarrow I_{b3}\uparrow\Rightarrow I_{c2}+I_{b3}\uparrow\Rightarrow R_{c2}\downarrow$$

所以当接 R_L 后，要 $v_i=0$ 时，$v_o=0$，则应调小 R_{c2}。

4.5　习题精选详解

4.1　某集成运放的一单元电路如图题 4.1 所示，T_1，T_2 的特性相同，且 β 足够大，问：

(1) T_1，T_2 和 R 组成什么电路？在电路中起什么作用？

(2) 写出 I_{REF} 和 I_{C2} 的表达式。设 $V_{BE}=0.7\ \text{V}$，V_{CC} 和 R 均为已知。

解　(1) T_1，T_2，R 组成镜像恒流源电路，作为 T_3 集电极有源负载。

(2)

$$I_{C2}=I_{REF}=\frac{V_{CC}-V_{BE}}{R}$$

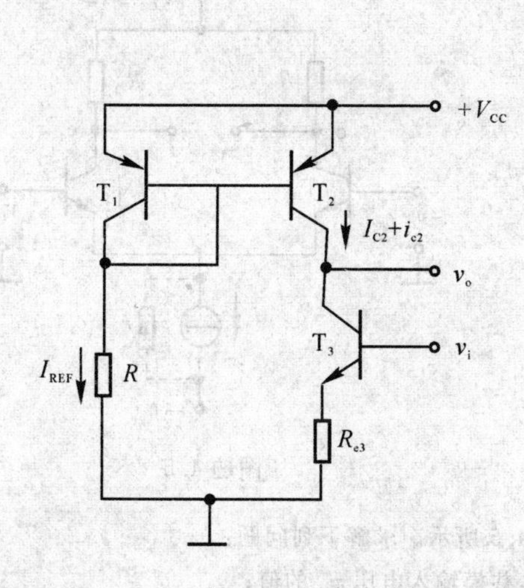

图题 4.1

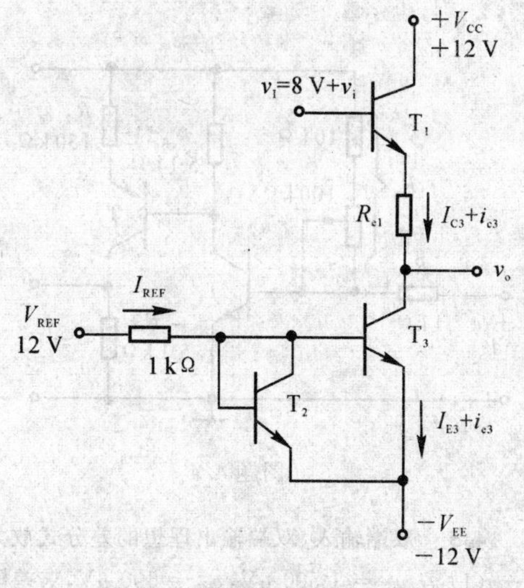

图题 4.2

4.2　电路如图题4.2所示，所有BJT的β均很大，$V_{BE}=0.7\ V$，且T_2，T_3特性相同，电路参数如图，问：

(1)T_2，T_3和R组成什么电路？在电路中起什么作用？

(2) 电路中T_1，R_{e1}起电平移动作用，保证$v_i=0$时，$v_o=0$。求I_{REF}，I_{C3}和R_{e1}的值。

解　(1)T_2，T_3，R组成镜像电流源电路。在电路中做T_1组成的射随器的有源负载。

(2)
$$I_{C3}=I_{REF}=\frac{V_{REF}-V_{BE}+V_{EE}}{R_1}=23.3\ \text{mA}$$

$$R_{e1}=\frac{v_i-v_o}{I_{C3}}=\frac{8-0.7}{23.3}=0.313\ \text{k}\Omega$$

4.3　图题4.3所示是NPN型(T_1)与PNP型(T_2)两种硅BJT组成的电平移动电路，设$|V_{BE}|=0.7\ V$。当$v_i=0$时，若要求$v_o=0$，试计算I_{E1}和I_{E2}的值。

解　当$v_i=0$时，

$$I_{E1}=\frac{v_i-V_{BE}-(-V_{EE})}{R_{e1}}=\frac{0-0.7+12}{56}=0.2\ \text{mA}$$

$$I_{E1}\approx I_{C1}$$

$$V_{C1}=V_{CC}-I_{C1}R_{c1}-(-V_{EE})=24-0.2\times4.7=23.06\ V$$

$$I_{E2}=\frac{V_{CC}-(-V_{EE})-V_{BE}-V_{C1}}{R_{e2}}=\frac{0.24}{250}=0.96\ \text{mA}$$

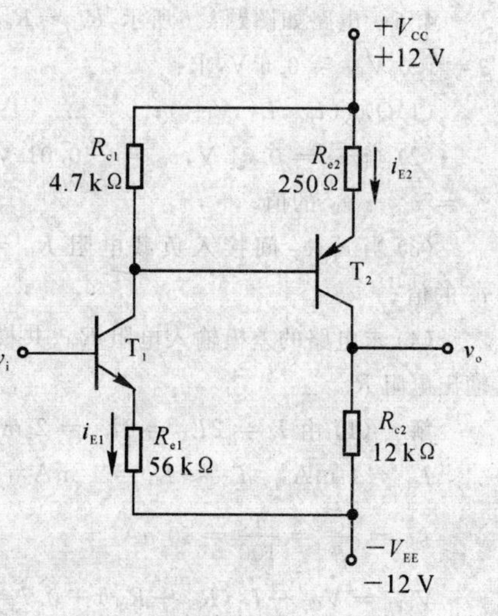

图题 4.3

4.4　如图题4.4所示的放大电路中，试回答下列问题：

(1) 在$\Delta V_S=0$时，$V_o=5.1\ V$；当$\Delta V_S=16\ mV$时，$V_o=9.2\ V$，问电压增益是多少？

(2) 如果$\Delta V_S=0$，由于温度的影响，V_o由5.1 V变到4.5 V，问折合到输入端的零点漂移电压ΔV_S为多少？

解　(1)$\Delta V_S=0$，则$V_o=5.1\ V$，说明该放大电路有零漂。

$$A_{VS}=\frac{\Delta V_o}{\Delta V_S}=\frac{9.2-5.1}{16-0}=256$$

(2) 根据上式

$$\Delta V_S=\frac{\Delta V_o}{A_{VS}}=\frac{5.1-4.5}{256}=2.3\ \text{mV}$$

因温度使输入$\Delta V_S=V_{S1}-V_{S2}=0-V_{S2}$，零漂折合到输入，故$V_{S2}=-2.3\ \text{mV}$。

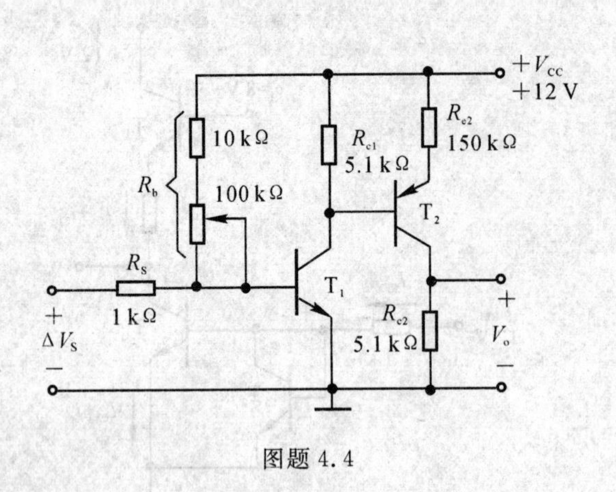

图题 4.4

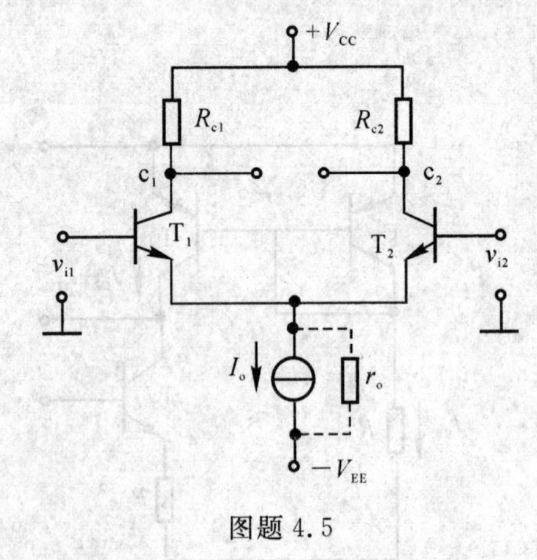

图题 4.5

4.5 双端输入、双端输出理想的差分式放大电路如图题 4.5 所示。求解下列问题：

(1) 若 $v_{i1}=1\ 500\ \mu V$，$v_{i2}=500\ \mu V$，求差模输入电压 v_{id}，共模输入电压 v_{ic} 的值；

(2) 若 $A_{VD}=100$，求输出电压 v_{od} 的值；

(3) 当输入电压为 v_{id} 时，若从 T_2 的 c_2 端输出，求 v_{c2} 与 v_{id} 的相位关系；

(4) 若输出电压 $v_o=1\ 000v_{i1}-999v_{i2}$ 时，求电路的 A_{VD}，A_{VC} 和 K_{CMR} 的值。

解 (1) $v_{id}=v_{i1}-v_{i2}=1\ 500-500=1\ 000\ \mu V$

$$v_{ic}=\frac{v_{i1}+v_{i2}}{2}=\frac{1\ 500+500}{2}=1\ 000\ \mu V$$

(2) $$v_{od}=A_{VD}v_{id}=100\times 1\ 000=100\ mV$$

(3) 输入为 v_{id} 时，T_2 为反相输入，因此 T_2 的 c_2 端为同相输出。v_{c2} 与 v_{id} 的相位为同相。

(4) $v_o=A_{VD}v_{id}+A_{VC}v_{ic}=1\ 000v_{i1}-999v_{i2}=999.5(v_{i1}-v_{i2})+(v_{i1}+v_{i2})/2$

即 $A_{VD}=999.5$，$A_{VC}=1$，$K_{CMR}=\dfrac{A_{VD}}{A_{VC}}=999.5$ 。

4.6 电路如图题 4.6 所示，$R_{e1}=R_{e2}=100\ \Omega$，BJT 的 $\beta=100$，$V_{BE}=0.6$ V，求：

(1) Q 点（I_{B1}，I_{C1}，V_{CE1}）；

(2) 当 $v_{i1}=0.01$ V，$v_{i2}=-0.01$ V 时，求输出电压 $v_o=v_{o1}-v_{o2}$ 的值；

(3) 当 c_1，c_2 间接入负载电阻 $R_L=5.6\ k\Omega$ 时，求 v_o 的值；

(4) 求电路的差模输入电阻 R_{id}、共模输入电阻 R_{ic} 和输出电阻 R_o。

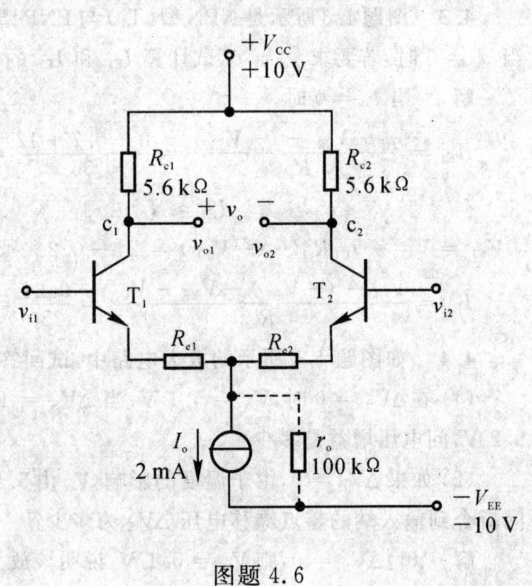

图题 4.6

解 (1) 由 $I_o=2I_{e1}=2I_{e2}=2$ mA，得

$I_{e1}=1$ mA，　$I_{c1}\approx I_{e1}=1$ mA，

$$I_{B1}=\frac{I_{C1}}{\beta}=\frac{1}{100}=10\ \mu A$$

$$V_{CE1}=V_{CC}-I_{c1}(R_{c1}+R_{e1})+0.7=$$
$$10-1\times(5.6+0.1)+0.7=5\ V$$

(2) $$A_{VD}=-\frac{\beta R_{c1}}{r_{be1}+(1+\beta)R_{e1}}=-\frac{100\times 5.6}{[0.2+(1+100)26/1]+(1+100)\times 0.1}=-43.3$$

$$v_o=A_{VD}v_{id}=-43.4\times(0.01+0.01)=-0.866$$

(3) 接 R_L 后

$$A_{VD}=-\frac{\beta R_L'}{r_{be1}+(1+\beta)R_{e1}}=-\frac{100\times\left(5.6 /\!/ \frac{5.6}{2}\right)}{2.826+10.1}=-14.6$$

$$v_o=A_{VD}v_{id}=-14.6\times0.02=-0.292$$

(4) $R_{id}=2[r_{be1}+(1+\beta)R_{e1}]=2\times12.8=25.6\ k\Omega$

$$R_{ic}=\frac{1}{2}[r_{be1}+(1+\beta)R_{e1}+(1+\beta)2r_o]=$$

$$\frac{1}{2}\times(2.826+101\times0.1+101\times2\times100)=10.1\ M\Omega$$

$$R_o=2R_c=11.2\ k\Omega$$

4.7 电路参数如图题 4.6 所示，求：

(1) 单端输出且 $R_L=\infty$ 时，$v_{o2}=?$，$R_L=5.6\ k\Omega$，$v_{o2}'=?$

(2) 单端输出时，A_{VD2}，A_{VC2} 和 K_{CMR} 的值。

(3) 电路的差模输入电阻 R_{id}，共模输入电阻 R_{ic} 和不接 R_L 时单端输出的输出电阻 R_{o2}。

解 (1) $A_{VD1}=\frac{1}{2}\cdot\frac{-\beta R_{c1}}{r_{be1}+(1+\beta)R_{e1}}=-21.56$

$v_{o2}=|A_{VD}|v_{id}\approx21.56\times(0.01+0.01)=0.43\ V$

$A_{VD1}'=\frac{1}{2}\frac{-\beta R_L'}{r_{be1}+(1+\beta)R_{e1}}=-10.88$

$v_{o2}'=|A_{VD}'|v_{id}=0.217\ 6\approx0.22\ V$

(2) $A_{VD2}=21.56$ （与 v_{id} 同相）

$$A_{VC2}=\frac{\beta R_{c1}}{r_{be2}+(1+\beta)R_{e2}+(1+\beta)\times2r_O}=0.028\quad（与\ v_{ic}\ 同相）$$

$$K_{CMR}=\left|\frac{A_{VD2}}{A_{VC1}}\right|=770$$

(3)$R_{id}=2[r_{be1}+(1+\beta)R_{e1}]=25.6\ k\Omega$

$R_{ic}=\frac{1}{2}[r_{be1}+(1+\beta)R_{e1}+(1+\beta)2r_O]=10.1\ M\Omega$

$R_{o2}=R_{c2}=5.6\ k\Omega$

4.8 电路如图题 4.8 所示，JFET 的 $g_m=2\ mS$，$r_{ds}=20\ k\Omega$。

(1) 求双端输出时的差模电压增益 $A_{VD}=\frac{v_{O1}-v_{o2}}{v_{id}}$ 的值；

(2) 求电路改为单端输出时，A_{VD1}，A_{VC1} 和 K_{CMR} 的值。

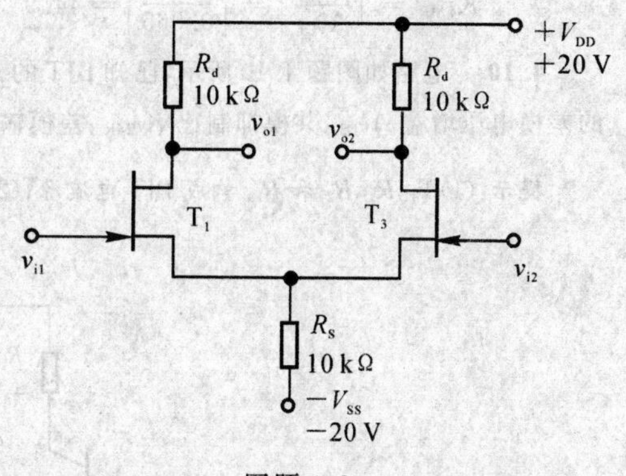

图题 4.8

解 (1) $A_{VD}=-g_m(R_d /\!/ r_{ds})=$

$-2\times(10 /\!/ 20)=-13.3$

(2) $$A_{VD1}=\frac{1}{2}A_{VD}=-\frac{1}{2}\times13.3=-6.65$$

$$A_{VC1}=\frac{-g_m(R_d /\!/ r_{ds})}{1+g_m(2R_s)}=-\frac{2\times10^{-3}\times6.67\times10^3}{1+2\times10^{-3}\times20\times10^3}=-0.33$$

$$K_{CMR}=\left|\frac{A_{VD1}}{A_{VC1}}\right|=\left|\frac{6.65}{0.33}\right|=20.15$$

4.9 电路如图题 4.9 所示，设 BJT 的 $\beta_1=\beta_2=30$，$\beta_3=\beta_4=100$，$V_{BE1}=V_{BE2}=0.6\ V$，$V_{BE3}=$

$V_{\rm BE4}=0.7$ V。试计算双端输入、单端输出时的 $R_{\rm id}$，$A_{\rm VD1}$，$A_{\rm VC1}$ 及 $K_{\rm CMR}$ 的值。

解　对复合管来讲，其

$$r_{\rm be}=r_{\rm be1}+\beta_1 r_{\rm be2},\qquad \beta=\beta_1\beta_2$$

$$I_{\rm e}=\frac{-V_{\rm BE1}-V_{\rm BE2}-(-V_{\rm EE})}{R_{\rm e}}=\frac{-0.6-0.7+6}{47}=0.1\ \text{mA}$$

$$I_{\rm E3}=\frac{1}{2}I_{\rm e}=0.05\ \text{mA}$$

$$I_{\rm E1}=I_{\rm E2}\approx\frac{I_{\rm E3}}{\beta_3}=\frac{0.05}{100}=0.5\ \mu\text{A}$$

$$r_{\rm be1}=0.2+(1+\beta_1)\frac{26}{I_{\rm E1}}=0.2+31\times\frac{26}{0.5}=1.61\ \text{M}\Omega$$

$$r_{\rm be3}=0.2+(1+\beta_3)\frac{26}{I_{\rm E3}}=0.2+101\times\frac{26}{0.05}=52.72\ \text{k}\Omega$$

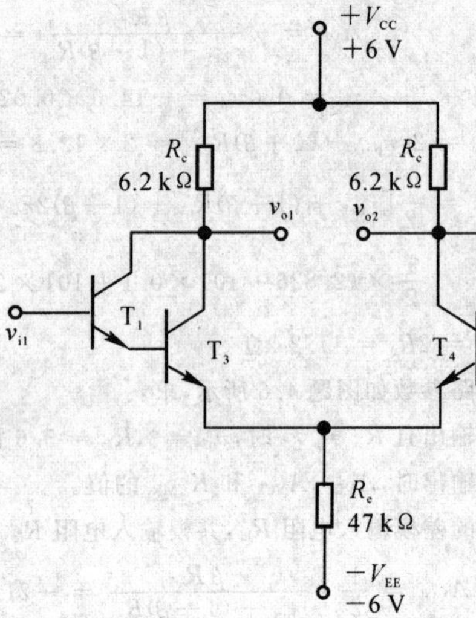

图题 4.9

即

$$r_{\rm be}=r_{\rm be1}+\beta_1 r_{\rm be2}=1.61+30\times52.72=3.19\ \text{M}\Omega$$

$$R_{\rm id}=2r_{\rm be}=2\times3.19=6.38\ \text{M}\Omega$$

$$A_{\rm VD1}=-\frac{\beta R_{\rm c}}{2r_{\rm be}}=-\frac{30\times100\times6.2}{2\times3.19}=-2.92$$

$$A_{\rm VC1}=-\frac{\beta R_{\rm c}}{r_{\rm be}+2(1+\beta)R_{\rm e}}=-\frac{30\times100\times6.2}{3190+2\times3001\times47}=-0.065$$

$$K_{\rm CMR}=\left|\frac{A_{\rm VD1}}{A_{\rm VC1}}\right|=\left|\frac{2.92}{0.065}\right|=44.9$$

4.10　电路如图题 4.10 所示，已知 BJT 的 $\beta_1=\beta_2=\beta_3=50$，$r_{\rm ce}=200\ \text{k}\Omega$，$V_{\rm BE}=0.7$ V，试求单端输出的差模电压增益 $A_{\rm VD2}$、共模抑制比 $K_{\rm CMR}$、差模输入电阻 $R_{\rm id}$ 和输出电阻 $R_{\rm o}$。

提示：(1)$\rm T_3$，R_1，R_2 和 $R_{\rm e3}$ 构成 BJT 电流源；(2)AB 两端的交流电阻 $r_{\rm AB}=r_{\rm ce3}\left(1+\dfrac{\beta R_{\rm e3}}{r_{\rm be3}+R_1 /\!/ R_2+R_{\rm e3}}\right)$。

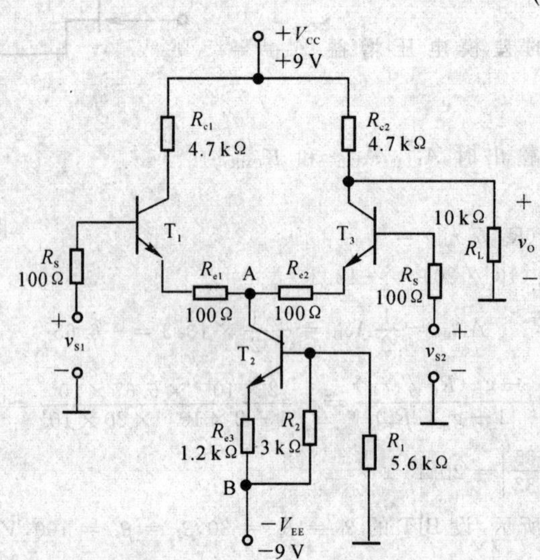

图题 4.10

解　在 T_3，R_1，R_2 和 R_{e3} 构成的电流源电路中

$$V_{B3}=\frac{[0-(-V_{EE})]R_2}{R_1+R_2}=\frac{9\times 3}{5.6+3}=3.14\ \text{V}$$

$$V_{E3}=V_{B3}-V_{BE3}=2.44\ \text{V}$$

$$I_{E3}=\frac{V_{E3}}{R_{e3}}=\frac{2.44}{1.2}=2.03\ \text{mA}\approx 2.00\ \text{mA}$$

$$I_{C3}\approx I_{E3}=2\ \text{mA}$$

$$I_{E1}=I_{E2}=\frac{1}{2}I_{C3}=1\ \text{mA}$$

$$r_{be3}=200+(1+\beta_3)\frac{26}{I_{E3}}=200+51\times\frac{26}{2}=0.86\ \text{k}\Omega$$

$$r_{be1}=r_{be2}=200+(1+\beta_1)\frac{26}{I_{E1}}=200+51\times\frac{26}{1}=1.53\ \text{k}\Omega$$

电流源动态等效电阻

$$R_o\approx r_{ce}\left(1+\frac{\beta R_{e3}}{r_{be3}+R_{e3}+(R_1\ /\!/\ R_2)}\right)=200\times\left[1+\frac{50\times 1.2}{0.86+1.2+1.95}\right]=200\times[1+14.96]\approx 3.21\ \text{M}\Omega$$

$$A_{VD2}=\frac{1}{2}\frac{\beta(R_{c2}\ /\!/\ R_L)}{R_s+R_{e2}(1+\beta_2)+r_{be2}}=\frac{1}{2}\times\frac{50\times 3.2}{0.1+51\times 0.1+1.53}=11.9$$

$$A_{VC2}=\frac{\beta(R_{c2}\ /\!/\ R_L)}{R_s+(1+\beta_2)R_{e2}+r_{be2}+2R_O(1+\beta_2)}=$$

$$\frac{50\times 3.2}{0.1+51\times 0.1+1.53+2\times 3.21\times 51\times 10^3}=0.000\ 49$$

$$K_{CMR}=\left|\frac{A_{VD2}}{A_{VC2}}\right|=\left|\frac{11.9}{0.000\ 49}\right|=242\ 76.5$$

4.11　电路如图题 4.11 所示，BJT T_1，T_2，T_3 均为硅管，设 $\beta_1=\beta_2=50$，$\beta_3=80$，$|V_{BE}|=0.7$ V，当 $v_i=0$ 时 $v_o=0$。

(1) 估算各级的静态电流 I_{C3}，I_{C2}，I_E，管压降 V_{CE3}，V_{CE2} 及 R_{e2} 的值；

(2) 求总的电压增益 $A_v=A_{VD2}A_{V2}$；

(3) 当 $v_i=5$ mV 时，$v_o=$？

(4) 当电路输出端接一负载电阻 $R_L=12$ kΩ 时的电压增益 A_v'。

解　(1) 当 $v_i=0$ 时，$v_o=0$，

$$I_{C3}=\frac{0-(-12)}{R_{C3}}=\frac{12}{12}=1\ \text{mA}$$

$$I_{C3}\approx I_{E3}$$

得

$$V_{EC3}=12-I_{E3}R_{e3}=12-1\times 3=9\ \text{V}$$

$$V_{B3}=V_{EC3}-V_{BE3}=9-0.7=8.3\ \text{V}$$

$$I_{C2}=\frac{2-V_{B3}}{R_{c2}}=\frac{12-8.3}{10}=0.37\ \text{mA}$$

$$V_{CE2}=12-I_{C2}\times R_{c2}+0.7=9\ \text{V}$$

$$I_{E2}=I_{C2}+\frac{I_{E3}}{\beta_3}=0.37+\frac{1}{80}=0.38\ \text{mA}$$

$$I_E=2I_{E2}=0.76\ \text{mA}$$

因为 $I_E=\dfrac{-0.7-(-12)}{R_{e1}+R_{e2}}$，所以

$$R_{e2}=\frac{11.3}{0.76}-10=4.87\ \text{k}\Omega$$

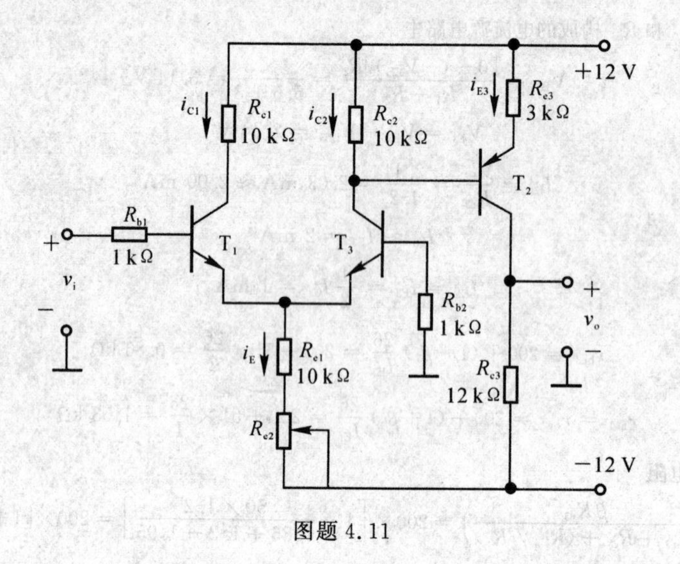

图题 4.11

(2) $$r_{be3} = 200 + (1+\beta_3)\frac{26}{I_{E3}} = 200 + 81 \times \frac{26}{1} = 2.3\ \text{k}\Omega$$

T_3 组成的放大电路的等效输入电阻，相当于差分放大电路的负载。

$$R_{i3} = r_{be3} + (1+\beta_3)R_{e3} = 2.3 + 81 \times 3 = 245.3\ \text{k}\Omega$$

$$A_v = A_{VD2}A_{V2} = \frac{1}{2}\frac{\beta_2(R_{c2} /\!/ R_{i3})}{R_{b1}+r_{be2}}\left(-\frac{\beta_3 R_{c3}}{r_{be3}+(1+\beta_3)R_{e3}}\right) =$$

$$\frac{1}{2} \times \frac{50 \times (10 /\!/ 245.3)}{1 + \left[200 + (1+50)\dfrac{26}{0.38}\right]} \times \left(-\frac{80 \times 12}{2.3 + 81 \times 3}\right) = 51.2 \times (-3.91) \approx -200$$

(3) 当 $v_i = 5$ mV 时，$v_o = A_v v_i \approx -1$ V。

(4) $$A_{V2} = -\frac{\beta_3(R_{c3} /\!/ R_L)}{r_{be3}+(1+\beta_3)R_{e3}} = -\frac{80 \times (12 /\!/ 12)}{2.3 + 243} = -1.96$$

$$A_v' = A_{VD2}A_{V2} = 51.2 \times (-1.96) \approx -100$$

4.12 电路如图题 4.12 所示，设所有 BJT 的 $\beta = 20$，$r_{be} = 2.5$ kΩ，$r_{ce} = 200$ kΩ，FET 的 $g_m = 4$ mS，其他参数如图所示。求：

(1) 两级放大电路的电压增益 $A_{VD} = A_{V1}A_{V2}$；

(2) R_{id} 和 R_o；

(3) 第一级单端输出时的差模电压增益 $A_{VD1} = \dfrac{v_{o1}}{v_{id}}$，共模电压增益 A_{VC1} 和共模抑制比 K_{CMR}。

解 (1) 求两级差模电压增益时分别求出第一、二级的差模增益。第一级的负载是第二级的差模输入电阻。

$$A_{V1} = -g_m\left[\left(\frac{R_{p1}}{2}+R_{d1}\right) /\!/ \frac{R_{id}}{2}\right] = -g_m\left[\left(\frac{R_{p1}}{2}+R_{d1}\right) /\!/ \left(r_{be}+(1+\beta)\frac{R_{p2}}{2}\right)\right] =$$

$$-4 \times (21 /\!/ 6.7) = -20.32$$

$$A_{V2} = -\frac{\beta R_c}{r_{be}+(1+\beta)\dfrac{R_{p2}}{2}} = -\frac{20 \times 12}{2.5 + 21 \times 0.2} = -35.8$$

$$A_{VD} = A_{V1}A_{V2} = 727.5$$

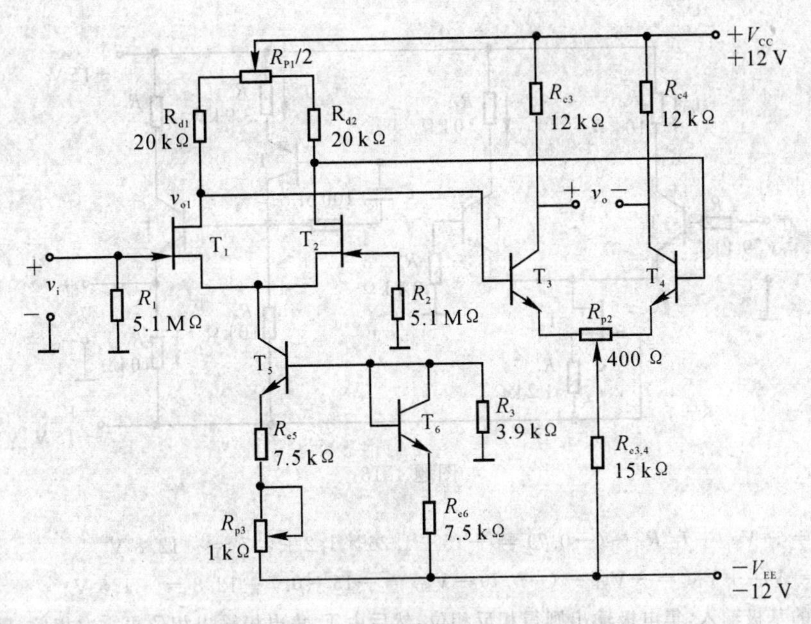

图题 4.12

(2) 双端输出电阻 $\quad R_o = 2R_c = 24\ \text{k}\Omega$

双端输入电阻 $\quad R_i = R_1 = 5.1\ \text{M}\Omega$

(3) 第一级的负载是第二级的差模输入电阻$\dfrac{R_{id}}{2} = \left[r_{be} + (1+\beta)\dfrac{R_{p2}}{2}\right]$

$$A_{VD1} = -\frac{1}{2}g_m\left[\left(\frac{R_{p1}}{2} + R_{d1}\right) /\!/ \left(\frac{R_{id}}{2}\right)\right] = -10.16$$

$$A_{VC1} = -\frac{g_m\left[\left(\dfrac{R_{p1}}{2} + R_{d1}\right) /\!/ \left(\dfrac{R_{id}}{2}\right)\right]}{1 + g_m 2r_O} = -\frac{4 \times [21 /\!/ 6.7]}{1 + 4 \times 2 \times 2705.5} = -0.939 \times 10^{-3}$$

$$K_{CMR} = \left|\frac{A_{VD1}}{A_{VC1}}\right| = 10.82 \times 10^3$$

4.13 电路如图题 4.13 所示，设 BJT 的 $\beta = 80$，硅管 $V_{BE} = 0.7$ V，T_4 为锗管，$|V_{BE4}| = 0.2$ V。

(1) 当 $v_i = 0$ 时，$v_o = 0$，求 I_{C5}，I_{C4}，I_{C1} 及 V_{GS} 的值；

(2) 求电路总的电压增益，并标出输出电压的极性；

(3) 当输出端接一负载电阻 $R_L = 12\ \text{k}\Omega$ 时的总电压增益。

（提示：在电路计算过程中，忽略 RC 高频补偿电路的作用。）

解 (1) 当 $v_i = 0$ 时，$v_o = 0$ 时，

$$I_{C5} \approx I_{E5} = \frac{0 - (-V_{EE})}{R_8} = \frac{15}{10} = 1.5\ \text{mA}$$

$$I_{C4} \approx I_{E4} = \frac{V_{B5} - (-V_{EE})}{R_7} = \frac{0.7 + 15}{10} = 1.57\ \text{mA}$$

$$V_{E4} = V_{CC} - I_{E4}R_6 = 15 - 1.57 \times 3.9 = 8.88\ \text{V}$$

$$V_{C1} = V_{B4} = V_{E4} - |V_{BE4}| = 8.88 - 0.2 = 8.68\ \text{V}$$

$$I_{C1} = \frac{V_{CC} - V_{C1}}{R_1} = \frac{15 - 8.68}{10} = 0.63\ \text{mA}$$

由 $I_{C1} \approx I_{E1}$，得

$$I_{D3} = 2I_{E1} = 2 \times 0.63 = 1.26\ \text{mA}$$

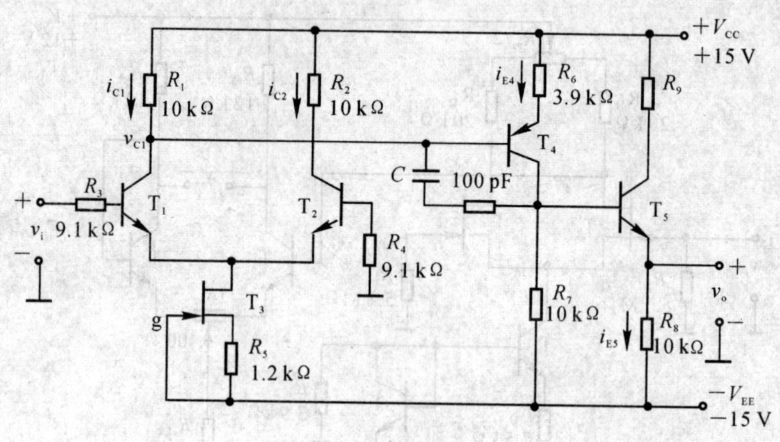

图题 4.13

$$V_{SD} = -V_{EE} + I_{D3}R_5 - (-0.7) = -15 + 1.26 \times 1.2 + 0.7 = -12.8\ \text{V}$$

$$V_{GS} = V_{GD} + V_{DS} = -V_{EE} - (-0.7) - V_{SD} = -15 + 0.7 + 12.8 = -1.5\ \text{V}$$

(2) 由 T_1 的基极输入，集电极输出则得相反相位，然后由 T_4 集电极输出相位再一次相反，最后由 T_5 射随器输出同相位，所以输入与输出同相位。

$$A_{V1} = -\frac{\beta(R_1 /\!/ R_{i4})}{2(R_3 + r_{be1})}$$

$$r_{be1} = 200 + (1+\beta)\frac{26}{I_{E1}} = 200 + 81 \times \frac{26}{0.63} = 3.54\ \text{k}\Omega$$

忽略 RC 的影响

$$R_{i4} = r_{be4} + (1+\beta)R_6 = 200 + (1+\beta)\frac{26}{I_{E4}} + (1+\beta)R_6 =$$

$$200 + 81 \times \frac{26}{1.57} + 81 \times 3.9 = 1.54 + 315.9 = 317.44\ \text{k}\Omega$$

代入得

$$A_{V1} = -\frac{80 \times (10 /\!/ 317.44)}{2 \times (9.1 + 3.54)} = -\frac{80 \times 9.69}{2 \times 12.64} = -30.66$$

$$A_{V2} = -\frac{\beta(R_7 /\!/ R_{i5})}{R_{i4}}$$

$$R_{i5} = r_{be5} + (1+\beta)R_8 = 200 + (1+\beta)\frac{26}{I_{E5}} + 81 \times 10 =$$

$$200 + 81 \times \frac{26}{1.5} + 810 = 1.6 + 810 = 811.6\ \text{k}\Omega$$

代入得

$$A_{V2} = -\frac{80 \times (10 /\!/ 811.6)}{317.44} = -2.49$$

$$A_{V3} = \frac{(1+\beta)R_8}{r_{be5} + (1+\beta)R_8} = \frac{81 \times 10}{1.6 + 81 \times 10} = 0.998$$

$$A_v = A_{V1}A_{V2}A_{V3} = (-30.66) \times (-2.49) \times 0.998 = 76.19$$

(3) 接负载 R_L 后

$$R_{i5} = r_{be5} + (1+\beta)(R_8 /\!/ R_L) = 1.6 + 81 \times (10 /\!/ 12) = 443.4\ \text{k}\Omega$$

$$A_{V2} = -\frac{\beta(R_7 /\!/ R_{i5})}{R_{i4}} = -\frac{80 \times (10 /\!/ 443.4)}{317.44} = -2.46$$

$$A_{V3}=\frac{(1+\beta)(R_8 /\!/ R_L)}{r_{be5}+(1+\beta)(R_8 /\!/ R_L)}=\frac{81\times 5.45}{1.6+81\times 5.45}=0.996$$

$$A_v=A_{V1}A_{V2}A_{V3}=75.12$$

4.14 低功耗型运放LM324的简化原理电路如图题4.14所示。试说明：

(1) 输入级、中间级和输出级的电路形式和特点；

(2) 电路中 T_8，T_9 和电流源 I_{01}，I_{02} 和 I_{03} 各起什么作用。

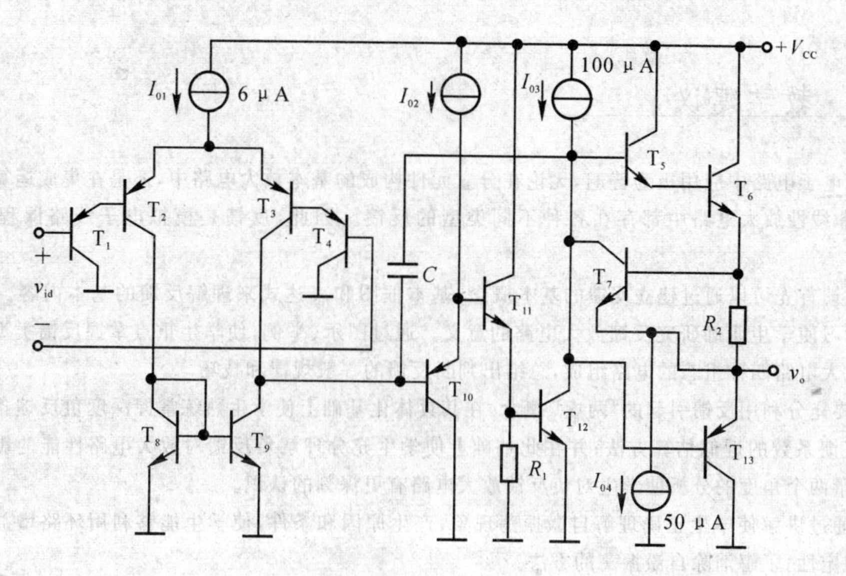

图题4.14

解 (1) 电路中采用了较多的复合管形式，如 T_1，T_2；T_3，T_4；T_5，T_6。输入级由 $T_1\sim T_4$ 组成的差分式放大电路。

由 T_3 的集电极输出。

中间级由 T_{10}，T_{11} 两级射随电路组成。

输出级由 T_5，T_6；T_{13} 和 T_{12} 共射电路组成的推挽甲、乙类功率放大电路。

(2) T_8，T_9 组成的镜像电流源电路，提供给输入级 T_1，T_2；T_3，T_4 的静态工作电流 I_{C3} 和 I_{C2}，同时作输入级的有源负载。

I_{01} 是为提高共模抑制比的恒流源，静态时提供恒流 I_{E2} 和 I_{E3} 做基准电流。

I_{02} 主要做 T_{10} 的有源负载，另一路给 T_{11} 提供偏置电流。

I_{03} 为 T_{12} 的集电极有源负载，提高中间级电压增益。

第5章　反馈放大电路

5.1　教学建议

反馈在电子电路中应用极为普遍，无论在分立元件构成的基本放大电路中，还是在集成运算放大电路构成的线性、非线性放大电路中都存在各种不同类型的反馈。因此，反馈是模拟电子线路课程的重点内容之一。

讲解反馈首先可以通过建立反馈的基本概念、基本框图和表达式来理解反馈的基本内容。通过这些基本概念的学习使学生明确研究反馈放大电路的意义。通过图示、举例，使学生重点掌握反馈类型的判断方法和负反馈放大电路四种组态的电路组成，总结出判断反馈的一般规律和技巧。

其次，要充分利用反馈引起的“两虚”概念，在其具体化基础上使学生熟练掌握深度负反馈条件下放大电路增益和反馈系数的近似估算方法；并在此基础上使学生充分理解负反馈对放大电路性能的影响。通过这样定性、定量两个角度的分析使学生对负反馈放大电路有更深刻的认识。

最后，通过讲解使学生正确理解自激振荡现象、产生原因和条件，使学生能够利用环路增益的波特图判断电路的稳定性，了解消除自激振荡的方法。

5.2　主要概念

一、内容要点精讲

1.反馈的定义、类型及判断

(1) 反馈的定义和判断。

反馈的定义：将放大电路输出量的一部分或全部通过一定方式引回到输入回路，用来影响输入量。

反馈的判断：“找联系”，考察放大电路输入回路和输出回路之间有无联系的网络，若有则存在反馈，没有则不存在反馈。

(2) 直流反馈和交流反馈。直流通路中存在的反馈称为直流反馈。交流通路中存在的反馈称为交流反馈。

判断方法：联系输入回路和输出回路之间的反馈网络，如果仅能传输直流，则反馈为直流反馈；如果仅能传输交流，则反馈为交流反馈，如果两者兼有之，则反馈为交直流反馈。

(3) 局部反馈和极间反馈。只对多级放大电路中某一级起反馈作用的称为局部反馈。

将多级放大电路的输出量引回到其输入级的输入回路称为级间反馈。

(4) 正反馈和负反馈。从反馈结果来定义：反馈的结果使净输入量减小为负反馈；反馈结果使净输入量增加为正负馈。

判断方法：瞬时极性法。具体步骤：

1) 指定输入量的瞬时极性，根据基本放大器的输入量和输出量的相位关系确定输出量的瞬时极性。

2) 根据反馈支路与输入、输出回路的连接情况，由输出量的瞬时极性推出反馈量的瞬时极性。

3）根据反馈量和输入量的瞬时极性，判断反馈量是增强还是削弱了输入量。若增强，则为正反馈；若削弱则为负反馈，如图5.1所示。

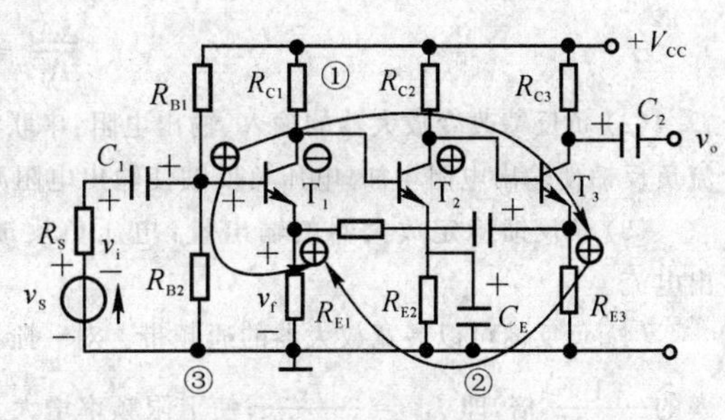

图5.1 反馈极性的判断

(5) 电压反馈和电流反馈。

电压反馈：将输出电压的一部分或全部引回到输入回路来影响净输入量，即反馈信号的抽样对象是输出电压。

电流反馈：将输出电流的一部分或全部引回到输入回路来影响净输入量，即反馈信号的承样对象是输出电流。

判断方法：输出短路法，将输出端交流短路，观察反馈信号是否存在，若无反馈信号，为电压反馈，否则为电流反馈。

(6) 串联反馈和并联反馈。

串联反馈：反馈信号是以电压的形式串联在输入回路，即在输入端，输入量、反馈量和净输入量以电压方式叠加。

并联反馈：反馈信号是以电流的形式并联在输入回路。即在输入端、输入量、反馈量和净输入量以电流方式叠加。

判断方法：输入端观察方法，若反馈信号与输入信号接在同一节点上，为并联反馈，否则为串联反馈。

2. 负反馈放大电路的表示方法

反馈放大电路的方框图如图5.2所示。

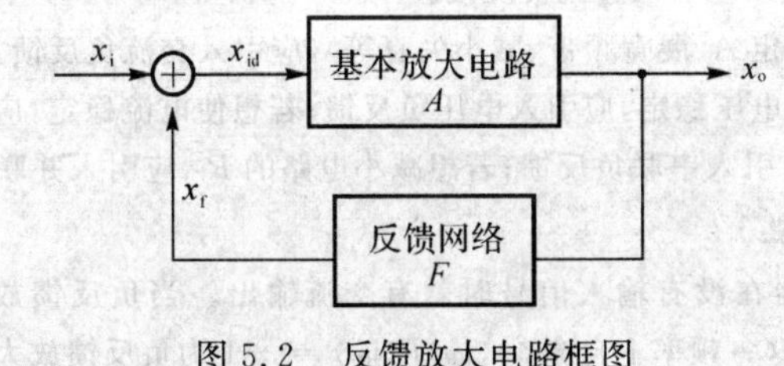

图5.2 反馈放大电路框图

由方框图可得反馈的一般表达式为

$$A_f = \frac{A}{1+AF}$$

其中，$A = \frac{x_o}{x_{id}}$，为基本放大电路的增益；

$A_f = \frac{x_o}{x_i}$，为负反馈放大电路的增益；

$F = \frac{x_f}{x_o}$，为反馈系数。

当考虑信号频率的影响时，A_f、A 和 F 分别用 $\dot{A}_f$、$\dot{A}$ 和 $\dot{F}$ 表示。

(1) 当 $|1+\dot{A}\dot{F}| > 1$ 时，电路引入负反馈；

当 $|1+\dot{A}\dot{F}| \gg 1$，即 $|\dot{A}_f| \approx \frac{1}{|\dot{F}|}$ 时，电路引入深度负反馈；

(2) 当 $|1+\dot{A}\dot{F}| < 1$ 时，电路引入正反馈；

(3) 当 $|1+\dot{A}\dot{F}| = 0$ 时，电路产生自激振荡。

3. 负反馈对放大器性能的影响

(1) 提高放大倍数的稳定性，即

$$\frac{\Delta A_f}{A_f}=\frac{1}{1+A_f}\frac{\Delta A}{A}$$

(2) 负反馈改变放大器的输入、输出电阻：串联负反馈使输入电阻提高；并联负反馈使输入电阻减小；电流负反馈使输出电阻增加；电压负反馈使输出电阻减小。

(3) 负反馈稳定放大器的输出量：电压负反馈稳定放大器的输出电压；电流负反馈稳定放大器的输出电流。

(4) 负反馈可以展宽放大器的通频带。对一阶系统，加了负反馈后，使下限频率降低为原放大器下限频率的$\frac{1}{1+AF}$倍，即$f_{LF}=\frac{f_L}{1+AF}$；使上限频率增大为原放大器上限频率的$1+AF$倍，即$f_{HF}=(1+AF)f_H$。

(5) 负反馈可减小放大器的非线性失真。

4. 信号源内阻R_S与反馈效果的关系

(1) 若信号源内阻R_S大，有利于增强并联负反馈的反馈效果；若$R_S=0$，并联负反馈无效，也可以说，并联负反馈适宜于内阻大的信号源。

(2) 若信号源内阻R_S小，有利于增强串联负反馈的效果，也可以说，串联负反馈适宜于内阻小的信号源。

5. 深度负反馈放大器增益的估算

估算法原理：对于串联负反馈，在深度负反馈条件下，认为$v_i=v_f$。

对于并联负反馈，在深度负反馈条件下，认为$i_i=i_f$，如图5.3所示。

6. 负反馈的引入

(1) 要稳定直流量(如Q点)，应引入直流负反馈。

(2) 要改善交流性能(如稳定A、展宽频带、减小失真等)，应引入交流负反馈。

(3) 在负载变化时，若想使电压稳定，应引入电压负反馈；若想使电流稳定，应引入电流负反馈。

(4) 若想提高电路的R_i，应引入串联负反馈；若想减小电路的R_i，应引入并联负反馈。

7. 负反馈放大器的自激

(1) 所谓自激，就是放大器在没有输入信号时就有交流输出。当负反馈放大器的某个频率上满足了$A(j\omega)F(j\omega)=-1$时，它就在这一频率上自激，$A(j\omega)F(j\omega)=-1$为负反馈放大器的自激条件。

(2) 为使放大器工作可靠、不自激，一般使振幅裕度大于10 dB，使相位裕度大于45°。已知放大器的开环增益波特图和施加的负反馈系数F，判定工作是否稳定，是在开环增益的波特图上作$\frac{1}{F}$(dB)线，其与波特图交点处的相角$\geqslant-135°$则稳定，否则不稳定。

(3) 常用的消振方法：

电容滞后补偿：在极点频率最低一级输出端并接补偿电容C，压低最低极点频率，使之稳定。

零极点对消(RC滞后补偿)：在极点频率最低一级输出端并接RC补偿电路，产生一个零点抵消原来的第一个极点，使之满足稳定条件。

密勒效应补偿：在输入、输出端并接一小电容起到一大电容作用。

超导前补偿：在输入、输出端并接一RC补偿电路，破坏自激条件。

二、重点、难点

1. 四种反馈类型中的基本关系

在四种类型的反馈放大电路中蕴涵一些基本关系，这些基本关系与具体电路无关，但能给我们一些提纲挈领性的启示。

图5.4给出了四种反馈类型的框图，从中我们可以看出这样一些关系：基本放大器与反馈网络的连接关系；输入回路中输入量、反馈量和净输入量的比较关系；输出回路中反馈网络与输出量的取样关系。

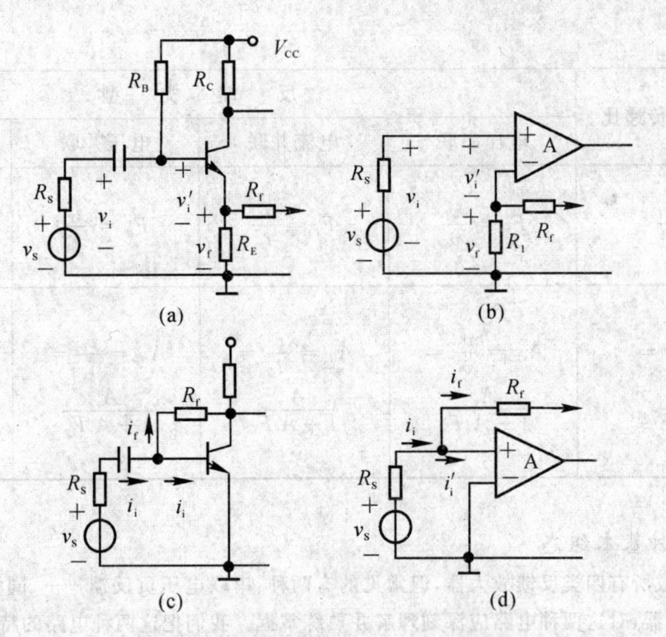

图 5.3 深度负反馈条件下的输入回路

(a),(b) 串联反馈；(c),(d) 并联反馈

从方框图中我们还可以看出，不同类型反馈中的 A 和 F 具有不同量纲，如表 5.1 所示。

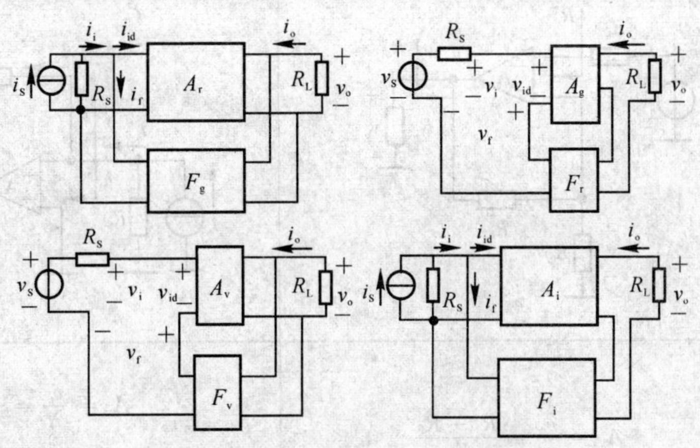

图 5.4 四种类型反馈放大器框图

表 5.1 反馈放大电路中电压、电流信号及 A_f, A, F 的含义

信号或信号传递比	反馈类型			
	电压串联	电流并联	电压并联	电流串联
x_o	电压	电流	电压	电流
x_i, x_f, x_{id}	电压	电流	电流	电压
$A=\dfrac{x_o}{x_{id}}$	$A_v=\dfrac{v_o}{v_{id}}$	$A_i=\dfrac{i_o}{i_{id}}$	$A_r=\dfrac{v_o}{i_{id}}$	$A_g=\dfrac{i_O}{v_{id}}$

续表

信号或信号传递比	反馈类型			
	电压串联	电流并联	电压并联	电流串联
$F=\dfrac{x_f}{x_o}$	$F_v=\dfrac{v_f}{v_o}$	$F_i=\dfrac{i_f}{i_o}$	$F_g=\dfrac{i_f}{v_o}$	$F_r=\dfrac{v_f}{i_o}$
$A_f=\dfrac{x_o}{x_i}=\dfrac{A}{1+AF}$	$A_{vf}=\dfrac{v_o}{v_i}=\dfrac{A_v}{1+A_vF_v}$	$A_{if}=\dfrac{i_o}{i_i}=\dfrac{A_i}{1+A_iF_i}$	$A_{rf}=\dfrac{v_o}{i_i}=\dfrac{A_r}{1+A_rF_g}$	$A_{gf}=\dfrac{i_o}{v_i}=\dfrac{A_g}{1+A_gF_r}$

2. 运放的两种基本组态

用运放可以构成所有四类反馈放大器，但常见的有两种：串联电压负反馈 —— 同相放大器；并联电压负反馈 —— 反相放大器，对这两种电路应深刻理解并熟练掌握。我们把这两种电路的特点归纳于表 5.2 中。

表 5.2　运放构成的两种反馈放大器

反馈类型	串联电压负反馈	并联电压负反馈
电路形式	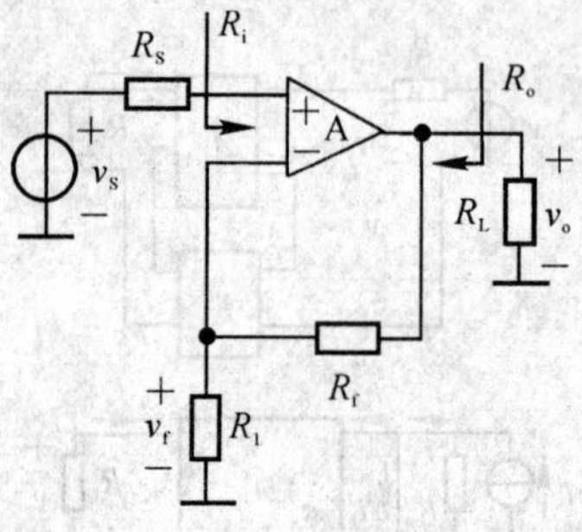	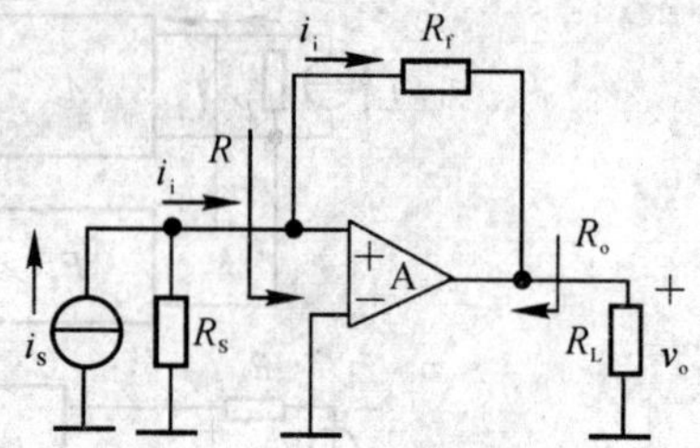
放大倍数	$A_v=\dfrac{v_o}{v_s}=\dfrac{R_1+R_f}{R_1}$	$A_r=\dfrac{v_o}{i_i}=-\dfrac{1}{R_f}$ $A_v=\dfrac{v_o}{v_s}=-\dfrac{R_f}{R_s}$
输入电阻和输出电阻	$R_i\to\infty$ $R_o=0$	$R_i=0$ $R_o=0$

3. 四种典型的负反馈放大电路

四种反馈类型的典型电路及性能特点归纳于表 5.3 中。

表 5.3　四种反馈类型的典型电路

反馈类型	电压并联负反馈	电流串联负反馈
电路形式		
基本放大器电路		
反馈系数	$F_g = -\dfrac{1}{R_f}$	$F_r = R_E$
开环增益	$A_r = \dfrac{v_o}{i_i}$　$A_{rs} = \dfrac{v_o}{i_s}$	$A_g = \dfrac{i_o}{v_i}$　$A_{gs} = \dfrac{i_o}{v_s}$
闭环增益	$A_{rf} = A_r/(1+F_g A_r)$ $A_{rsf} = A_{rs}/(1+F_g A_{rs})$	$A_{gf} = A_g/(1+A_g F_r)$ $A_{gsf} = A_{gs}/(1+A_{gs} F_r)$
输出电阻 闭环输入	$R_{if} = \dfrac{R_i}{(1+F_g A_r)}$ $R_{of} = \dfrac{R_o}{(1+F_g A_{rs})}\Bigg\vert_{R_L' \to \infty}$	$R_{if} = \dfrac{R_i}{(1+A_g F_r)}$ $R_{of} = \dfrac{R_o}{(1+F_r A_{gs})}\Bigg\vert_{R_L' \to 0}$
电路形式		
基本放大器电路		

续表

反馈类型	电压并联负反馈	电流串联负反馈
反馈系数	$F_V=\dfrac{R_{E1}}{R_{E1}+R_f}$	$F_i=\dfrac{R_{E2}}{R_{E2}+R_f}$
开环增益	$A_v=\dfrac{\dot{V}_o}{\dot{V}_i}$　$A_{vs}=\dfrac{\dot{V}_o}{\dot{V}_s}$	$A_i=\dfrac{\dot{I}_o}{\dot{I}_i}$　$A_{is}=\dfrac{\dot{I}_o}{\dot{I}_s}$
闭环增益	$A_{vf}=\dfrac{A_v}{(1+A_vF_v)}$ $A_{vsf}=\dfrac{A_{vs}}{(1+A_{vs}F_v)}$	$A_{if}=A_i/(1+A_iF_i)$ $A_{isf}=A_{is}/(1+A_{is}F_i)$
输出电阻 闭环输入	$R_{if}=R_i/(1+A_vF_v)$ $R_{of}=R_o/(1+A_{vs}F_v)\mid_{R_L'\to\infty}$	$R_{if}=R_i/(1+F_iA_i)$ $R_{of}=R_o/(1+F_iA_{is})\mid_{R_L'\to 0}$

5.3 例题

例 5.1 图 5.5(a)(b) 所示为两个反馈电路。试指出在这两个电路中，分别由哪些元器件组成了放大通路？哪些元器件组成了反馈通路？分别是何种反馈？设放大器是理想的运放，试写出电路的电压放大倍数的表达式。（中山大学 2003 年研究生考题）

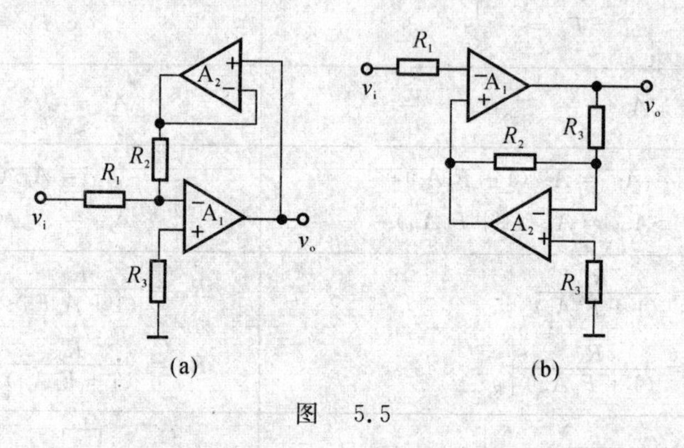

图 5.5

解 (1) 在图(a) 中，运放 A_1 为放大电路，运放 A_2 及 R_2 为反馈通路。因为当输出电压为零时，A_2 的同相输入端大小为零，反馈量为零，所以是电压反馈。反馈端与输入端由同一端相连，故为并联反馈，此电路为电压并联负反馈。

因为放大器都为理想的运放，所以有虚断和虚短。则有

$$v_{o2}=v_o,\quad v_{n1}=v_{p1}=0,\quad \frac{v_i-v_{n1}}{R_1}=\frac{v_{n1}-v_{o2}}{R_2}$$

由上面的式子可以得到电压的放大倍数为

$$A_v=\frac{v_o}{v_i}=-\frac{R_2}{R_1}$$

(2) 在图(b) 中，运放 A_1 为放大电路。运放 A_2、电阻 R_2 和电阻 R_3 组成反馈通路。当输出为零时，反馈电压也为零，为电压反馈，反馈端与输入端从不同端影响输入，为串联反馈，此电路为电压串联负反馈。

因为放大器都为理想的运放，所以有虚断和虚短。则有

$$v_{n1}=v_{p1}=v_i,\quad v_{n2}=v_{p2}=0,\quad \frac{v_o-v_{n2}}{R_3}=\frac{v_{n2}-v_{p1}}{R_2}$$

由上式可得，电压的放大倍数为

$$A_V=\frac{v_o}{v_i}=-\frac{R_3}{R_2}$$

分析 确定反馈类型这类问题，可依下述思路分析：① 找反馈支路，确定交直流性质；② 如果是交流反馈，则确定反馈类型；③ 确定反馈信号；④ 根据反馈信号的极性确定电路的正负反馈极性。

对于由理想运放组成的反馈电路电压增益的计算，主要根据虚短、虚断列出同相输入端与反相输入端电压表达式，从而得到电压增益表达式。

例 5.2 试用深度负反馈放大器分析法求图 5.6 所示的具有 T 型反馈网络的运算放大器的增益表达式(先判断反馈类型)。(东南大学 2006 年硕士研究生入学考试试题)

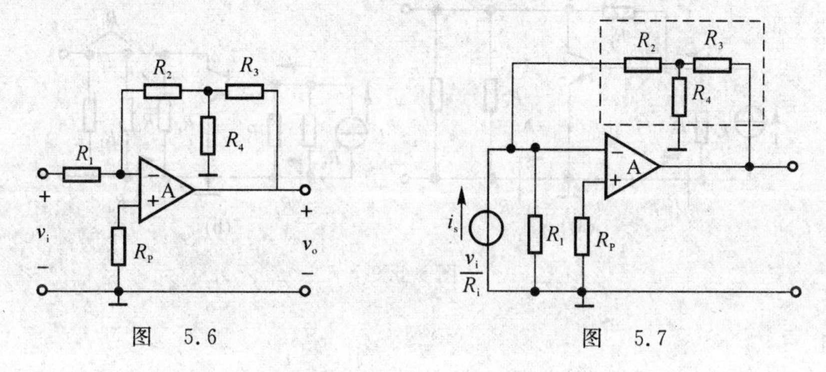

图 5.6　　　　图 5.7

解 由题并根据图示电路，可将 R_1 视为信号源内阻，此电路是电压并联反馈放大器，且满足深负反馈条件，其反馈网络为图 5.7 中虚线方框所示。

由此，可得

$$F=\frac{i_f}{v_o}=-\frac{1}{R_3+\dfrac{R_2R_4}{R_2+R_4}}\times\frac{R_4}{R_2+R_4}=-\frac{R_4}{R_3(R_4+R_2)+R_2R_4}$$

因此可求得电路增益为

$$A_{rf}=\frac{v_o}{i_s}=\frac{1}{F}=-\frac{R_3(R_4+R_2)+R_2R_4}{R_4}$$

分析 该反馈电路的反馈网络为 T 型网络，根据虚短、虚断有 $v_p=v_n=0$，所以 R_2 与 R_4 并联。

例 5.3 电路如图 5.8 所示，$\beta=50$，$r_{be}=1\ \text{k}\Omega$，$r_{ce}\to\infty$，其他参数示于图中。试用方框图法计算放大器的 A_{vf}、输入电阻和输出电阻。

分析 该电路是电压并联负反馈。若电路满足深度负反馈条件，则很容易求得其电压放大倍数为 $A_{vf}=-\dfrac{R_f}{R_s}=-8$。若电路不满足深度负反馈条件，原则上可以采用等效电路法，但负反馈电路一般比较复杂，节点、回路多，计算起来比较困难。方框图法是定量分析反馈放大器增益、输入电阻和输出电阻的一种较简便易行的方法。这种分析方法的关键是把闭环的反馈放大器分解成基本放大器的反馈网络两个独立部分，然后按反馈基本方程式 $A_f=\dfrac{A}{1+AF}$ 及描述反馈放大器输入电阻和输出电阻的公式来求解反馈放大器的 A_f，R_{if}，R_{of} 等。

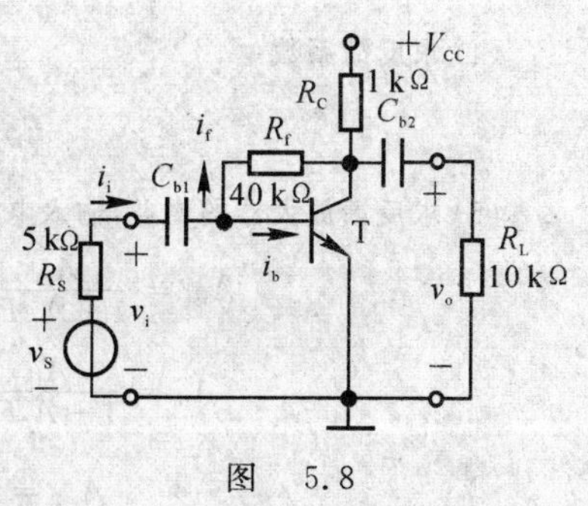

图 5.8

将反馈放大器分解为基本放大器和反馈网络不能采用“外科手术”的方式，而应该考虑反馈网络的各种作用。关于方框图法，各种电子线路类教材都有详细的讲解，在此我们给出从反馈放大器中分离出基本放大器的方法:① 确定基本放大器的输入回路。这与反馈信号在输出回路采样方式有关,若是电压反馈,则输出端短路,画出输入回路;若是电流反馈,则输出端开路,画出输入回路,这样处理就得到了基本放大器的输入回路,这实质是消除了反馈信号。② 确定基本放大器的输出回路。这要由反馈信号在输入回路的比较方式而定,若是串联反馈,则输入端开路,使 $i_i=0$,画出输出回路;若是并联反馈,则输入端短路,使 $v_i=0$,画出输出回路。这实质是消除输入信号通过反馈网络直达输出回路的直通作用。

解 (1) 画出该反馈放大器的交流通路如图 5.9(a) 所示。

(2) 画出基本放大器。由于是电压并联反馈,分别令 $\dot{V}_o=0$ 和 $\dot{V}_i=0$,可求得基本放大器如图 7.17(b) 所示。

(3) 求基本放大器放大倍数、输入电阻和输出电阻。

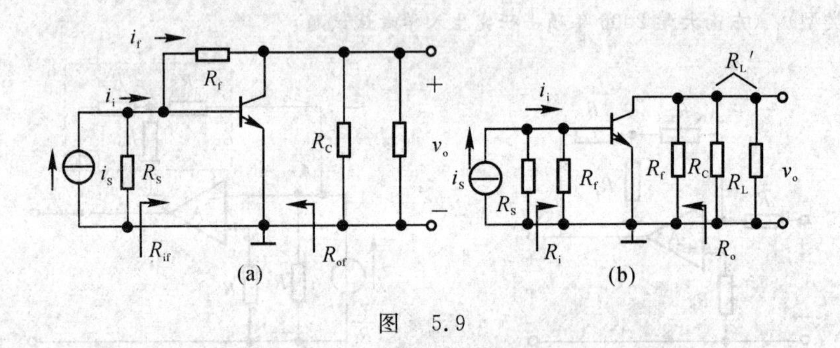

图 5.9

输入电阻

$$R_i = R_f // r_{be} = 1\ \text{k}\Omega$$

输出电阻

$$R_o = r_{ce} // R_f \approx R_f = 40\ \text{k}\Omega$$

源互阻放大倍数

$$\dot{A}_{rs}=\frac{\dot{V}_o}{\dot{I}_s}=\frac{-\beta\dot{I}_b(R_L'//R_f)}{\dot{I}_s}=\frac{-\beta\dot{I}_b(R_L'//R_f)}{\dot{I}_b\dfrac{R_s'+r_{be}}{R_s'}}=$$

$$\frac{-\beta R_L'R_s'}{R_s'+r_{be}}=\frac{-50\times0.85\times3.75}{3.75+1}=-33.8\ \text{k}\Omega$$

其中 $R_L'=R_C//R_L$,$R_s'=R_s//R_f$。

互阻放大倍数

$$A_r=A_{rs}\big|_{R_s\to\infty}=\frac{-\beta R_L'R_f}{R_f+r_{be}}=-42.5\ \text{k}\Omega$$

(4) 求反馈系数

$$F_g=\frac{i_f}{v_o}=-\frac{1}{R_f}=-0.066\ 6\ \text{mA/V}$$

(5) 求反馈放大器的增益,输入电阻和输出电阻。

$$\dot{A}_{rsf}=\frac{\dot{A}_{rs}}{1+\dot{A}_{rs}F_g}=\frac{-33.8}{1+(-33.8)\times(-0.0666)}=-10.39\ \text{k}\Omega$$

$$A_{rf}=\frac{A_r}{1+A_rF_g}=\frac{-42.5}{1+(-42.5)\times(-0.0666)}=-11.1\ \text{k}\Omega$$

$$A_{vsf}=\frac{v_o}{v_s}=\frac{v_o}{i_sR_s}=\frac{A_{rsf}}{R_s}=\frac{-10.39}{5}=-2.1$$

$$R_{if}=\frac{R_i}{1+A_rF_g}=\frac{1}{1+(-42.5)\times(-0.0666)}=260\ \Omega$$

$$R_{of}=\frac{R_o}{1+A_{rs}F_g}\bigg|_{R_L'\to\infty}=\frac{R_o}{1+F_gA_{rs}\big|_{R_L'\to\infty}}=\frac{40}{1+(-0.0666)\times(-1352)}\approx 440\ \Omega$$

其中 $\dot{A}_{RS}\big|_{R_L'\to\infty}\approx -1\,352$ 。

例 5.4　一磁带录音机的前置放大级如图 5.10 所示，试分析图中有哪些反馈支路，各是什么类型的反馈。

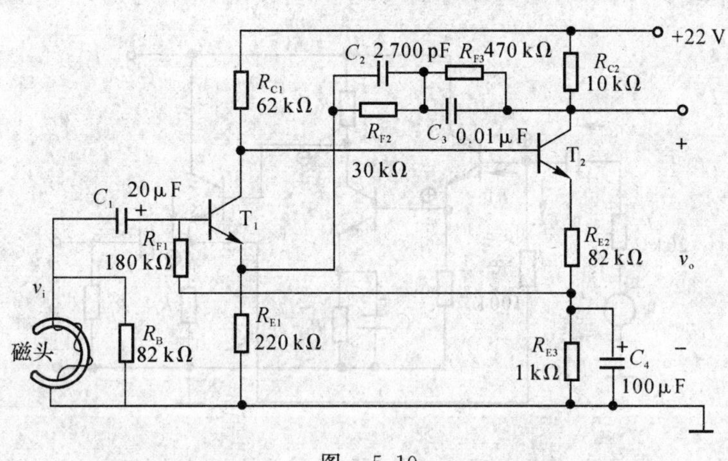

图　5.10

解　R_{F1}，R_{E3}，C_4 构成直流负反馈，稳定直流工作点。

C_2，C_3，R_{F2}，R_{F3}，R_{E1} 构成串联电压负反馈。R_{F3}，C_3 在频率较高时阻抗小，负反馈强。

R_{E1} 对本极既有交流负反馈，又有直流负反馈。

R_{E2}，R_{E3} 对本极有直流负反馈。R_{E2} 在本极形成串联电流负反馈。

分析　本题难点是要注意电容隔直流通交流的作用。当交流时，C_4 将 R_{E3} 短路，因此 R_{F1}，R_{E3}，C_4 仅构成直流反馈；而 C_2，C_3 在交流频率较高时可将 R_{F2}，R_{F3} 短路，能够将输出信号反馈到输入回路。因此，C_2，C_3，R_{F2}，R_{F3}，R_{E1} 交流反馈，T_1 的射极电阻 R_{E1} 既构成直流反馈又有交流反馈。

例 5.5　若要求 A_v 变化 25% 时，A_f 变化 1%，且要求闭环后 $A_F=100$，求 A_v 及 F 的值。

解　由已知条件得

$$\frac{\Delta A_v}{A_v}=25\%\qquad\frac{\Delta A_f}{A_f}=1\%$$

$$25\%\cdot\frac{1}{1+A_vF}=1\%$$

$$1+A_vF=25$$

$$A_f=\frac{A_v}{1+A_vF}=100$$

$$A_v=100\times(1+A_vF)=2500$$

$$F=1\%$$

分析　根据式 $\frac{\Delta A_{vf}}{A_{vf}}=\frac{1}{1+A_vF}\cdot\frac{\Delta A_v}{A_v}$ 与 $A_{vf}=\frac{A_v}{1+A_vF}$ 联立计算。

例 5.6　电路如图 5.11 所示，判断 R_F 引入的反馈组态及极性。假设该电路满足深度负反馈条件，试导出 $A_{vsf}=\frac{v_o}{v_s}$ 的表达式。

分析　当负反馈放大器满足深度负反馈条件（$1+AF\gg1$）时，放大倍数的计算变得简单易行，放大倍数的计算简化为反馈电路在输入、输出回路的分压比和分流比的计算，无须详细计算各个放大级的放大倍数，当然也不需要知道器件的参数。计算的依据是放大倍数是反馈系数的倒数 $A_f=\frac{1}{F}$，进一步可导出输入量约等于反馈量，净输入量约等于0。对于并联反馈，反馈量是反馈电流 i_f，且 $i_f \approx i_i$，$i_i' \approx 0$，即基本放大器输入电流为零，我们称为“虚断”。对于串联反馈，反馈量是反馈电压 v_f，且 $v_f \approx v_i$，$v_i' \approx 0$，即基本放大器的输入电压为零，我们称为“虚短”。虚断和虚短的应用，使放大倍数的计算更为便利，就本例而言，反馈类型是并联负反馈，反馈量是 i_f，输入量 i_i 与 i_f 相等，净输入量 $i_b(i_i - i_f)$ 近似为零，只要找到 i_f 与输出量 v_o 的关系，就可以找到 v_o 与 i_i 的关系，进一步找到 v_o 与 v_s 的关系，求出电压放大倍数。

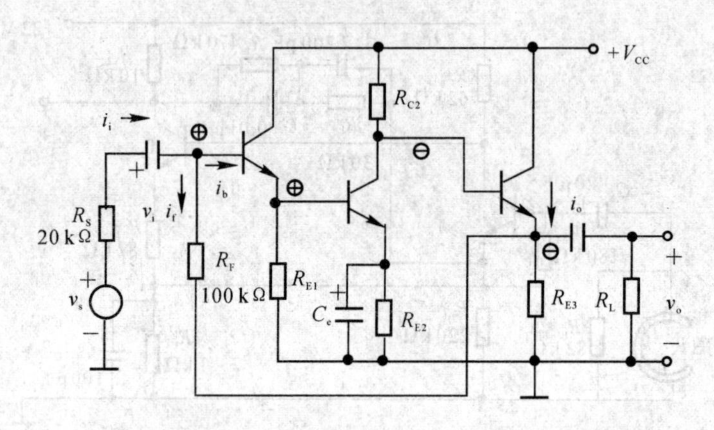

图 5.11

解 R_f 引入了并联电压负反馈。在输入回路 $v_i = 0$ 时，因为深度并联负反馈使输入电阻趋于0。因此

$$i_i = \frac{v_s - v_i}{R_s} = \frac{v_s}{R_s}$$

分析反馈支路 R_F 可得

$$i_f = \frac{v_i - v_o}{R_f} = -\frac{v_o}{R_f}$$

由于 $i_i \approx i_f$，即

$$\frac{v_s}{R_s} = -\frac{v_o}{R_f}$$

可得

$$A_{vsf} = \frac{v_o}{v_s} = -\frac{R_f}{R_s}$$

评注 本例是深度并联负反馈 $i_i' \approx 0$，深度并联负反馈使 v_i 也约等于0，因此可以认为深度并联负反馈不仅存在“虚断”，而且也存在“虚短”，深度串联反馈亦然。

我们可以总结一下解这类题目的思路：① 判断反馈类型并找出反馈信号：并联反馈是反馈电流，串联反馈是反馈电压；② 通过反馈网络确定反馈量与输出量的关系；③ 运用“虚短”和“虚断”确定输入量和反馈量的联系；④ 最后确定输出量与输入量的关系，得出放大倍数。

例 5.7 电路如图5.12所示，按下列要求接成所需的两级反馈放大器电路：

(1) 具有稳定的源电压增益；

(2) 具有低的输入电阻和稳定的输出电流；

(3) 具有高的输出电阻和输入电阻；

(4) 具有稳定的输出电压和低的输入电阻。

分析 本例第一级放大器是差分放大器，有两个输入端和两个输出端。差放输出端的电压与输入端电压的相位关系必须搞清。在本例中，2端电压与1端电压反相，与4端电压同相；3端电压与1端电压同相，与4端电压反相。另外，6端电压与5端同相而7端电压与5端反相，明确这些相位关系才能使引入的反馈为负反

馈。总的思路是：用电阻 R_f 连接第一级差放的输入回路和最后一级放大器的输出回路决定反馈类型，用5端与2，3端的不同连接来确保引入的反馈是负反馈。

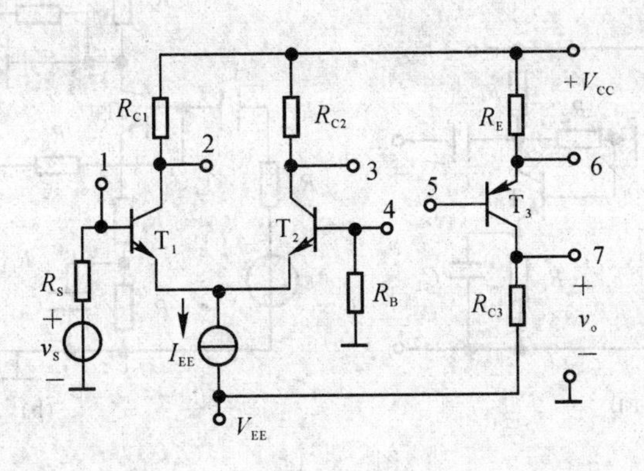

图　5.12

解　(1) 要稳定源电压增益，应引入串联电压反馈，用电阻 R_f 连接4端和7端。为确保引入的反馈是负反馈，应使2端与5端短接。

(2) 要使放大器具有低的输入电阻，应引入并联反馈；要稳定输出电流，应采用电流反馈。因电阻 R_f 连接1端和6端即可，为保证引入的是负反馈，应使5端与2端连接。

(3) 要使放大器具有高输出电阻和输入电阻，应引入串联电流反馈。用电阻 R_f 连接4端和6端，将3端与5端短接能保证引入的反馈是负反馈。

(4) 将1端和7端用电阻 R_f 连接，3端和5端短接即可。

评注　引入负反馈改善放大器性能是对学生的一项基本要求，应熟练掌握。在练习这一类型题目时，要明辨各种放大器输入、输出的相位关系，要看清输入端和输出端。另外要提醒的是，改善放大器性能时一般不引入正反馈。

例5.8　有一负反馈电路如图5.13所示。当 $F=0.1$ 时，其环路增益为80 dB。

(1) 求出开环中频电压放大倍数 A_v；

(2) 说明此负反馈放大电路是否会产生自激振荡。

(3) 若产生振荡，指出利用电容补偿时应在何处加电容能消除；若不产生振荡，反馈电阻 R_f 如何变化会产生振荡。

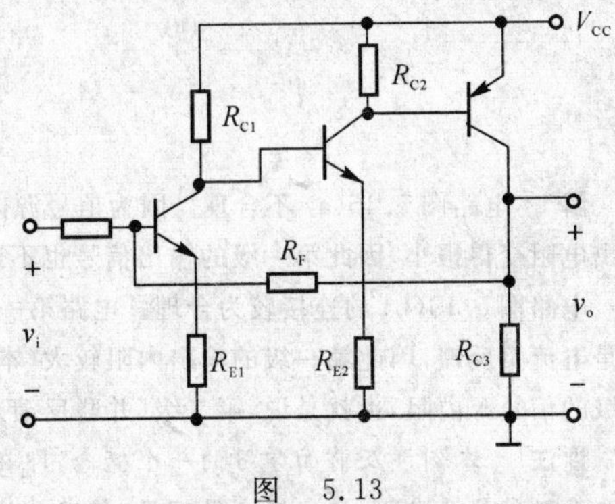

图　5.13

解　(1) 中频环路增益为80 dB，所以

$$A_vF=\lg^{-1}\frac{80}{20}=10^4$$

因为　　$F=0.1$

所以　　$A_v=\frac{10^4}{F}=\frac{10^4}{0.1}=10^5$

(2) $A_vF=1$，即 $20\lg(A_vF)=0$ dB 时，对应的 $\varphi=-225°$，会产生自激振荡。

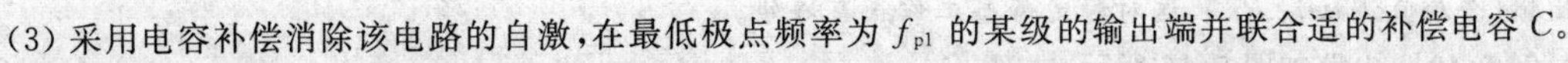

(3) 采用电容补偿消除该电路的自激，在最低极点频率为 f_{p1} 的某级的输出端并联合适的补偿电容 C。

分析　本题关键是熟练掌握自激振荡的条件：$|\dot{A}\dot{F}|=1$，$\varphi_A+\varphi_F=(2n+1)\pi$。

例5.9　图5.14所示放大电路中，试问反馈电路是否合理（单级或双级）？为什么？图中 R_S 很小，电容 C 对信号均可视作短路。

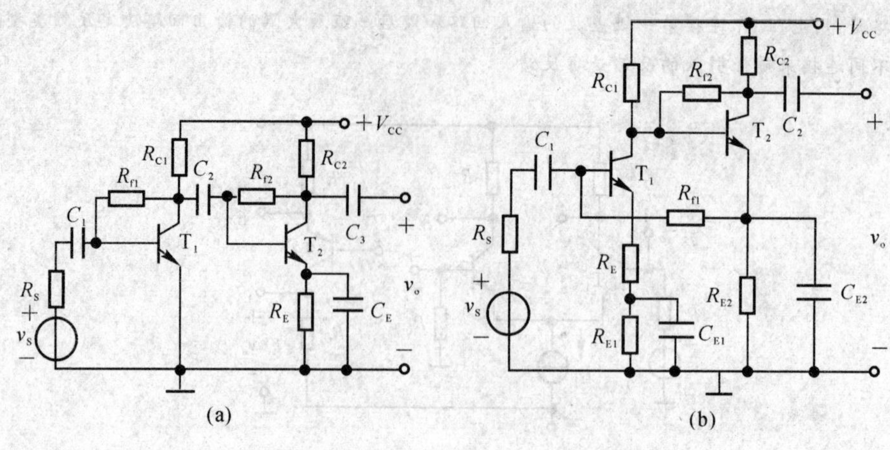

图 5.14

分析 本例涉及信号内阻与反馈效果的关系。一般来说，串联反馈宜用小内阻信号源激励；并联反馈宜用大内阻信号源。极端情况，若用恒流源（内阻为无穷大）激励，串联反馈将失去作用；若用恒压源激励，并联反馈将失去作用。另外，分析时最好画出交流通路，如图 5.15 所示。

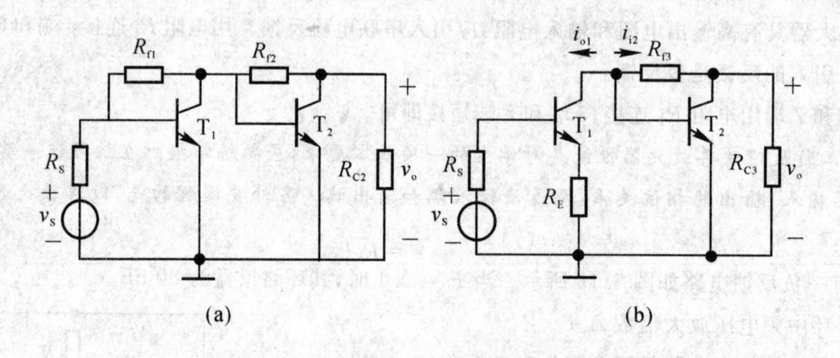

图 5.15

解 电路图 5.15(a) 不合理。因为信号源内阻 R_S 很小，不适宜激励并联反馈。电压负反馈使第一级的输出电阻变得很小，因此第一级的输出信号也不适宜激励第二级，因为第二级也是并联反馈。

电路图 5.15(b) 的连接较为合理。电路第一级为串联电流负反馈，适合于 R_S 小的信号源激励，由于第一级是电流负反馈，因此第一级的输出内阻较大（本例中，第一级的输出电阻为 R_{C1}），第一级的输出电阻即为第二级的信号源内阻，也就是说，第二级（并联反馈）所要求的大信号源内阻，第一级的输出是能提供的。

评注 本例涉及前面学习的一个概念，即在多级放大器中，前级输出即为后级的信号源，前级输出电阻即为后级信号源内阻，这一概念很有用，但容易被忽视。需要注意，在电路图 5.15(b) 中，第一级输出电阻约为 R_{C1}，若 R_{C1} 取得小，则输出内阻小，那么第二级的反馈效果将打折扣。另外，电路图 5.15(b) 采用了全局直流反馈（全局直流反馈 R_{f1}），这对稳定静态工作点有好处。

例 5.10 电路如图 5.16 所示，试问：

(1) 图 5.16(a)，(b) 电路各引入了什么类型的反馈？

(2) 各能稳定什么增益？

(3) 估算深度负反馈条件下的闭环电压放大倍数。

分析 本题的难点在于放大器输入级采用差分放大器。分析时，要看清反馈支路是否与信号源接于同一电极，是否和输出端子接在同一电极，进而准确判断电路的反馈类型和极性。一个放大器有电压、电流、互阻和互导等四种增益，某一类型的负反馈只能稳定一种形式的增益(见表5.1)。串联电压负反馈稳定电压增益；并联电流负反馈稳定电流增益；并联电压负反馈稳定互阻增益；串联电流负反馈稳定互导增益。在表5.3中显示，某一类型的负反馈能稳定的增益与负载电阻及信号源内阻无关。例如，并联电压负反馈能稳定互阻增益$A_{rf}=-R_f$，因为A_r与R_S及R_L无关，其他增益形式均与R_S或R_L有关。例如，电压增益为$A_{vf}=-\dfrac{R_f}{R_S}$。

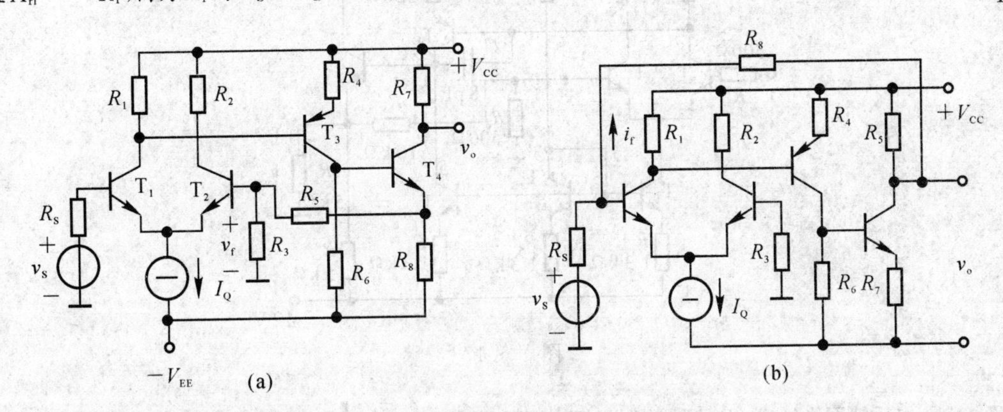

图 5.16

解 (1) 图5.16(a)中R_5，R_3引入了电流串联负反馈。在图5.16(b)中R_8引入了电压并联负反馈。

(2) 图5.16(a)中的负反馈能稳定互导放大倍数；图5.16(b)中的负反馈能稳定互阻放大倍数。

(3) 在图5.16(a)中，一般$R_8 \ll R_5+R_3$

$$v_f \approx \frac{R_3}{R_3+R_5}\cdot i_{e4}R_8=\frac{R_3R_8}{R_3+R_5}i_{e4}$$

i_{e4}即该电路的输出电流i_o，因此

$$v_f=\frac{R_3R_8}{R_3+R_5}i_o$$

由此可得

$$A_{gf}=\frac{i_o}{v_i}=\frac{i_o}{v_f}=\frac{R_3+R_5}{R_3R_8}$$

$$A_{vf}=\frac{v_o}{v_i}=\frac{-R_7i_o}{v_f}=-\frac{R_7(R_3+R_5)}{R_3R_8}$$

在图5.16(b)中，$i_f=-\dfrac{v_O}{R_8}$，由此可得

$$A_{rf}=\frac{v_o}{i_i}=\frac{v_o}{i_f}=-R_8$$

$$A_{vfs}=\frac{v_o}{v_s}=\frac{v_o}{R_Si_i}=-\frac{R_8}{R_S}$$

评注 图5.16(a)中，$A_{gf}=\dfrac{R_3+R_8}{R_3R_8}$与$R_s$及负载$R_L'$(图中的$R_7$)无关，因此该电路可稳定$A_{gf}$。该电路中$A_{vf}=-\dfrac{R_7(R_3+R_5)}{R_3R_8}$，即电压增益与负载$R_7$有关，当负载电阻$R_7$变化时，$A_{vf}$也变化，因此该电路不能稳定电压增益。对图5.16(b)读者也可以按这个思路分析。

例5.11 在图5.17所示电路中，$C_e=80$ pF是相位补偿电容，设图中$T_1\sim T_7$管的$V_{BE}=0.7$ V，$\beta\gg1$；当$v_s=0$时，$v_o=0$。

(1) 画出图中主反馈网络，说明主反馈极性和连接方式，并求反馈系数；

(2) 设电路是深度负反馈，求闭环电压增益；

(3) 指出图示电路中每一级内的反馈极性和连接方式；

(4) 将图示电路中的偏置电流源电路画出来，并求 T_1，T_2，T_5 和 T_7 管的静态工作点 I_{CQ}；

(5) 画出电路拆环后的基本放大电路。

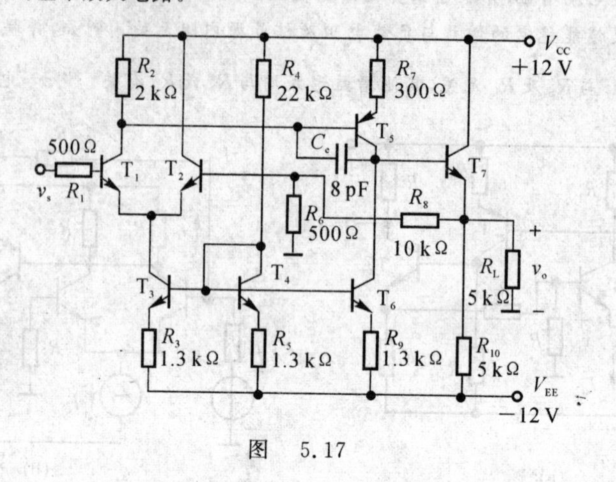

图 5.17

解 (1) 主反馈网络经 R_8，R_6 到地构成电压串联负反馈如图 5.18 所示。

反馈系数

$$F = \frac{R_6}{R_6 + R_8} = \frac{0.5}{10.5} = 0.0476$$

(2) 在深度负反馈条件下，其闭环电压放大倍数

$$A_{vs} = \frac{v_o}{v_s} = \frac{1}{F} = 21$$

(3) 第一级 T_1，T_2 管组成的差分放大器中存在有 T_3 管 R_3 组成恒流源的共模负反馈；R_6，R_8 组成的差模负反馈。

第二级 T_5 管组成的共射放大器中存在有 R_7 组成的电流串联负反馈及由 C_e 组成的高频电压并联负反馈。

第三级 T_7 管组成射极输出器，经由 R_{10} 组成全电压串联负反馈。

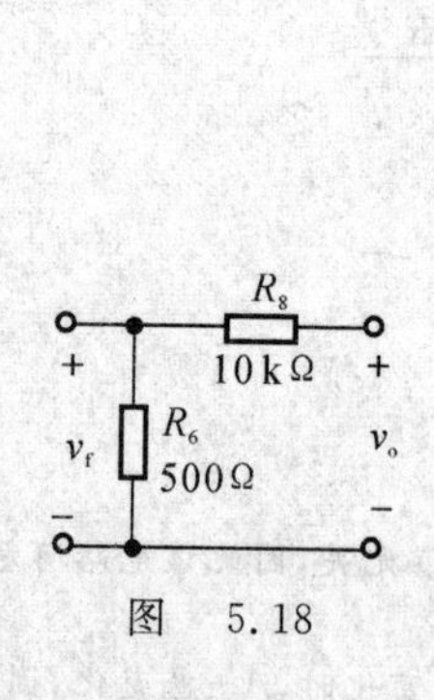

图 5.18

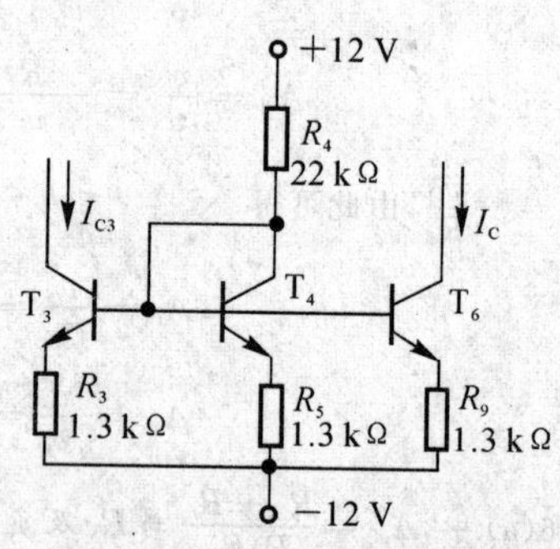

图 5.19 偏置电流源电路

(4) 电路中的偏置电流源电路如图 5.19 所示。

$$I_{C4} = \frac{24 - 0.7}{23.3} \approx 1 \text{ mA}$$

$$I_{C3} = I_{C6} \approx 1 \text{ mA}$$

$$I_{CQ1} = I_{CQ2} \approx 0.5 \text{ mA}$$

$$I_{CQ5} = I_{CQ6} = 1 \text{ mA}$$

因为 $v_s = 0$ 时，$v_o = 0$，所以

$$I_{CQ7} = \frac{12}{5} = 2.4 \text{ mA}$$

(5) 拆环后的基本放大电路如图 5.20 所示。

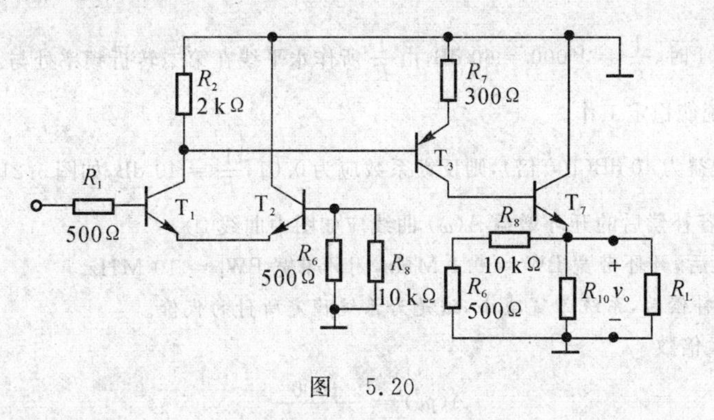

图　5.20

分析　本题要找的主反馈网络，即由整个电路的输出反馈到输入回路的网络，就是 R_8，R_6 构成的反馈网络；此外，T_3，T_4，T_6 构成了电流源电路，并用 T_3 与 T_4，T_6 分别构成电流源，根据比例流电源特性，$I_{C3} = I_{C4} = I_{C6} = 1$ mA。

5.4　自学指导

1. 放大器开环幅频响应如图 5.21(a) 所示。

(1) 当施加 $F = 0.001$ 的负反馈时，该反馈放大器能否稳定工作？相位裕度是多少？

(2) 若要求闭环增益为 40 dB，为保证相位裕度大于 45°，试画出密勒电容补偿后开环幅频特性曲线。

(3) 指出补偿后的开环带宽 BW 和闭环带宽 BW_f 各是多少？

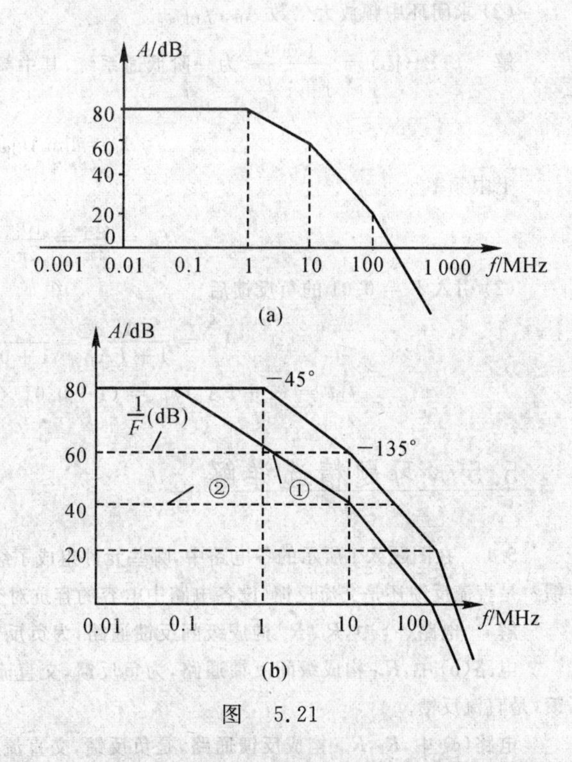

图　5.21

分析　负反馈放大器自激的条件是

$$A(\omega)F(\omega) = 1 \text{ 时}, \quad \varphi_{AF}(\omega) = \pm\pi$$

对于电阻性反馈网络，反馈系数 $F(\omega)$ 是一个常数 F，因此自激条件可写成

$$A(\omega) = \frac{1}{F} \text{ 时}, \quad \varphi_A(\omega) = \pm\pi \text{ 或 } |\varphi_A(\omega)| = \pi$$

不自激的条件可写成

$$A(\omega) = \frac{1}{F} \text{ 时}, \quad |\varphi_A(\omega)| < \pi$$

事实上，要保证反馈系统正常工作，仅满足上述条件是不够的，为保证系统稳定工作，必须使系统远离自激状态。远离程度一般用相位稳定裕量表示，通常取 45°，因此，反馈系统稳定的条件就变成

$$A(\omega) = \frac{1}{F} \text{ 时}, \quad |\varphi_A(\omega)| < 135°$$

对于一个无零三阶系统，若各转折角频率相对间距 10 倍以上，则系统在各转折角频率处的相角为 −45°，−135°，−225°。这样，在 $A(\omega)$ 的波特图上，只要使高度为 $\frac{1}{F}$ dB 的水平线与 $A(\omega)$ 波特图相交于第一、第二转折角频率处，即交点在按 −20 dB/10 倍频下降的线段内，则相位稳定裕量必定超过 45°，系统就是稳定的，若不

能，则应采用电容补偿。

本例中，由于各转折频率相距离 10 倍，可以应用上述方法判断。至于上限频率，可以认为第一个转折频率即为上限频率。

解 (1)$F=0.001$ 时，$\frac{1}{F}=1\,000=60\ \text{dB}$，由 $\frac{1}{F}$ 所作水平线在第二转折频率处与 $A(\omega)$ 相交，对应的相位稳定裕量为 45°，系统能稳定工作。

(2) 若要求闭环增益为 40 dB(100 倍)，则反馈系数应为 0.01，$\frac{1}{F}=40\ \text{dB}$，如图 5.21(b) 中线②。为保持仍有 45° 相位裕量，电容补偿后的开环增益 $A(\omega)$ 曲线应如图中曲线①。

(3) 采用电容补偿后，开环带宽 $\text{BW}=0.1\ \text{MHz}$，闭环带宽 $\text{BW}_f=10\ \text{MHz}$。

评注 采用电容补偿后，系统带宽减小，这是为系统稳定所付的代价。

2. 某放大器的放大倍数

$$A(j\omega)=\frac{1000}{1+j\frac{\omega}{10^6}}$$

若引入 $F=0.01$ 的负反馈试问：

(1) 求开环中频放大倍数 A_I，A_H；

(2) 求闭环中频放大倍数 A_{IF}，f_{HF}。

解 (1)$A(j\omega)=\dfrac{1\,000}{1+j\frac{\omega}{10^6}}$ 为一阶低通系统，其中频放大倍数。

$$A_I=\lim_{\omega\to 0}A(j\omega)=1000$$

上限频率

$$f_H=\frac{\omega_H}{2\pi}=\frac{10^6}{2\pi}=159.2\ \text{kHz}$$

(2) 引入 $F=0.01$ 的负反馈后

$$A_{IF}=\frac{A_I}{1+FA_I}=\frac{1000}{1+0.01\times1000}=90.9$$

$$f_{HF}=(1+FA_I)f_H=(1+0.01\times1000)\times159.2=1.7512\ \text{MHz}$$

5.5 习题精选详解

5.1 在图题 5.1 所示的各电路中，哪些元件组成了级间反馈通路？它们所引入的反馈是正反馈还是负反馈？是直流反馈还是交流反馈(设各电路中电容的容抗对交流信号均可忽略)？

解 电路(a) 中，R_1，R_2 构成级间反馈通路，为负反馈，且交直流反馈兼有。

电路(b) 中，R_{e1} 构成级间反馈通路，为负反馈，交直流反馈兼有。R_{f1}，R_{f2}，C 构成另一路级间反馈，为负反馈，是直流反馈。

电路(c) 中，R_f，R_{e2} 构成反馈通路，是负反馈，交直流反馈兼有。

电路(d) 中，R_1，R_2 构成交直流兼有的反馈通路，是负反馈。

电路(e) 中，运放 A_2，R_3，R_1 构成交直流兼有的负反馈。

电路(f) 中，R_6 构成交直流兼有的负反馈。

5.2 电路如图题 5.2 所示。

(1) 分别说明由 R_{f1}，R_{f2} 引入的两路反馈的类型及各自的主要作用；

(2) 指出这两路反馈在影响该放大电路性能方面可能出现的矛盾是什么？

(3) 为了消除上述可能出现的矛盾，有人提出将 R_{f2} 断开，此办法是否可行？为什么？你认为怎样才能消除这个矛盾？

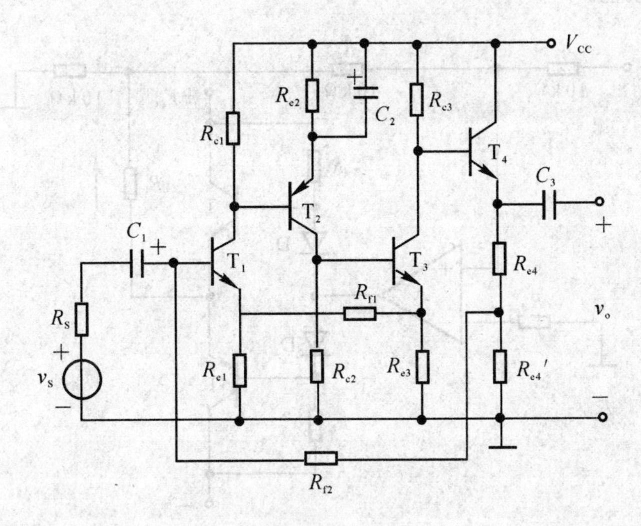

图题 5.2

解　(1)R_{f1} 在第一级和第三级间引入了电流串联负反馈，可以提高放大电路的输入阻抗及第三级的输出阻抗，同时也可以稳定电路的静态工作点。R_{f2} 在输入级和输出级之间引入了电压并联负反馈，这一路反馈可以减小放大电路的输入阻抗和输出阻抗，同时能稳定静态工作点。

(2) 这两路反馈在影响放大电路的输入电阻上可能出现矛盾。

(3) 将 R_{f2} 断开来解决矛盾不可行。因为 R_{f2} 引入的是全局反馈(或称级间反馈)，对整个放大电路性能有改善作用，而 R_{f1} 引入的是局部反馈，反馈环路未包含第四级(输出级)，仅能改善前三级的性能。R_{f2} 还为 T_1 提供直流偏置，要解决这个矛盾可用大容量电容并接于 R_{e1} 或 R_{e3}，消除 R_{f1} 引入的交流反馈，直流反馈可保留，便于稳定静态工作点。

5.3　试指出图题 5.3(a)，(b) 所示电路能否实现规定的功能，若不能，应如何改正？

解　电路(a) 不能实现规定功能，因为 R_2 引入的是正反馈，整个电路不是放大器，而是电压比较器。可将运放同相输入端和反相输入端对调，即可实现规定功能。

电路(b) 不能实现规定功能，因为电路的反馈组态是电压串联负反馈，$i_L=\frac{v_i}{R_L}\neq\frac{v_i}{R}$。将 R_L 与 R 对调位置即可。

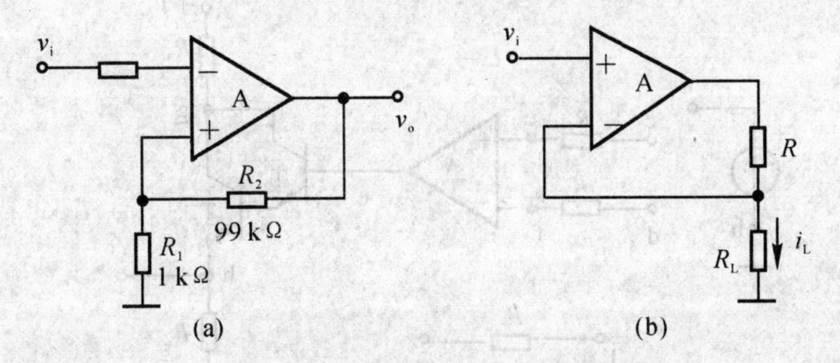

图题 5.3

(a) $A_{vf}=100$ 的直流放大电路；(b) $i_L=v_i/R$ 的压控电流源

5.4　设图题 5.4 所示电路中的开环增益 A 很大。

(1) 指出所引反馈的类型；

(2) 写出输出电流 i_o 的表达式；

(3) 说明该电路的功能。

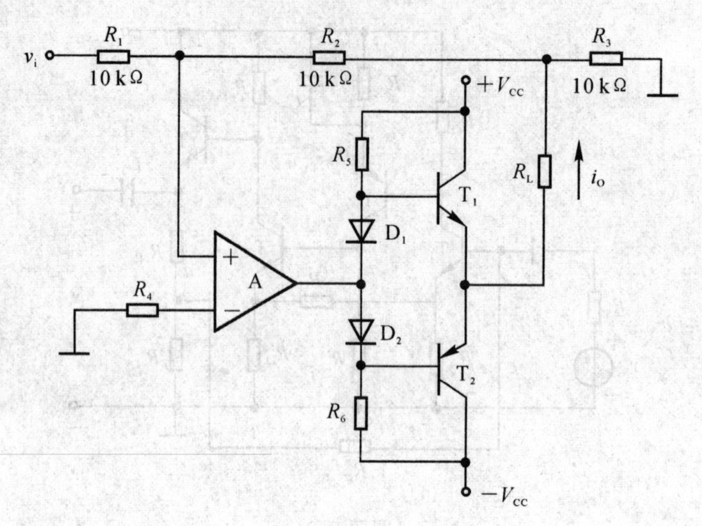

图题 5.4

解 (1) 反馈类型为电流并联负反馈。

(2) 求 i_o 的表达式:

$$i_o R_3 \approx -\frac{R_2}{R_1} v_i, \quad i_o = -\frac{R_2 v_i}{R_1 R_3}$$

(3) 电路实现压控电流源功能。

5.5 由集成运放 A 及 BJT T_1,T_2 组成的放大电路如图题 5.5 所示,试分别按下列要求将信号源 v_s、电阻 R_f 正确接入该电路。

(1) 引入电压串联负反馈;(2) 引入电压并联负反馈;(3) 引入电流串联负反馈;(4) 引入电流并联负反馈。

解 (1) 引入电压串联负反馈,将 f 与 j,i 与 h,b 与 d,a 与 c 连接。

(2) 引入电压并联负反馈,将 f 与 j,i 与 h,a 与 d,b 与 c 连接。

(3) 引入电流串联负反馈,将 e 与 j,i 与 g,a 与 d,b 与 c 连接。

(4) 引入电流并联负反馈,将 e 与 j,i 与 g,a 与 c,b 与 d 连接。

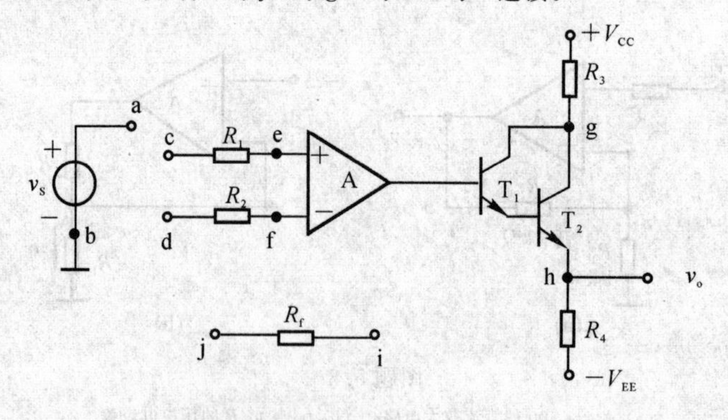

图题 5.5

5.6 由运放组成的同相放大电路中,运放的 $A_{vo} = 10^6$,$R_f = 47\ \text{k}\Omega$,$R_1 = 5.1\ \text{k}\Omega$,求反馈系数 F_v 和闭环电压增益 A_{vf}。

解

$$F_V = \frac{R_1}{R_1 + R_f} = \frac{5.1}{5.1 + 47} \approx 0.0979$$

$$A_{vf} = \frac{A_{vo}}{1 + F_v A_{vo}} = \frac{10^6}{1 + 0.0979 \times 10^6} \approx 10.21$$

5.7　一放大电路的开环电压增益为 $A_{vo} = 10^4$，当它接成负反馈放大电路时，其闭环电压增益为 $A_{vf} = 50$，若 A_{vo} 变化 10%，问 A_{vf} 变化多少？

解　由 $A_{vf} = \dfrac{A_{vo}}{1 + A_{vo} F_v}$，得

$$1 + A_{vo} F_v = \frac{A_{vo}}{A_{vf}} = \frac{10^4}{50} = 200$$

则

$$\frac{\Delta A_{vf}}{A_{vf}} = \frac{1}{1 + A_{vo} F_v} \frac{\Delta A_{vo}}{A_{vo}} = \frac{1}{200} \times 0.1 = 0.05\%$$

5.8　反馈放大电路的方框图如图题 5.8 所示，设 $\dot{V}_1$ 为输入端引入的噪声，$\dot{V}_2$ 为基本放大电路内引入的干扰（例如电源干扰），$\dot{V}_3$ 为放大电路输出端引入的干扰，放大电路的开环电压增益为 $\dot{A}_v = \dot{A}_{v1}\dot{A}_{v2}$。证明

$$\dot{V}_o = \frac{\dot{A}_v[(\dot{V}_i + \dot{V}_1) - \dot{V}_2/\dot{A}_{v1} - \dot{V}_3/\dot{A}_v]}{1 + \dot{A}_v \dot{F}_v}$$

并说明负反馈抑制干扰的能力。

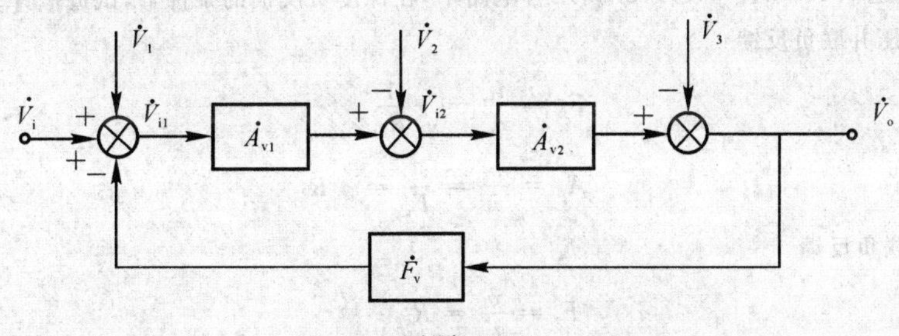

图题 5.8

解

$$\dot{V}_o = \dot{A}_{v2}\dot{V}_{i2} - \dot{V}_3$$
$$\dot{V}_{i2} = \dot{A}_{v1}\dot{V}_{i1} - \dot{V}_2$$
$$\dot{V}_{i1} = \dot{V}_i + \dot{V}_1 - \dot{F}_v\dot{V}_o$$

解得

$$\dot{V}_o = \frac{\dot{A}_o[(\dot{V}_i + \dot{V}_1) - \dot{V}_2/\dot{A}_{V1} - \dot{V}_3/\dot{A}_v]}{1 + \dot{A}_v \dot{F}_v} = \frac{A_v}{1 + \dot{A}_v \dot{F}_v}[\dot{V}_i + \dot{V}_1 - \dot{A}_{v2}\dot{V}_2 - \dot{V}_3]$$

不加负反馈，即 $\dot{F}_v = 0$ 时，

$$\dot{V}_o = A_v[\dot{V}_i + \dot{V}_1 - \dot{A}_{v2}\dot{V}_2 - \dot{V}_3]$$

比较两式可知，加负反馈后噪声和有用信号均被削弱了 $1 + \dot{A}_v\dot{F}_v$ 倍。

5.9　电路如图题 5.9 所示。

(1) 指出由 R_f 引入的是什么类型的反馈；

(2) 若要求既提高该电路的输入电阻又降低输出电阻，图中的连线应做哪些变动？

(3) 连线变动前后的闭环电压增益 A_{vf} 是否相同？估算其数值。

解　(1) 引入的是电压并联负反馈。

(2) 将 R_f 接于 T_2 基极和 T_4 发射极之间，并将 T_3 基极接 T_1 集电极。

(3) 变动前

$$A_{vf} = -\frac{R_f}{R_{b1}} = -10$$

变动后，电路为电压串联负反馈

$$A_{vf}=\frac{R_{b2}+R_f}{R_{b2}}=11$$

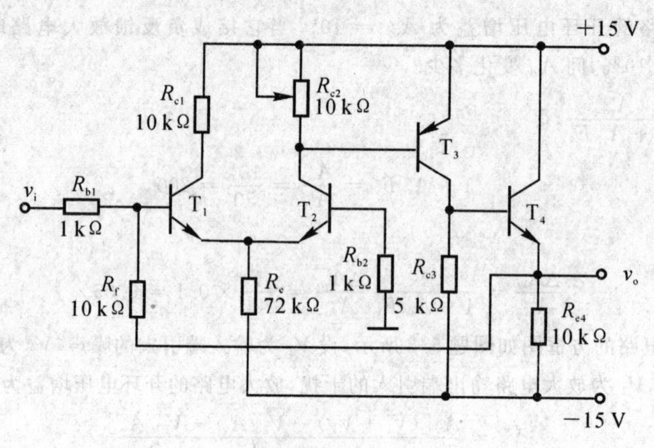

图题 5.9

5.10 在图题 5.1(a),(b),(c),(e) 所示各电路中，在深度负反馈的条件下，试近似计算它的闭环增益。

解 (a) 电压并联负反馈

$$F_g=\frac{i_f}{v_o}=-\frac{1}{R_2}$$

$$A_{rf}=\frac{v_o}{i_i}=\frac{1}{F_g}=-R_2$$

(b) 电流串联负反馈

$$F_r=\frac{v_f}{i_o}=R_{e1}$$

$$A_{gf}=\frac{i_o}{v_i}=\frac{1}{F_r}=\frac{1}{R_{e1}}$$

(c) 电流并联负反馈

$$F_i=\frac{i_f}{i_o}=-\frac{R_{e2}}{R_f+R_{e2}}$$

$$A_{if}=\frac{i_o}{i_i}=-\frac{1}{F_i}=-\frac{R_{e2}+R_f}{R_{e2}}$$

(e) 电压并联负反馈

$$F_g=-\frac{1}{R_3}$$

$$A_{rf}=\frac{1}{F_g}=-R_3$$

5.11 电路如图题 5.11 所示，试用虚短概念近似计算它的互阻增益 $\dot{A}_{RF}$，并定性地分析它的输入电阻和输出电阻。

解

$$A_{rf}=\frac{v_o}{i_i}=\frac{v_o}{i_f}=-\frac{1}{R_f}$$

由于电路引入电压并联反馈，因此，输入电阻和输出电阻均减小。

5.12 试设计一个 $A_{if}=10$ 的负反馈放大电路，用于驱动 $R_L=50\ \Omega$ 的负载。它由一个内阻 $R_s=10\ \text{k}\Omega$ 的电流源提供输入信号。所用运算放大器的参数为：$R_i=10\ \text{k}\Omega$，$R_o=100\ \Omega$，低频电压增益 $A_{vo}=10^4$。

解 因为信号源是电流源，为了降低放大电路输入端对信号源的影响，设计的负反馈放大电路应具有较小的输入电阻。又因为设计的负反馈放大电路应具有 $A_{if}=10$ 的闭环电流增益，因此设计的负反馈放大电路应为电流并联负反馈放大电路，电路结构如图题5.12所示。

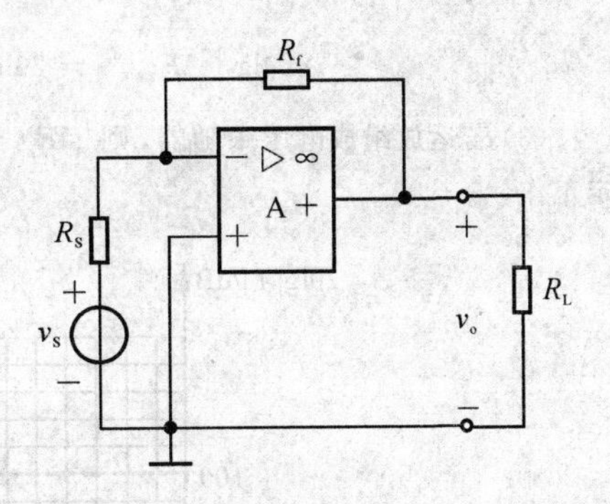

图题5.11

由虚短、虚断概念可得负反馈放大电路的闭环电流增益为

$$A_{if}=\frac{i_o}{i_i}=\frac{i_o}{i_f}=\frac{i_o}{\frac{R_1}{R_1+R_f}i_o}=1+\frac{R_f}{R_1}=10$$

即

$$\frac{R_f}{R_1}=9$$

为了减小反馈网络输入端对放大电路输出端的负载效应，要求反馈网络的输入阻抗 $R_1\parallel R_f$ 要小，即 R_1 要小，但又不能太小，否则放大电路中的电流过大。因此，选择 $R_1=1\ \text{k}\Omega, R_f=9\ \text{k}\Omega$。

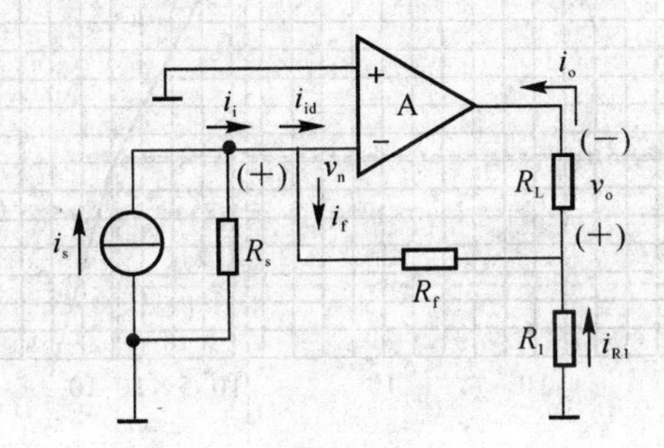

图题5.12

5.13 设某运算放大器的增益-带宽积为 4×10^5 Hz，若将它组成一同相放大电路时，其闭环增益为50，问它的闭环带宽为多少？

解 由 $A_{vf}\cdot f_H=4\times10^5$ Hz，得

$$BW_f\approx f_H=\frac{4\times10^5}{50}=0.8\times10^4\ \text{Hz}$$

5.14 一运放的开环增益为 10^6，其最低的转折频率为5 Hz。若将该运放组成一同相放大电路，并使它的增益为100，问此时的带宽和增益-带宽积各为多少？

解

$$Af_G=10^6\times5=5\times10^6\ \text{Hz}$$

$$BW_f=\frac{Af_H}{A_f}=\frac{5\times10^6}{100}=5\times10^4\ \text{Hz}$$

5.15 设某集成运放的开环频率响应的表达式为

$$A_v=\frac{10^5}{\left(1+j\frac{f}{f_{H1}}\right)\left(1+j\frac{f}{f_{H2}}\right)\left(1+j\frac{f}{f_{H3}}\right)}$$

其中 $f_{H1}=1$ MHz，$f_{H2}=10$ MHz，$f_{H3}=50$ MHz。

(1) 画出它的波特图；

(2) 若利用该运放组成一电阻性负反馈放大电路，并要求有45°的相位裕度，问此放大电路的最大环路增益为多少？

(3) 若用该运放组成一电压跟随器，能否稳定地工作？

解 (1) 画波特图，如图题5.13所示。

(2) 由于要求相位稳定裕量为45°，$\varphi_A=-135°$ 对应的 $20\lg\left|\frac{1}{F_{max}}\right|=82$ dB，因此放大器的最大环路增益为

$$20\lg|AF_{max}| = 20\lg|A_v| - 20\lg\left|\frac{1}{F_{max}}\right| = 100 - 82 = 18\ \text{dB}$$

(3) 若运放组成电压跟随器，则 $|\dot{F}| = 1$，此时环路增益为 80 dB，远大于18 dB，因此放大器不能稳定工作。

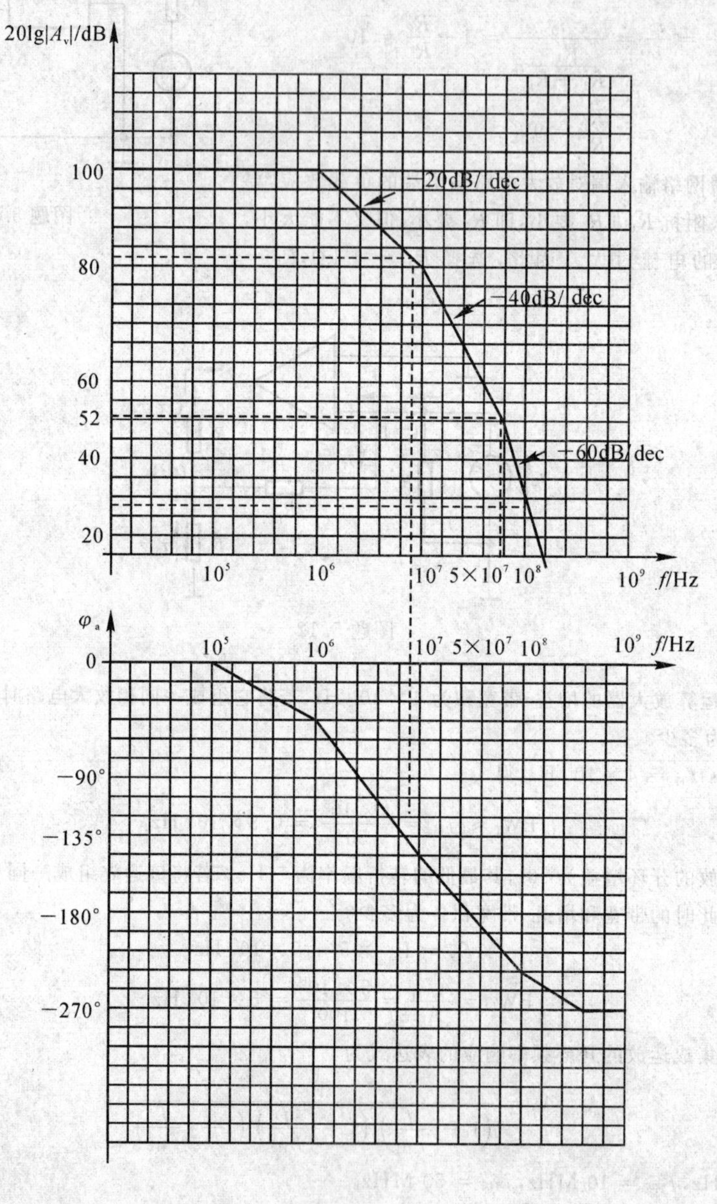

图题 5.13

第6章　功率放大电路

6.1　教学建议

功率放大电路是用于向负载提供功率的放大电路。学习功率放大电路主要学习功率放大电路的基本概念及分类。其中乙类、甲乙类功率作为低频小信号的主要类型要详细的进行分析。首先通过对实际电路的介绍和分析讲解，使学生对功放原理有较深入的理解。在此基础上详细讲解乙类互补对称功率放大电路和甲乙类互补对称功率放大电路，理解其基本特点，重点分析其基本原理，学习参数计算的一般方法，结合例题进行巩固。同时，理解用于克服实际电路出现的交越失真的甲乙类电路中二极管偏置、三极管偏置、自举电路的工作原理。功率放大电路在实际生活中有广泛的应用，讲解过程中可以结合实际应用实例，通过多媒体演示、虚拟实验平台等多种手段由实际举例到理论分析，把理论紧密地和实际联系起来，让学生感觉到摸得着，看得到，实实在在的实例摆在面前。

6.2　主要概念

一、内容要点精析

1. 功率放大电路定义及特点

功率放大电路的定义及特点如表6.1所示。

表6.1　功率放大电路定义及特点

名　称	内　容	说　明
定义	能够向负载提供足够信号功率的放大电路称为功率放大电路	功率放大电路和其他放大电路所完成的任务不同。例如电压放大电路主要输出不失真的电压信号；而功率放大电路主要输出尽可能大的功率，通常在大信号状态下工作
主要技术指标	最大输出功率 P_{om}：电路参数确定的情况下负载上可能获得的最大交流功率。 转换效率 η：功率放大电路的最大输出功率与电源所提供的功率之比	在一定的输出功率下，减小直流电源的功耗，就可以提高电路的效率
电路中的晶体管	功率放大电路中的晶体管工作在极限应用状态，通常为大功率管	选择晶体管时注意极限参数的选择，同时注意其散热条件，安装散热器。集成功放中还采用过流、过压和过热保护电路来保护功放管

续表

名　称	内　容	说　明
分析方法	采用图解法分析。因为功率放大电路的输出电压和输出电流幅值都很大，功放管特性的非线性不可忽略，所以不能采用小信号交流等效电路分析，应采用图解法	为了减小输出信号的非线性失真，在实用电路中常引入负反馈

2.功率放大电路的分类

功率放大电路的分类如表 6.2 所示。

表 6.2　功率放大电路的分类

名　称	特　点
甲类	功放管在正弦波信号的整个周期内均导通，即导通角为 $\theta=2\pi$。静态电流大于零。管耗大，效率低，仅适用于小信号的放大和驱动
乙类	功放管在正弦波信号的半个周期内导通，即导通角为 $\theta=\pi$。静态电流等于零。效率高，存在交越失真，用于功率放大电路
甲乙类	功放管在正弦波信号大于半个周期且小于一个周期内导通，即导通角为 $\pi<\theta<2\pi$。静态电流很小。效率高，消除了交越失真，用于功率放大电路

3.互补对称功率放大电路

在静态时管子不通过电流，在有输入信号时，T_1 和 T_2 轮流导通，组成推挽式电路。由于两个管子互补对方的不足，工作性能对称，通常称这种电路为互补对称电路。

进行具体计算时，在未告知输入信号的情况下，需要算出负载上的最大输出电压幅值 V_{cem}，可按如下两种情况处理：

(1) 对 OTL(单电源供电) 电路，如不计管子饱和压降，则 $V_{cem}=\dfrac{V_{CC}}{2}$；考虑饱和压降时，$V_{cem}=\dfrac{V_{CC}}{2}-V_{CES}$。

(2) 对 OCL(双电源供电) 电路，如不计管子饱和压降，则 $V_{cem}=V_{CC}$；考虑饱和压降时，$V_{cem}=V_{CC}-V_{CES}$。

另外一种情况是当告知输入信号的情况下，输出电压幅值根据输入信号值确定。

乙类 OCL 电路基本计算公式：

输出功率
$$P_o=\frac{V_{om}}{\sqrt{2}}\frac{V_{om}}{\sqrt{2}R_L}=\frac{1}{2}\frac{V_{om}^2}{R_L}$$

最大输出功率
$$P_{om}=\frac{1}{2}\frac{V_{cem}^2}{R_L}\approx\frac{1}{2}\frac{V_{CC}^2}{R_L}$$

管耗
$$P_T=P_{T1}+P_{T2}=\frac{2}{R_L}\left(\frac{V_{CC}V_{om}}{\pi}-\frac{V_{om}^2}{4}\right)$$

最大管耗
$$P_{T1m}=\frac{1}{\pi^2}\frac{V_{CC}^2}{R_L}\approx 0.2P_{om}$$

此时
$$V_{om}\approx 0.6V_{CC}$$

直流电源功率

$$P_V = \frac{2}{\pi}\frac{V_{CC}V_{om}}{R_L},\quad P_{Vm} = \frac{2}{\pi}\frac{V_{CC}^2}{R_L}$$

效率

$$\eta = \frac{P_o}{P_V} = \frac{\pi}{4}\frac{V_{om}}{V_{CC}}$$

二、重点、难点

(1) 重点内容结构如表 6.3 所示。

表 6.3　常见推挽功放

名称	原理电路	基本性能
乙类互补推挽功放	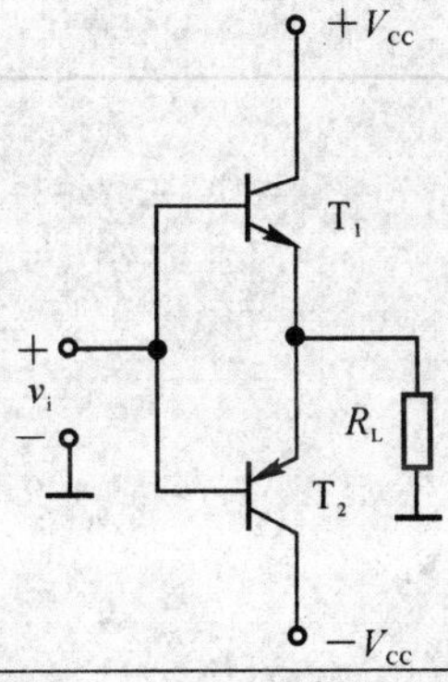 $+V_{CC}$ T_1 $+$ v_i $-$ R_L $+$ v_o $-$ T_2 $-V_{CC}$	静态时电路工作在零偏状态，正半周输入时由 NPN 型的 T_1 实现放大；负半周时由 PNP 型的 T_2 实现放大。电路工作在乙类，又称 OCL 电路
单电源乙类推挽功放	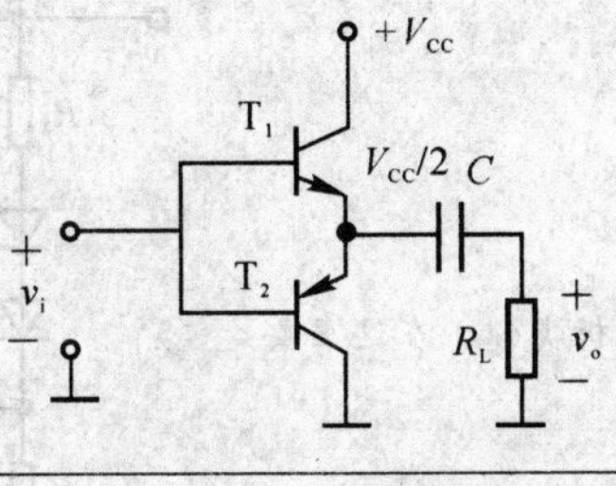 $+V_{CC}$ T_1 $V_{CC}/2$ C $+$ v_i $-$ T_2 R_L $+$ v_o $-$	T_1 导通时，电容 C 上储存的电能用于在 T_1 管截止时供给 T_2 管工作所需的电能。要求 $R_LC \gg \frac{T}{2}$，又称 OTL 电路
乙类桥式推挽功放	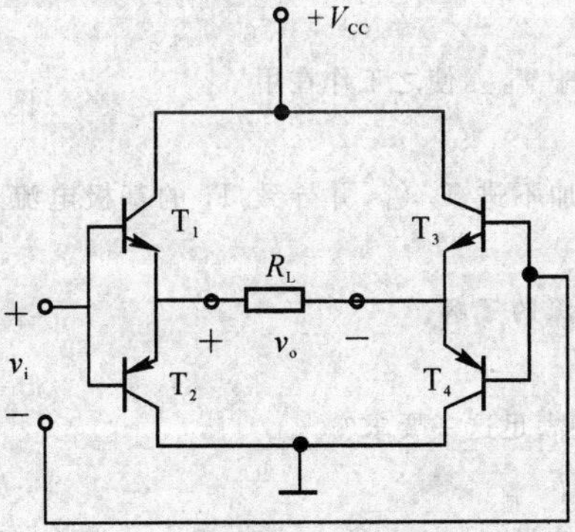 $+V_{CC}$ T_1 R_L T_3 $+$ v_i $-$ $+$ v_o $-$ T_2 T_4	是一种提高电源电压利用率的推挽电路，其输出功率在相同的直流电源时与 OTL 相比可提高 4 倍，或者在同样输出功率下，可选比 OTL 更低的电源电压，又称 BTL

续表

名称	原理电路	基本性能
变压器耦合乙类推挽功放	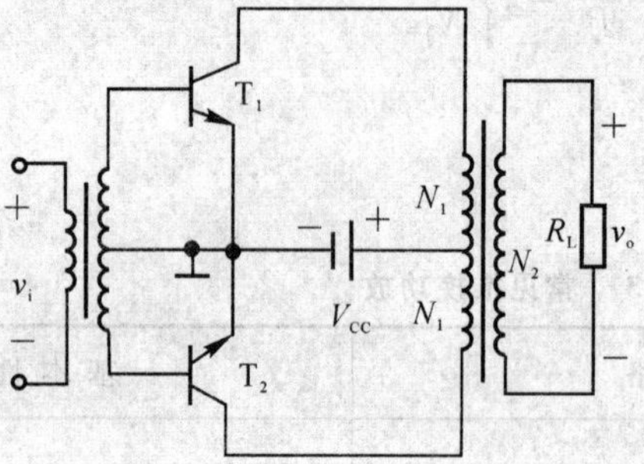	通过变压比的选择将负载电阻变换成能获得最大输出功率的数值。T_1，T_2 完全匹配对称，每管集电极交流负载为 $\left(\frac{N_1}{N_2}\right)^2 R_L$

(2) 功率放大电路中晶体管的选择

晶体管极限参数满足：

1) 最大耐压值 $V_{(BR)CEO} > 2V_{CC}$

2) 最大集电极电流：$I_{CM} > \frac{V_{CC}}{R_L}$

3) 最大允许管耗：$P_{CM} > 0.2P_{om}$

6.3 例题

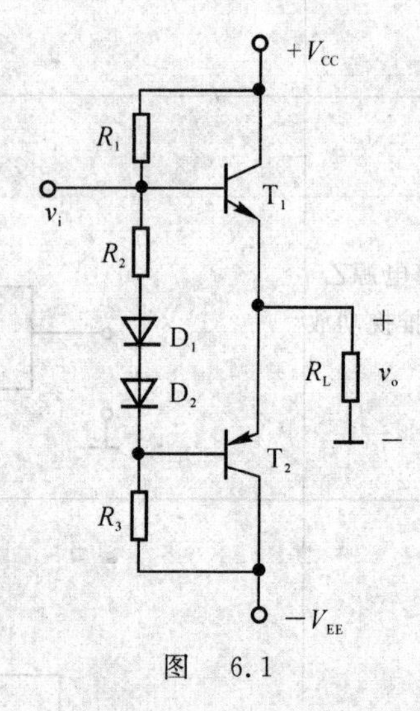

图 6.1

例 6.1 OCL 电路如图 6.1 所示，试求：

(1) 静态时，流过负载电阻 R_L 的电流有多大？

(2) R_1，R_2，D_1，D_2 各起什么作用？

(3) 若 D_1，D_2 中有一个反接，会出现什么后果？

分析 功率放大电路的静态分析与第 2 章的分析类似。在这里要考虑管子及电路中的对称因素。

解 (1) 静态时 $v_o = 0$，$I_L = 0$。

(2) R_1，R_3 为功放管，T_1，T_2 提供基极电流，为二极管支路提供电流通路。

R_2，D_1，D_2 为 T_1，T_2 提供静态偏置电压 $V_{BE1} + V_{BE2}$，使之工作在甲乙状态。

(3) 如果 D_1 或 D_2 中有一个接反，将使信号加不进 T_2 管，并导致 T_1 的基极电流过大，有可能烧坏功放管。

评注 关键要对 OCL 电路的工作原理有较深的了解。

例 6.2 电路图如图 6.1 所示。

(1) 要满足静态时 $v_o = 0$，应调整哪个电阻能满足这一要求？

(2) 动态时若出现交越失真，应调整哪个电阻？

(3) 设 $V_{CC} = 10$ V，$R_1 = R_3 = 2$ kΩ，晶体管的 $V_{BE} = 0.7$ V，$\beta = 50$，$P_{CM} = 200$ mW，静态时 $v_o = 0$，若 D_1，D_2 和 R_2 三个元件中任何一个开路，将会产生什么后果？

分析 如题6.1所述,此处略。

解 (1) 调整R_1,R_2可以满足静态$v_o=0$。实际上是调整电路的对称性。

(2) 若动态出现交越失真,增大R_2,即增大$V_{BE1}+V_{BE2}$,使T_1,T_2均处于微导通状态。

(3) 根据已知求出此时的静态功率损耗(R_2,D_1或D_2开路)

$$P_C=I_{CQ}V_{CEQ}$$

其中$I_{CQ}=\beta I_B$。

静态$V_o=0$,流过R_L的电流为零。D_1,D_2完全对称,则

$$I_{B1}=I_{B2}=I_B=\frac{2V_{CC}-2V_{BE}}{R_1+R_3}=4.65\ \text{mA}$$

$$I_{CQ}=\beta I_B=50\times4.65=232.5\ \text{mA}$$

$$V_{CEQ}=V_{CC}=10\ \text{V}$$

$$P_C=I_{CQ}V_{CEQ}=232.5\times10^{-3}\times10=2.323\ \text{W}$$

管子的$P_{CM}=200\ \text{mW}$,$P_C\gg P_{CM}$,则T_1,T_2将被烧坏。

评注 计算P_C值明显大于P_{CM},说明管子超过了最大功率,将会烧坏。

例6.3 功率放大电路如图6.2所示。

(1) 设$V_{CES}=2\ \text{V}$,估算电路的最大不失真输出功率P_{om}及其效率η_{max}。

(2) 选择功放管的极限参数P_{CM},$V_{(BR)CEO}$,I_{CM}。

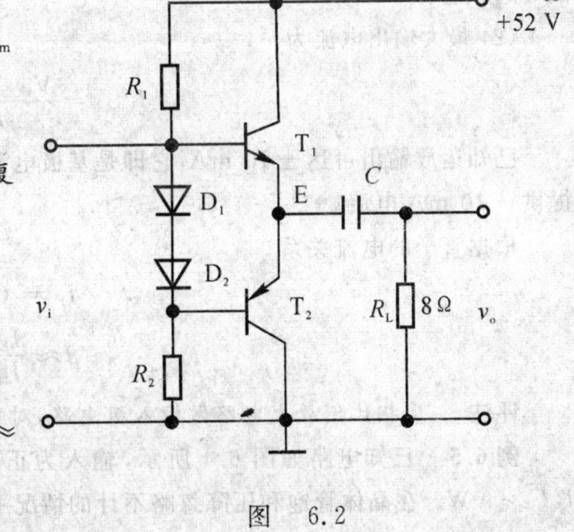

图 6.2

分析 T_1,T_2组成的复合管为NPN型,T_3,T_4组成的复合管为PNP型。该电路为OTL电路$V_A=\frac{1}{2}V_{CC}=26\ \text{V}$。

输出最大不失真幅值$V_{cem}=26-2=24\ \text{V}$。

解 (1) $P_{om}=\frac{1}{2}\frac{V_{cem}^2}{R_L}=\frac{1}{2}\times\frac{24^2}{8}=36\ \text{W}$

$$P_{Vm}=\frac{1}{2}V_{CC}V_{cem}\frac{2}{\pi R_L}=\frac{V_{CC}V_{cem}}{\pi R_L}=\frac{52}{\pi}\times\frac{24}{8}\approx50\ \text{W}$$

$$\eta_{max}=\frac{P_{om}}{P_{Vm}}\times100\%=\frac{36}{50}\times100\%=72\%$$

(2) 最大管压降

$$V_{CEmax}=2V_{cem}+V_{CES}=48+2=50\ \text{V}$$

最大集电极电流

$$I_{CM}=\frac{V_{cem}}{R_L}=\frac{24}{8}=3\ \text{A}$$

最大管耗

$$P_{T_1m}=0.2P_{om}'=0.2\times\frac{1}{2}\times\frac{\left(\frac{1}{2}V_{CC}\right)^2}{R_L}=0.2\times42.25=8.45\ \text{W}$$

所以选择管子的参数应满足

$$V_{(BR)CEO}\geqslant50\ \text{V},\quad P_{CM}\geqslant8.45\ \text{W},\quad I_{CM}\geqslant3\ \text{A}$$

评注 参数的选择只要大于等于即可,不是说越大越好,要考虑性价比。

例6.4 功率放大电路如图6.3所示,$V_{CES}=1\ \text{V}$。

(1) 说明D_1,D_2的作用;

(2) 若运用的最大输出电流为$\pm10\ \text{mA}$,为得到最大输出电流,T_1,T_2管的β应为多大?

分析 这是OCL电路与反相比例放大电路的组合电路,分析OCL电路的思路与前面的例题相似。

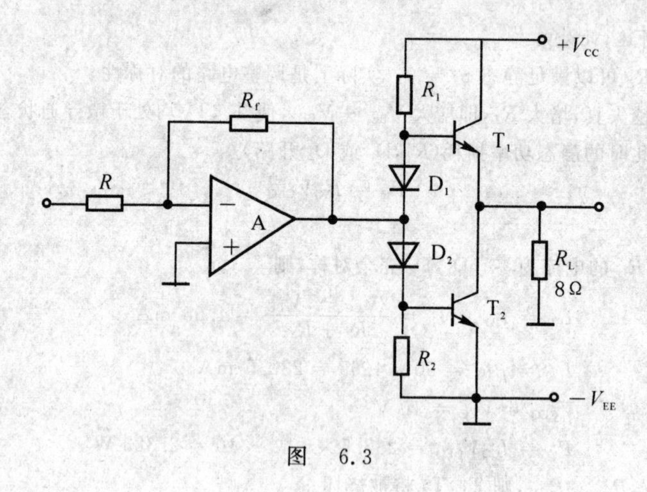

图 6.3

解 (1)D_1,D_2 的作用是消除交越失真,利用 D_1,D_2 导通的压降,向 T_1,T_2 提供一个起始偏压,使其处于微导通状态。

(2) 最大输出电流为

$$I_{Lmax} = \frac{V_{CC} - V_{CES}}{R_L} = \frac{9-1}{8} = 1\ \text{A}$$

已知运放输出可达 ±10 mA,它即是基极电流。正半周,运放向 T_1 提供10 mA电流;负半周,运放向 T_2 提供 −10 mA电流。

根据管子的电流关系

$$I_E = (1+\beta)I_B \approx \beta I_B$$

$$\beta \approx \frac{I_E}{I_B} = 100$$

评注 反相比例放大电路做输入级电路,对整个电路功率的计算及电流的计算没多大影响。

例 6.5 已知电路如图 6.4 所示,输入为正弦信号,负载 $R_L = 8\ \Omega$,$R = 0.5\ \Omega$,要求最大输出功率 $P_{om} \geqslant 9$ W。在晶体管饱和压降忽略不计的情况下,求下列各值。

(1) 正负电源的最小值(取整数);

(2) 根据 V_{CC} 最小值,求晶体管的 I_{CM} 与 $V_{(BR)CEO}$ 最小值;

(3) 当输出功率为最大时,输入电压有效值和两个电阻上损耗的功率。

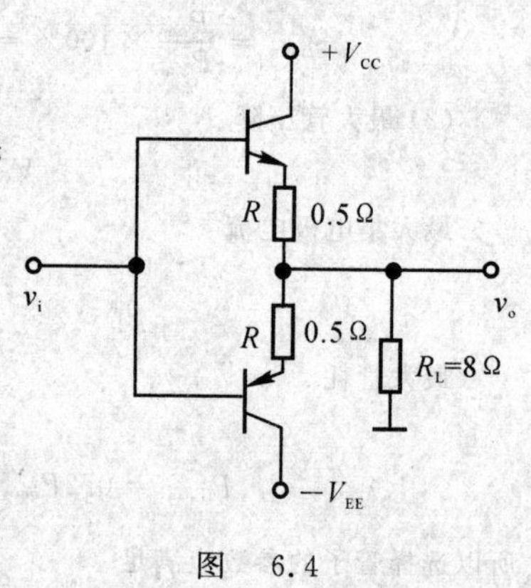

图 6.4

解 (1) 由 $P_{om} = \frac{V_{om}^2}{2R_L}$,得

$$V_{om} = \sqrt{2P_{om}R_L} = \sqrt{2\times 9\times 8} = 12\ \text{V}$$

又 $V_{om} = \frac{R_L}{R_L+R}V_{CC}$,即

$$V_{CC} = \frac{R_L+R}{R_L}V_{om} = \frac{8+0.5}{8}\times 12 = 12.75\ \text{V}$$

要满足 $P_{om} \geqslant 9$ W,取 $V_{CCmin} = 13$ V,此时

$$V_{om}' = \frac{R_L}{R_L+R}V_{CC} = 12.24\ \text{V}$$

(2)
$$I_{CM} \geqslant \frac{V_{om}'}{R_L} = \frac{12.24}{8} = 1.53\ \text{A}$$

$$V_{(BR)CEO} \geqslant V_{CC} + V_{om}' = 13 + 12.24 = 25.24\ \text{V}$$

(3) 在忽略 V_{CES} 情况下得输入电压有效值

$$v_i = \frac{V_{om}'}{\sqrt{2}} = 8.65\ \text{V}$$

半波正弦电流有效值

$$I_R = \sqrt{\frac{1}{2\pi}\int_0^{\pi} I_{om}^2(\sin^2 \omega t)\mathrm{d}(\omega t)} = \frac{I_{om}}{2} = \frac{V_{om}'}{2R_L} = 0.77\ \text{A}$$

两个电阻 R 上的损耗功率

$$P_R = 2(I_R^2 R) = 0.59\ \text{W}$$

例 6.6　电路如图 6.5 所示。(1) 说明 D_1,D_2 的作用;(2) 估算该电路的电压放大倍数。

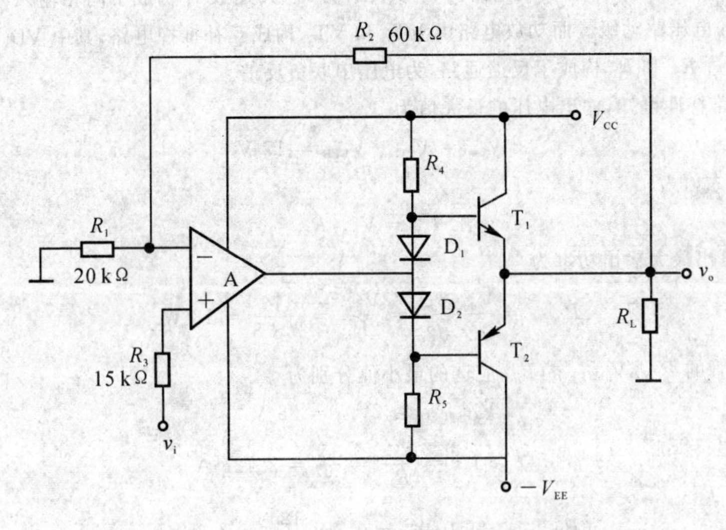

图　6.5

解　(1) 运放 A 为推动级,D_1,D_2 为 T_1,T_2 提供正向偏压,克服交越失真。

(2)
$$v_P = v_i,\quad v_N = \frac{R_1}{R_2 + R_1}v_o$$

理想集成运放 $v_P = v_N$,即

$$A_v = \frac{v_o}{v_i} = \frac{R_1 + R_2}{R_1} = \frac{20 + 60}{20} = 4$$

例 6.7　电路如图 6.6 所示,VT_1,VT_2 管的饱和压降 $|V_{CES}| = 1$ V。

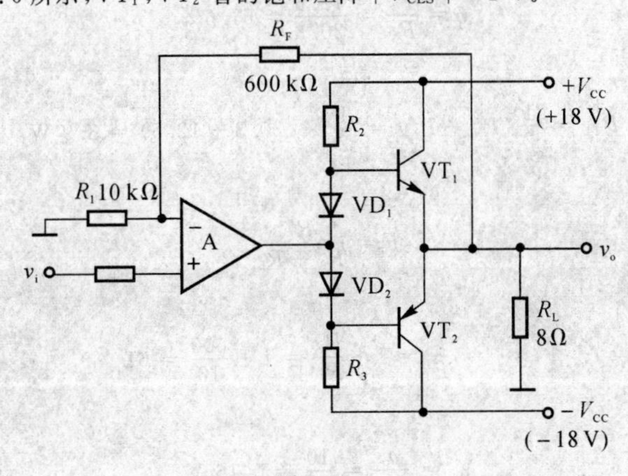

图　6.6

（1）简述电路的工作原理。

（2）计算最大输出功率 P_{omax}。

（3）确定 VT_1，VT_2 管的 P_{CM}，$V_{BR(CEO)}$，I_{CM} 至少应选多少？

（4）若测得负载 R_L 上的电压有效值为 10 V，试求输出功率 R_0、电源提供功率 P_V、效率 η 及单管管耗 P_{T1} 以及此时的输入信号有效值。（东南大学 2007 年硕士研究生入学考试试题）

分析　这是 OCL 电路与同相比例运算电路的组合电路，分析思路与 OCL 电路相似。此外，值得注意的是电阻 R_F 构成了电压串联负反馈，在计算输入信号时，要充分考虑到 R_F 的影响。

解　（1）该电路由运放与互补功放电路构成，其工作原理为：运放 A 构成了同相输入方式的比例放大电路，作为功放电路的电压驱动级。而功放电路由 VT_1 和 VT_2 构成互补推挽电路，其中 VD_1 和 VD_2 用于消除交越失真。输出经过 R_F 和 R_1 构成了反馈通路，为电压串联负反馈。

（2）由功放电路特性可知，输出电压的最大值为

$$V_{om} = V_{CC} - V_{CES} = 17\ \text{V}$$

输出电流的最大值为

$$I_{om} = V_{om}/R_L$$

这样，即可计算出最大输出功率为

$$P_{omax} = \frac{V_{om}}{\sqrt{2}}\frac{I_{om}}{\sqrt{2}} = \frac{V_{om}^2}{2R_L} = \frac{17^2}{2\times 8} = 18\ \text{W}$$

（3）VT_1，VT_2 管的 P_{CM}，$V_{BR(CEO)}$，I_{CM} 应选的最小值分别为

$$V_{(BR)CEO} \geqslant 2V_{CC} = 36\ \text{V}$$

$$I_{CM} \geqslant I_{om} = \frac{V_{om}}{R_L} = \frac{17}{8} = 2.125\ \text{A}$$

$$P_{T_1\max} \geqslant 0.1\frac{V_{CC}^2}{R_L} = 0.1\times\frac{18^2}{8} = 4.1\ \text{W}$$

（4）若测得负载 R_L 上的电压有效值为 10 V，则此时输出功率为

$$P_o = \frac{V'^2_{cem}}{R} = \frac{10^2}{8} = 12.5\ \text{W}$$

电源提供功率为

$$P_V = \frac{2V_{cem}V_{CC}}{\pi R_L} = \frac{2\sqrt{2}\times 10\times 18}{\pi\times 8} = 20.3\ \text{W}$$

电路效率为

$$\eta = \frac{P_o}{P_V} = \frac{12.5}{20.3} = 61.6\%$$

单管管耗 P_{T1} 为

$$P_{T1} = \frac{1}{2}(P_V - P_o) = \frac{1}{2}\times(20.3 - 12.5) = 3.9\ \text{W}$$

电路的反馈系数为

$$F = \frac{R_1}{R_1 + R_F}$$

电路增益为

$$A_{Vf} = \frac{1}{F} = 1 + \frac{R_F}{R_1} = 1 + \frac{600}{10} = 61$$

输入信号有效值为

$$V_i = \frac{v_o}{A_{Vf}} = \frac{10}{61} = 0.16\ \text{V}$$

例 6.8　准互补 OCL 电路对称输出电路如图 6.7 所示。试回答下述问题：

(1) 电路何以称为准互补 OCL 电路的对称形式？

(2) 简述图中三极管 $VT_1 \sim VT_5$ 构成的形式及作用；

(3) 说明电阻 R_{E1}，R_{C2} 和电阻 R_{E3}，R_{E4} 的作用；

(4) 调节输出端静态电位时，应调整哪个元件？

(5) 调整电阻 R_1，可解决什么问题？

(6) 当 $V_{CC} = 18\ V$，VT_3，VT_4 管的 $U_{CES} = 2\ V$，$R_{E3} = R_{E4} = 0.5\ \Omega$，$R_1 = 8\ \Omega$ 时，求 R_1 上的最大不失真输出功率 P_{om}。（北京交通大学2006年考研题）

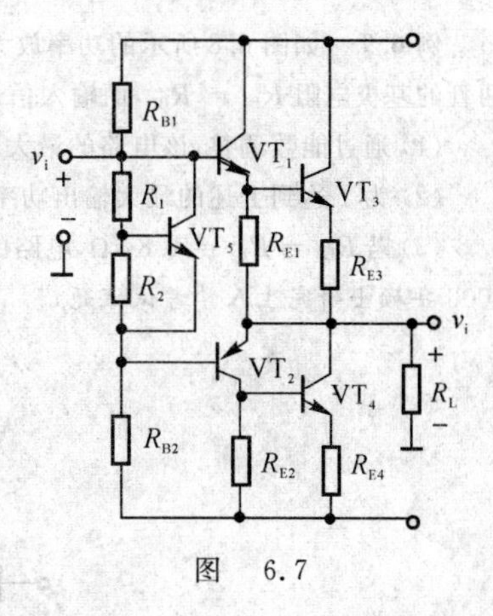

图 6.7

解 (1) 准互补 OCL 对称式。输出级功率管 VT_3 和 VT_4 既要互补又要确保性能对称，通常不易实现，因此考虑用同一类型的管子 VT_3，VT_4 作为输出功率高，而互补的实现可采用复合管的办法来解决，即图中的 VT_1，VT_3 复合为NPN型，而 VT_2，VT_4 复合为PNP型，常称此种电路结构为准互补对称式。又由于电路输出端无电容 C，故将该电路称为准互补 OCL 对称式输出结构。

(2) $VT_1 \sim VT_4$ 管的作用。$VT_1 \sim VT_4$ 构成准互补对称式输出，其中 VT_1，VT_3 复合为 NPN 管，VT_2，VT_4 复合为 PNP 型管。采用复合结构可大大提高电流放大系数，从而提高输出电流幅度；而采用互补对称结构，可确保输入正、负半周的信号不失真地出现在负载 R_L 上。

三极管 VT_5 和电阻 R_1，R_2 构成的电路称为 V_{BE} 扩大电路（或称 V_{BE} 倍增电路）。作用是为复合管提供适当的直流偏置，用以消除交越失真。该电路调整时应满足如下的关系：

$$I_{R1} \gg I_{R2}$$

式中，I_{R1} 为流过电阻 R_1 的电流；I_{B5} 为 VT_5 基极偏置电流。这样 VT_1，VT_2 管基极间的电压降 V_{B1B2} 近似为

$$V_{B1B2} \approx \left(1 + \frac{R_1}{R_2}\right) V_{BE}$$

调整电阻 R_1、R_2 即可得到 V_{BE} 任意倍数的直流电压值。同时该电路也具有一个PN结的任意倍数的温度系数，可用于温度补偿。

(3) 电阻 R_{E1}，R_{C2} 和 R_{E3}，R_{E4} 的作用。电阻 R_{E1}，R_{C2} 的调节可以保证输出 VT_3，VT_4 管有一个合适的静态工作点，使 I_{E3}，I_{E4} 不致过大；温度升高时，管 VT_3，VT_4 电流的增加，通过 R_{E1}，R_{C2} 可泄露掉一部分；另外 R_{E1}，R_{C2} 对 VT_2 管有限流保护的作用。

电阻 R_{E3}，R_{E4} 构成负反馈组态，具有稳定的工作点 Q，改善输出波形等作用，同时当负载 R_L 突然短路时有一定的限流保护作用。

(4) 静态输出电位调整。静态时 OCL 电路应将输出电压 v_o 调整到 0 V，通常可通过电阻 R_{B1}，R_{B2} 调整来实现。

(5) 调电阻 R_1 的作用。电阻 R_1 作为 V_{BE} 扩大电路的调整元件，主要用于调节加在 VT_1，VT_2 管基极间的直流电压，以消除交越失真。

(6) 负载上最大的不失真输出功率 P_{om}。在考虑 VT_3，VT_4 管的饱和压降 V_{CES} 以及限流电阻 R_{E3}，R_{E4} 的压降时，负载 R_1 上的最大不失真输出功率的表达式为

$$P_{om} = \frac{[(V_{CC} - V_{CES3} - V_{RE3})/\sqrt{2}]^2}{R_L}$$

式中，$V_{CES3} = 2\ V$，电阻 R_{E3} 压降为

$$V_{RE3} = \frac{V_{CC} - V_{CES}}{R_{E3} + R_L} R_{E3} = \frac{18 - 2}{0.5 + 8} \times 0.5 = 0.94\ V$$

于是

$$P_{om} = \frac{1}{2R_L}(18 - 2 - 0.94)^2 \approx 14.2\ W$$

例 6.9 如图 6.8 所示的功率放大电路中，VT_1，VT_2 的特性相同，$\beta=100$，$|V_{BE}|=0.75$，$V_{CES}\approx 0$ V，两管的基极电阻 $R_{B1}=R_{B2}$，而输入信号为正弦电压。试分析：

(1) 通过能数调整，该电路的最大不失真输出功率有可能达到多大？

(2) 为了达到上述的最大输出功率，VT_1，VT_2 的静态工作电流 I_{CQ} 至少应是多少？

(3) 若 $R_{B1}=R_{B2}=1.8$ kΩ，电路的最大不失真输出功率将是多少？效率又是多少？（北京航空航天大学 2006 年硕士研究生入学考试试题）

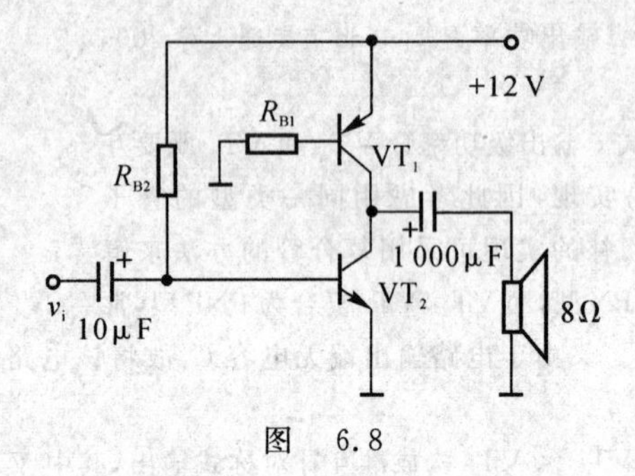

图 6.8

解 (1) 功率放大电路的最大输出功率是在输入为正弦波时，输出基本不失真的情况下，负载可以获得最大的交流功率。分析电路可知，在静态电流 I_{CQ} 足够大的条件下，该电路的最大不失真输出功率达到最大，此时负载两端的电压为 V_{CC} 的一半，且最大不失真输出功率为

$$P_{om}=\frac{1}{2}\frac{\left(\frac{1}{2}V_{CC}\right)^2}{R_L}=\frac{1}{2}\times\frac{36}{8}=2.25\ \text{W}$$

(2) 为了达到上述的最大输出功率，也就是为了使 $P_{om}=2.25$ W，则静态工作电流至少为

$$I_{CQ}=\frac{\frac{V_{CC}}{2}}{R_L}=\frac{6}{8}=0.75\ \text{A}$$

(3) 若 $R_{B1}=R_{B2}=1.8$ kΩ，则此时两管的基极电流分别为

$$I_{B1}=I_{B2}=\frac{12-0.75}{1.8}=\frac{11.25}{1.8}=6.25\ \text{mA}$$

集电极电流为

$$I_{C1}=I_{C2}=0.625\ \text{A}$$

此时，电路的最大不失真输出功率为

$$P_{om}=\frac{1}{2}\times 0.625^2\times 8\approx 1.56\ \text{W}$$

系统的总功耗为

$$P_u=V_{CC}I_{CQ}=12\times 0.625=7.5\ \text{W}$$

故电路此时的效率为

$$\eta=\frac{P_{om}}{P_u}\approx 20.8\%$$

分析 该电路其实是一个三极管放大电路（VT_2），V_T 可等效为动态电阻，$V_{CEQ}=6$ V。

6.4 自学指导

(1) 集成功率放大电路的分析与应用如表 6.4 所示。

表　6.4

名　称	内　容	说　明
集成功率放大电路的分析(LM386为例)	LM386是一种音频集成功放,内部电路为三级放大电路,分为输入级、中间级和输出级	LM386自身功耗低、电压增益可调、电源电压范围大、外接元件少、总谐波失真小,广泛应用于录音机和收音机中
集成功率放大电路的应用	集成OTL电路、OCL电路和BTL电路的应用	集成功率放大电路可分为通用型和专用型两大类。使用时,注意了解其内部电路组成特点及各管脚作用,以便合理使用

(2) 图6.9所示为LM3886桥式集成功放原理电路,双电源供电,负载(扬声器)$R_L = 8\ \Omega$,输出功率$P_o = 100\ W$,图中C_3,R_7与负载R_L并联,用来改善音质,C_1,C_2对音频呈短路,试分析电路工作原理,并求放大器增益$A_{vf} = (v_{o1} - v_{o2})/v_i$值。

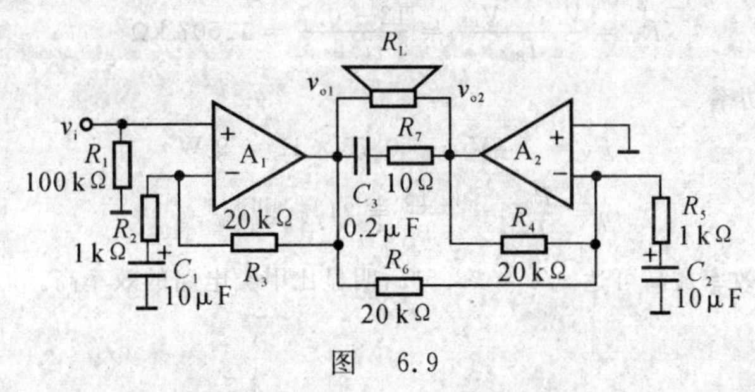

图　6.9

解　这是两个集成功率放大器组成的桥式功放电路。A_1构成同相放大器,增益为$A_{vf_1} = 1 + R_3/R_2$;A_2构成反相放大器,增益为$A_{vf_2} = -R_4/R_6$。负载是悬浮的,接在两放大器输出端之间。在输入信号v_i激励下,有

$$v_{o1} = (1 + R_3/R_2)v_i = \left(1 + \frac{20}{1}\right)v_i = 21v_i$$

A_2的输入为v_{o1},因此

$$v_{o2} = -\frac{R_4}{R_6}v_{o1} = -\frac{20}{20} \times v_{o1} = -v_{o1}$$

负载R_L上的电压为

$$v_o = v_{o1} - v_{o2} = 2v_{o1}$$

相应的输出功率为

$$P_o = \frac{1}{2}\frac{V_{om}^2}{R_L} = \frac{1}{2}\frac{(2V_{o1m})^2}{R_L} = 4\left(\frac{1}{2}\frac{V_{om}^2}{R_L}\right) = 4P_{o1}$$

上式表明,接成桥式功放电路后,合成的输出功率为单个放大器的四倍。同时我们也可以计算出这个放大器的放大倍数为

$$A_{vf} = \frac{v_{o1} - v_{o2}}{v_i} = \frac{2v_{o1}}{v_i} = 2A_{vf_1} = 2 \times 21 = 42$$

6.5　习题精选详解

6.1　在图题6.1所示电路中,设BJT的$\beta = 100$,$V_{BE} = 0.7\ V$,$V_{CES} = 0.5\ V$,$I_{CEO} = 0$,电容C对交流可

视为短路，输入信号 v_i 为正弦波。

(1) 计算电路可能达到的最大不失真输出功率 P_{om}；

(2) 此时 R_b 应调节到什么数值？

(3) 此时电路的效率 $\eta=$？试与工作在乙类的互补对称电路比较。

解 这是典型的甲类功率放大电路，由输出特性曲线得

(1) $$P_{om}=\frac{1}{2}V_{cem}\frac{(V_{CC}/2)}{R_L}=\frac{1}{2}\frac{(V_{CC}/2-V_{CES}/2)\cdot(V_{CC}/2)}{R_L}=$$

$$\frac{1}{2}\times(6-0.25)\times\frac{6}{8}=2.16\ \text{W}$$

(2) 此时 $$I_{CM}=\frac{V_{CC}/2}{R_L}=\frac{6}{8}=0.75\ \text{A}$$

$$I_{BM}=\frac{I_{CM}}{\beta}=\frac{0.75}{100}=7.5\ \text{mA}$$

$$I_{BM}=\frac{V_{CC}-V_{BE}}{R_b}$$

得 $$R_b=\frac{V_{CC}-V_{BE}}{I_{BM}}=\frac{12-0.7}{7.5}=1.507\ \text{k}\Omega$$

(3) 直流电源提供的功率

$$P_V=I_{CM}V_{CC}=0.75\times12=9\ \text{W}$$

$$\eta=\frac{P_{om}}{P_V}=\frac{2.16}{9}=24\%$$

乙类互补对称电路的效率最高可达 $\pi/4=78.5\%$，明显比甲类电路的效率高。

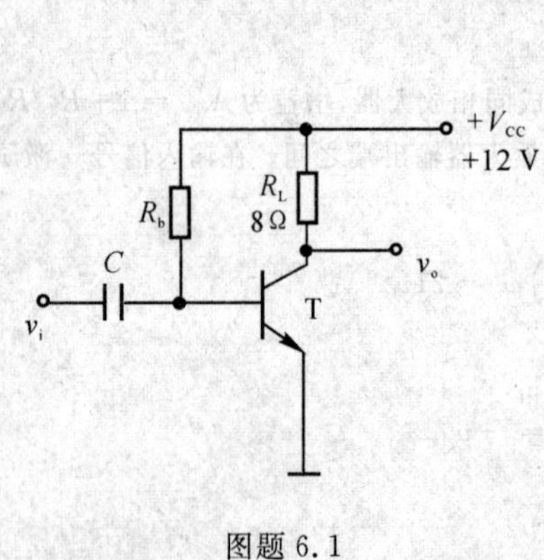

图题 6.1

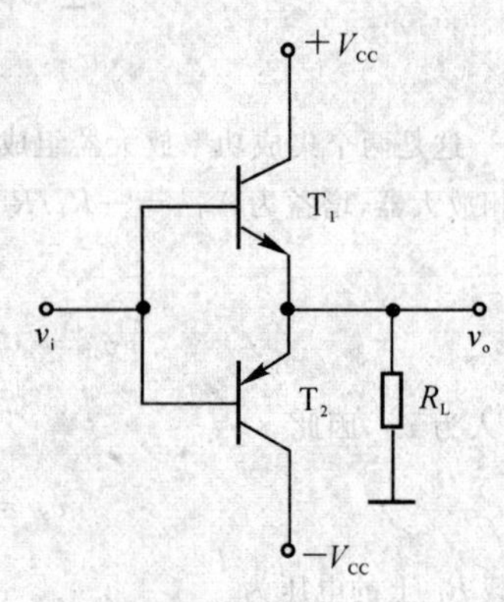

图题 6.2

6.2 一双电源互补对称电路如图题 6.2 所示，设已知 $V_{CC}=12$ V，$R_L=16\ \Omega$，v_i 为正弦波。求：

(1) 在 BJT 的饱和压降 V_{CES} 可以忽略不计的条件下，负载上可能得到的最大输出功率 P_{om}；

(2) 每个管子允许的管耗 P_{CM} 至少应为多少？

(3) 每个管子的耐压 $|V_{(BR)CEO}|$ 应大于多少？

解 (1) $$P_{om}=\frac{1}{2}\frac{V_{CC}^2}{R_L}=\frac{1}{2}\times\frac{12\times12}{16}=4.5\ \text{W}$$

(2) $$P_{T_1}\approx0.2P_{om}=0.2\times4.5=0.9\ \text{W}$$

即 $P_{CM}\geqslant0.9$ W。

(3) $$|V_{(BR)CEO}|\geqslant2\times12=24\ \text{V}$$

6.3 在图题 6.2 所示电路中，设 v_i 为正弦波，$R_L=8\ \Omega$，要求最大输出功率 $P_{om}=9$ W。试求在 BJT 的饱和压降 V_{CES} 可以忽略不计的条件下，求：

(1) 正、负电源 V_{CC} 的最小值；

(2) 根据所求 V_{CC} 最小值，计算相应的 I_{CM}，$|V_{(BR)CEO}|$ 的最小值；

(3) 输出功率最大($P_{om}=9$ W)时，电源供给的功率 P_V；

(4) 每个管子允许的管耗 P_{CM} 的最小值；

(5) 当输出功率最大($P_{om}=9$ W)时的输入电压有效值。

解　(1)　$P_{om}\leqslant\dfrac{1}{2}\dfrac{V_{CC}^2}{R_L}$，　$V_{CC}\geqslant|\sqrt{2R_LP_{om}}|=12$ V

即 V_{CC} 至少应满足等于 12 V。

(2)
$$I_{CM}=\frac{V_{CC}}{R_L}=\frac{12}{8}=1.5\text{ A}$$
$$|V_{(BR)CEO}|\geqslant2\times12=24\text{ V}$$

(3)
$$P_{Vm}=\frac{2}{\pi}\frac{V_{CC}V_{om}}{R_L}=\frac{2}{\pi}\frac{V_{CC}^2}{R_L}=\frac{2\times12\times12}{3.14\times8}=11.46\text{ W}$$

(4)
$$P_{CM}\geqslant P_{T_1}=0.2P_{om}=0.2\times9=1.8\text{ W}$$

(5) 由 $P_{om}=\dfrac{1}{2}\dfrac{V_{om}^2}{R_L}\approx\dfrac{v_i^2}{R_L}$，得
$$v_i=\sqrt{R_LP_{om}}=\sqrt{8\times9}\approx8.49\text{ V}$$

6.4　设电路如图题 6.2 所示，管子在输入信号 v_i 作用下，在一周期内 T_1 和 T_2 轮流导电约 180°，电源电压 $V_{CC}=20$ V，负载 $R_L=8\ \Omega$，试计算：

(1) 在输入信号 $V_i=10$ V(有效值)时，电路的输出功率、管耗、直流电源供给的功率和效率；

(2) 当输入信号 v_i 的幅值为 $V_{im}=V_{CC}=20$ V时，电路的输出功率、管耗、直流电源供给的功率和效率。

解　(1) $P_o=\dfrac{V_i^2}{R_L}=\dfrac{10\times10}{8}=12.5$ W
$$P_V=\frac{2}{\pi}\frac{V_{om}V_{CC}}{R_L}=\frac{2}{\pi}\frac{\sqrt{2}V_iV_{CC}}{R_L}=\frac{2}{3.14}\frac{\sqrt{2}\times10\times20}{8}=22.29\text{ W}$$
$$P_{T_1}=P_{T_2}=\frac{P_V-P_O}{2}=\frac{22.29-12.5}{2}=4.9\text{ W}$$
$$\eta=\frac{P_o}{P_V}=\frac{12.5}{22.29}\times100\%=56\%$$

(2)
$$P_o=\frac{1}{2}\frac{V_{im}^2}{R_L}=\frac{1}{2}\times\frac{20\times20}{8}=25\text{ W}$$
$$P_V=\frac{2}{\pi}\frac{V_{om}V_{CC}}{R_L}=\frac{2}{3.14}\times\frac{20\times20}{8}=31.85\text{ W}$$
$$P_{T_1}=P_{T_2}=\frac{P_V-P_O}{2}=\frac{31.85-25}{2}=3.4\text{ W}$$
$$\eta=\frac{P_o}{P_V}=\frac{25}{31.85}\times100\%=78.5\%$$

6.5　一单电源互补对称功放电路如图题 6.3 所示，设 v_i 为正弦波，$R_L=8\ \Omega$，管子的饱和压降 V_{CES} 可忽略不计。试求最大不失真输出功率 P_{om}(不考虑交越失真)为 9 W 时，电源电压 V_{CC} 至少应为多大？

解
$$P_{om}=\frac{1}{2}\frac{(V_{CC}/2)V_{om}}{R_L}=\frac{1}{2}\frac{(V_{CC}/2)^2}{R_L}$$

即
$$(V_{CC}/2)^2=2P_{om}R_L$$
$$V_{CC}/2=\sqrt{2P_{om}P_L}=\sqrt{2\times9\times8}=12\text{ V}$$

故 $V_{CC}=24$ V。

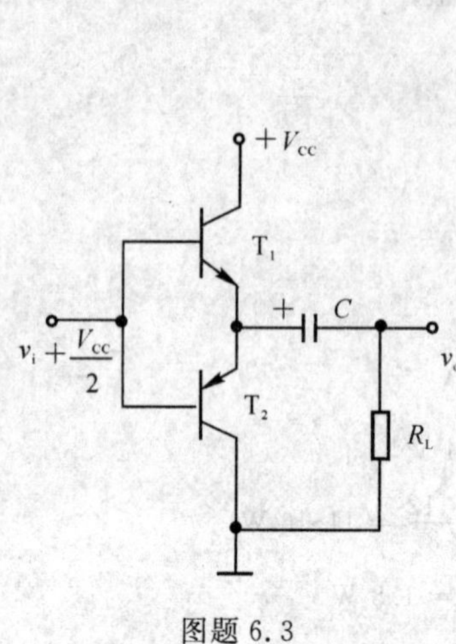

图题 6.3

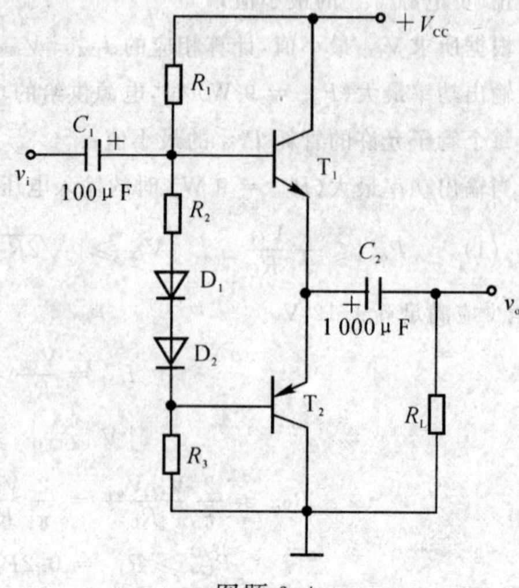

图题 6.4

6.6 一单电源互补对称电路如图题6.4所示，设T_1、T_2的特性完全对称，v_i为正弦波，$V_{CC}=12$ V，$R_L=8\ \Omega$。试回答下列问题：

(1) 静态时，电容C_2两端电压应是多少？调整哪个电阻能满足这一要求？

(2) 动态时，若输出电压v_o出现交越失真，应调整哪个电阻？如何调整？

(3) 若$R_1=R_2=1.1\ \text{k}\Omega$，$T_1$和$T_2$的$\beta=40$，$|V_{BE}|=0.7$ V，$P_{CM}=400$ mV，假设D_1，D_2，R_2中任意一个开路，将会产生什么后果？

解 (1)C_2两端电压是$V_{CC}/2=6$ V。通过调整R_1，R_3可以满足这一要求。

(2) 若动态出现交越失真，应调整R_2使之增大，这样就相应提高了T_1、T_2两基极间的电压，消除交越失真。

(3)D_1，D_2，R_2中任意一个开路

$$I_B=\frac{V_{CC}/2-V_{BE}}{R_1}=\frac{6-0.7}{1.1}=4.82\ \text{mA},\quad I_C=\beta I_B=40\times4.82=192.8\ \text{mA}$$

$$P_C=I_C\frac{V_{CC}}{2}=192.8\times6=1\,156.8\ \text{mW},\quad P_C\gg P_{CM}$$

可见，会烧坏管子。

6.7 在图题6.4所示单电源互补对称电路中，已知$V_{CC}=35$ V，$R_L=35\ \Omega$，流过负载电阻的电流为$i_O=0.45\cos\omega t$ (A)。求：(1) 负载上所能得到的功率P_o；(2) 电源供给的功率P_V。

解 (1) $P_o=\frac{1}{2}I_{om}^2R_L=\frac{1}{2}\times0.45\times0.45\times35=3.54$ W

(2) $$P_V=\frac{2}{\pi}\frac{(V_{CC}/2)V_{om}}{R_L}=\frac{2}{\pi}(V_{CC}/2)I_{om}=\frac{2}{3.14}\times17.5\times0.45=5.02\ \text{W}$$

6.8 一双电源互补对称电路如图题6.5所示(图中未画出T_3的偏置电路)，设输入电压v_i为正弦波，电源电压$V_{CC}=24$ V，$R_L=16\ \Omega$，由T_3管组成的放大电路的电压增益$\Delta v_{C3}/\Delta v_{B3}=-16$，射极输出器的电压增益为1，试计算当输入电压有效值$V_i=1$ V时，电路的输出功率P_o，电源供给的功率P_V、两管的管耗P_T以及效率η。

解 (1) 由$\frac{\Delta v_{C3}}{\Delta v_{B3}}=-16$，$T_2$，$T_1$组成的射极输出电压增益为1，得

$$V_i=1\ \text{V(有效值)},\quad |V_o|=16\ \text{V}$$

$$P_o=\frac{V_o^2}{R_L}=\frac{16\times16}{16}=16\ \text{W},\quad P_V=\frac{2}{\pi}\frac{V_{om}V_{CC}}{R_L}=\frac{2}{\pi}\frac{\sqrt{2}V_oV_{CC}}{R_L}=21.6\ \text{W}$$

$$P_T = P_V - P_o = 21.6 - 16 = 5.6\ \text{W}, \quad \eta = \frac{P_o}{P_V} = \frac{16}{21.6} \times 100\% = 74\%$$

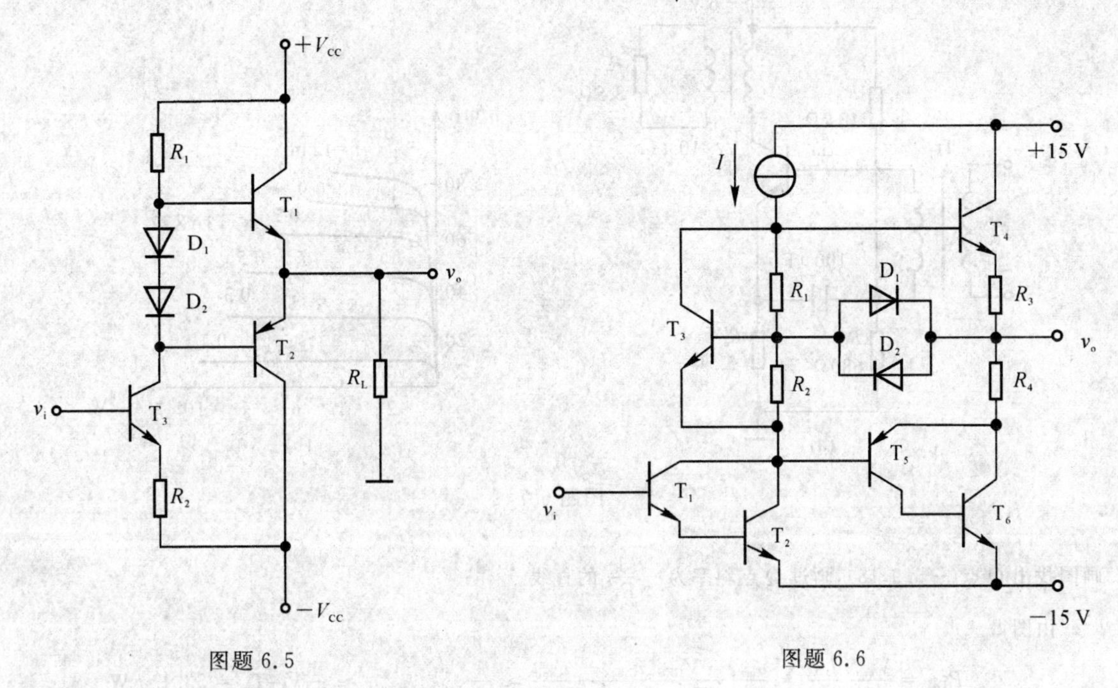

图题 6.5　　　　图题 6.6

6.9　某集成电路的输出级如图题 6.6 所示。试说明：

(1) R_1, R_2 和 T_3 组成什么电路，在电路中起何作用；

(2) 恒流源 I 在电路中起何作用；

(3) 电路中引入了 D_1, D_2 作为过载保护，试说明其理由。

解　(1) T_3, R_1, R_2 组成偏置电压电路，利用 $V_{BE3} = \frac{R_1 + R_2}{R_2} = V_{CE3}$ 给 T_4, T_5, T_6 提供偏压值，且 R_1, R_2 可调，使电路 T_4, T_5, T_6 处于微导通状态。

(2) 恒流源的作用是使 i_{B4} 恒定，使 T_4 充分导电。

(3) 如果因种种原因使 $v_O \uparrow$，则通过 D_2, T_3 使 $v_{C3} \uparrow$；反之使 T_4 的 $v_{B4} \uparrow$，保持 V_{BE4} 稳定，从而保护 T_4；同样 T_5, T_6 受 D_1, T_3 保护。

6.10　在如图题 6.7(a) 所示电路中，试用图解法求出负载上的输出功率和效率。设输出变压器效率为 80%，T 型号为 3AX22，其输出特性如图题6.7(b) 所示。

提示：此题的等效交流负载电阻 $R_L' = \left(\frac{N_1}{N_2}\right)^2 R_L$，且 N_1, N_2 分别为变压器初、次级绕组的匝数。

解　集电极等效电阻

$$R_L' = \left(\frac{N_1}{N_2}\right)^2 R_L = 10^2 R_L = 0.35\ \text{k}\Omega$$

交流负载线是一条斜率为 $-\frac{1}{R_L'}$ 的通过 Q 点的直线。

求静态 Q 点

$$V_B = \frac{R_{b2}}{R_{b1} + R_{b2}} V_{CC} = \frac{680}{13 \times 10^3 + 680} \times (-6) \approx -0.3\ \text{V}$$

$$V_E = V_B - V_{BE} = -0.3 + 0.2 = -0.1\ \text{V}$$

$$I_E \approx \frac{|V_E|}{R_e} = \frac{0.1}{5.5} = 18\ \text{mA}$$

$$V_{CE} = V_{CC} - I_E R_e = -6 + 18 \times 5.5 = -5.9\ \text{V}$$

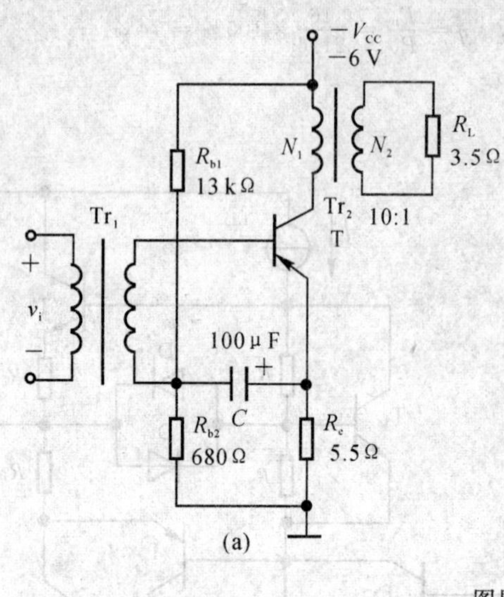

图题 6.7

画图找出 Q 点$(-5.9,18)$，画过 Q 点斜率为 $-\frac{1}{R_L'}$ 的直线。

由图得

$$P_{OC}=\frac{V_{cem}}{\sqrt{2}}\frac{I_{CM}}{2}=\frac{v_{max}-V_{CES}}{2\sqrt{2}}\frac{i_{Cmax}-i_{Cmin}}{2\sqrt{2}}\approx\frac{1}{8}v_{CEmax}i_{Cmax}\approx\frac{1}{2}V_{CE}I_C=53.1\text{ mW}$$

$$P_V=V_{CC}I_C=6\times18=108\text{ mW}$$

$$P_o=P_{oc}\eta_T=53.1\times0.8=42.48\text{ mW}$$

$$\eta=\frac{P_o}{P_V}=\frac{42.48}{108}\times100\%=39\%$$

6.11 一个简易手提式小型扩音机的输出级如图题 6.8 所示。

(1) 试计算负载上的输出功率和扩音机效率；

(2) 验算功率 BJT3AD1 的定额是否超过。

提示：① 电路基本上工作在乙类，Tr_2 内阻可忽略，变压器效率为 0.8，管子 3AD1 的 $|V_{(BR)CER}|=30$ V，$I_{CM}=1.5$ A，$P_{CM}=1$ W（加散热片 $150\times150\times3\text{ mm}^3$ 时为 8 W）；② 此题的等效交流负载电阻 $R_L'=(N_1/N_2)^2R_L$；③ 可参考双电源互补对称电路的有关计算公式算出 BJT 集电极输出功率，再乘以变压器效率就得出负载 R_L 上的输出功率。

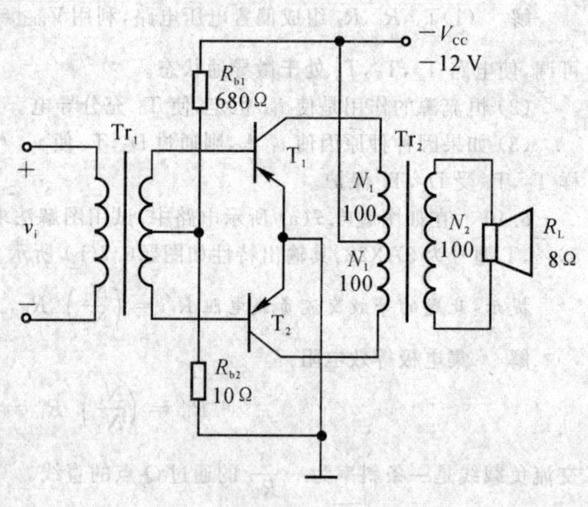

图题 6.8

解 由图示得 $R_L'=\left(\frac{N_1}{N_2}\right)^2R_L=R_L$，它的工作原理与 OCL 相似。

(1)
$$P_C=\frac{1}{2}\frac{V_{CC}^2}{R_L'}=\frac{1}{2}\times\frac{12\times12}{8}=9\text{ W}$$

$$P_o=\eta_{Tr_2}P_C=0.8\times9=7.2\text{ W}$$

$$P_V=\frac{2}{\pi}\frac{V_{CC}^2}{R_L}=\frac{2}{3.14}\times\frac{12\times12}{8}=11.46\text{ W}$$

$$\eta=\frac{P_o}{P_V}=\frac{7.2}{11.46}\times100\%=62.8\%$$

(2)　$V_{cem}=2V_{CC}=24\ \text{V}$

$$P_{T_1}=P_{T_2}=\frac{1}{2}(P_V-P_C)=\frac{1}{2}\times2.46=1.23\ \text{W}$$

$$I_C=\frac{V_{CC}}{R_L{}'}=\frac{12}{8}=1.5\ \text{A}$$

$$V_{cem}<|V_{(BR)CER}|,\quad I_C=I_{CM}$$

$$P_{T_1}<P_{CM}$$

选用的管子可以满足电路要求。

6.12　一个用集成功放 LM384 组成的功率放大电路如图题 6.9 所示。已知电路在通带内的电压增益为 40 dB,在 $R_L=8\ \Omega$ 时不失真的最大输出电压(峰-峰值)可达 18 V。求当 v_i 为正弦信号时:

(1) 最大不失真输出功率 P_{om};

(2) 输出功率最大时的输入电压有效值。

解　(1)　$P_{om}=\dfrac{1}{2}\dfrac{V_{om}^2}{R_L}=\dfrac{1}{2}\times\dfrac{9\times9}{8}=5.1\ \text{W}$

(2) 电压增益是 40 dB,相当于放大增益为 100,则

$$v_{im}=\frac{v_{om}}{A_v}=\frac{9}{100}=0.09\ \text{V}$$

其有效值为　$v_i=\dfrac{0.09}{\sqrt{2}}=0.064\ \text{V}=64\ \text{mV}$

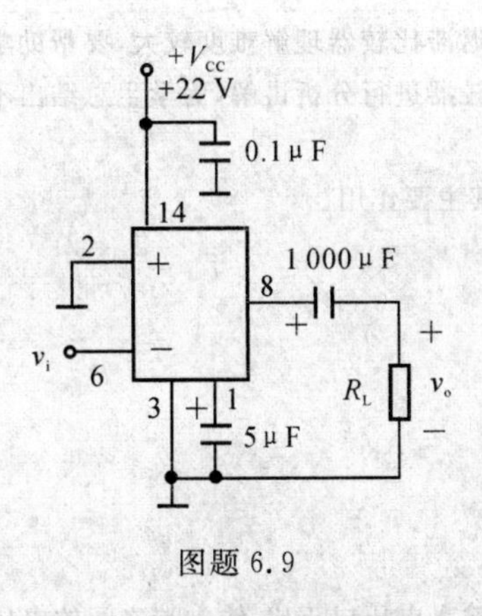

图题 6.9

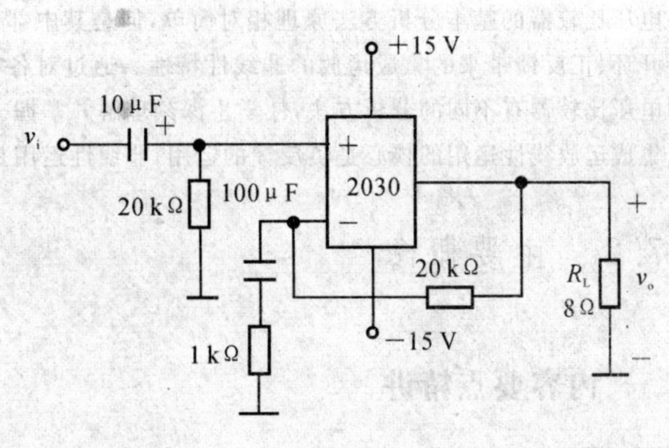

图题 6.10

6.13　2030 集成功率放大器的一种应用电路如图题 6.10 所示,假定其输出级 BJT 的饱和压降 V_{CES} 可以忽略不计,v_i 为正弦电压。

(1) 指出该电路是属于 OTL 还是 OCL 电路;

(2) 求理想情况下最大输出功率 P_{om};

(3) 求电路输出级的效率 η。

解　(1)2030 是双电源集成运放,由此构成 OCL 电路。

(2)　$P_{om}=\dfrac{1}{2}\dfrac{V_{om}^2}{R_L}\approx\dfrac{1}{2}\dfrac{V_{CC}^2}{R_L}=\dfrac{1}{2}\times\dfrac{15\times15}{8}=14.06\ \text{W}$

(3)　$P_V=\dfrac{2}{\pi}\dfrac{V_{CC}^2}{R_L}=\dfrac{2}{3.14}\times\dfrac{15\times15}{8}=17.9\ \text{W},\quad \eta=\dfrac{P_{om}}{P_V}=\dfrac{14.06}{17.9}\times100\%=78.5\%$

第7章　信号处理与信号产生电路

7.1　教学建议

集成运放的基本应用电路从功能上来看有信号的运算处理和信号的产生电路等。其本质区别是集成运放的线性运用和非线性运用。

信号处理电路和信号产生电路内容比较广泛，包括有源滤波、基本运算电路、电压比较器和取样－保持电路等。按照集成运放的线性运用（重点讨论有源滤波、基本运算电路）和非线性运用（电压比较器、信号发生器）。

基本运算电路分析方法和内容难度不大，但涉及具体电路类型较多。涉及的基本电路都包含负反馈的内容，其中由深度负反馈带来的“虚短”“虚断”概念在线性分析中是主要方法和手段。通过图示讲解的方法对各种具体运算电路分析方法和技巧重点讲解。可以通过举例说明一个题目可以采取多种不同的设计方法实现。通过对不同设计方法的比较，既为学习基本内容打下良好基础，又可帮助学生在实际设计电路中开拓思路。

电压比较器的基本分析方法原理相对简单，但是其中部分内容如迟滞比较器理解难度较大，要帮助学生分析开环、正反馈带来的集成运放的非线性特性。通过对各种电压比较器进行分析讲解，为学生总结出不同类型电压比较器有不同的分析方法，使学生深刻理解并掌握。

集成运放线性运用的核心是负反馈的运用，非线性运用是正反馈其主要作用。

7.2　主要概念

一、内容要点精讲

1. 运放线性应用和非线性应用的特点

(1) 运放的线性应用：运放线性应用时工作于线性区，输出电压与输入电压成正比，输入端之间的电压趋于零，称为“虚短”，即

$$v_P = v_N$$

输入端电流为零，称为“虚断”，即

$$i_P = i_N \approx 0$$

这是分析运放线性应用电路的关键，应牢固掌握并善于灵活应用。

运放线性范围很小，为使运放工作于线性区，运放必须施加负反馈。这是运放线性应用在电路结构上的特征。

同相放大器和反相放大器是最基本的运放线性应用电路，这两种基本应用电路都引入负反馈，工作在闭环状态，分析时都遵循 $v_P = v_N$ 和 $i_P = i_N \approx 0$ 的原则。反相放大器的输入信号加到反相端。电路为电压并联负反馈。由于 $v_P = 0$，所以 $v_N = 0$，称为“虚地”。由于 $v_P = v_N = 0$，反相放大器中的运放没有共模输入电压。同相放大器输入信号加到同相输入端，电路为电压串联负反馈。由于 $v_P = v_N \neq 0$，所以，同相放大器中的运放引进了共模输入信号。

(2) 运放的非线性应用：运放非线性应用时其电路结构特征是运放不加负反馈或施加正反馈。运放输出电压与输入电压不成正比，在大信号作用下，运放输入输出电压之间的关系可表示为

$$v_o = \begin{cases} +V_{om}, & v_P > v_N \\ -V_{om}, & v_P < v_N \end{cases}$$

其中 $+V_{om}$ 和 $-V_{om}$ 分别为运放最大和最小输出电压值。上式说明，运放工作在大信号非线性区时，输出只有两个状态，$v_+ = v_-$ 是两种状态的转折点，这是分析集成运放开环应用电路的基本依据。应牢固掌握并灵活应用。

2. 运放的非理想特性

运放是一种优良的增益器件。在讨论各种功能电路的组成原理时，可以将运放理想化。但是集成运放毕竟是非理想的，因此，在分析各种应用电路性能时必须考虑集成运放实际性能的影响。

(1) 直流和低频参数对性能的影响：考虑运放差模特性、共模特性和输入直流误差特性时，运放的电路模型如图 7.1 所示，该电路模型可根据应用场合的不同做适当的简化。

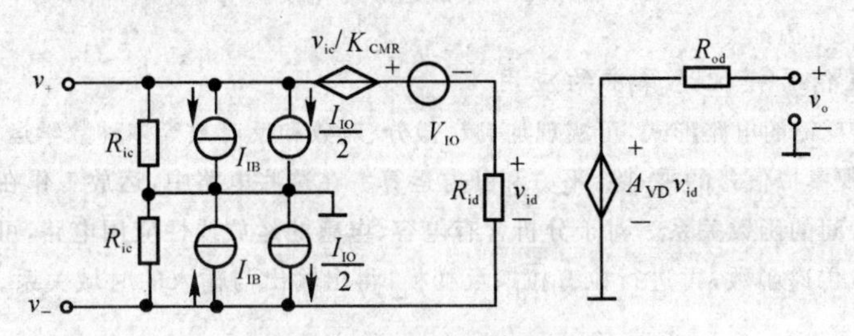

图 7.1　集成运放的电路模型

(2) 高频参数对性能的影响：采用内补偿的集成运放可近似看成为一单极点系统，即

$$A_{VD}(j\omega) = \frac{A_{VD}(0)}{1 + j\omega/\omega_p}$$

开环带宽为

$$BW = f_p = \frac{\omega_p}{2\pi}$$

当 $\omega \gg \omega_p$ 时

$$A_{VD}(j\omega) \approx A_{VD}\omega_p/(j\omega)$$

单位增益带宽为

$$BW_G = A_{VD} f_p = A_{VD} BW$$

运放闭环应用时 BW_G 就是反馈放大器的增益带宽积，即

$$A_{VF} BW_f = BW_G$$

BW_f 为闭环带宽。

(3) 运放的大信号特性：理解运放大信号特性的关键是转换速率。运放的转换速率 S_R 是指集成运放输出电压随时间的最大变化速率，即

$$S_R = \left.\frac{dv_o(t)}{dt}\right|_{max}$$

图 7.2 示出分析 S_R 的运放简化模型。分析可知

$$S_R = \left.\frac{dv_o(t)}{dt}\right|_{max} = \pm\frac{I_Q}{C_\varphi}$$

说明产生转换速率的原因在于补偿电容 C_φ 的充放电速率受到输入差放级能够提供的最大电流的限制。

与 S_R 相关的另一个大信号参数是满功率带宽 BW_P，BW_P 与 S_R 的关系为

$$BW_P = \frac{S_R}{2\pi V_{om}}$$

V_{om} 是运放输出最大不失真正弦电压振幅。BW_P 实际上限制了运放电路在大信号工作时的最高输出正弦信号的频率。从另一个角度看，在一定频率范围内大信号正弦信号的输出幅度是有限制的。

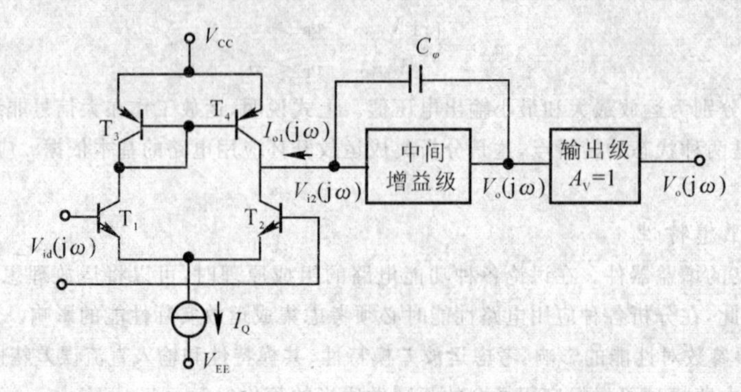

图 7.2　集成运放简化模型

3. 集成运放在信号模拟运算中的应用

集成运放接成负反馈的电路形式，可实现加、减、微分、对数和反对数等多种数学运算。反馈网络中若包含模拟乘法器，可实现模拟信号的乘、除、平方和开方运算。在这些电路中，运放工作在线性区，可用虚短和虚断分析输出与输入间的函数关系。对于分析含有电容、电感的运放线性应用电路，可运用拉普拉斯变换，先求出电路的复频域传递函数，再进行拉普拉斯反变换，得出输出与输入的时域关系。运算电路归纳于表 7.2 中。

4. 有源滤波电路

(1) 有源滤波电路的功能、特点、分类：

功能：滤波器是一种选频电路，它能使有用频率信号通过，而同时抑制无用频率信号的电路。

特点：不使用电感元件；输入阻抗高，输出阻抗低，易于级联；参数易调节。

分类：高通、低通、带通、带阻和全通滤波电路。

(2) 对偶关系：

在 LPF 电路中，起滤波作用的 R 和 C 的位置相应互换就可得到 HPF 电路。

在 LPF 的传递函数中，将 s 换成 $\frac{1}{s}$ 并对其系数做一些调整，则得到相应的 HPF 的传递函数。

HPF 和 LPF 的幅频特性以垂线 $\omega=\omega_n$ 对称，参见表 7.1。

(3) 二阶有源滤波器的一般构成方法，要构成二阶有源滤波电路，一般有以下几种方法：

1) 运放组成有限增益放大器构成压控电压源有源滤波电路。其一般电路结构如图 7.3(a) 所示。电路传递函数为

$$A(s)=\frac{V_o(s)}{V_S(s)}=\frac{A'Y_1Y_3}{Y_4(Y_1+Y_2+Y_3)+[Y_1+Y_2(1-A')]Y_3}$$

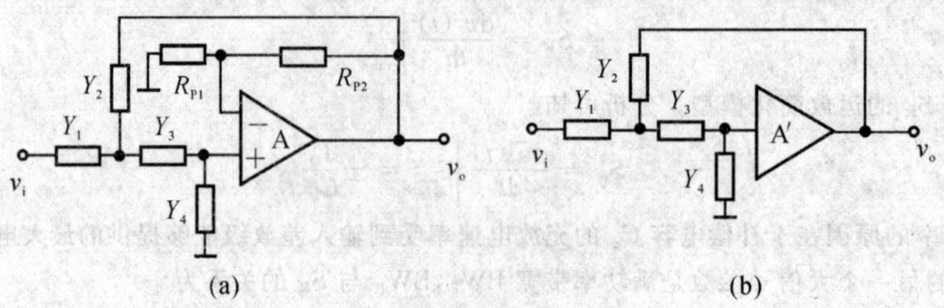

图 7.3　压控电压源滤波器

式中，$A'=(R_{P1}+R_{P2})/R_{P1}$。电路选取不同的导纳 $Y_1\sim Y_4$ 的组合就可获得低通、高通及带通等不同类型的传递函数。

2）运放作为无限增益放大器构成的多环反馈型二阶有源滤波电路，其一般电路结构如图 7.4 所示。电路传递函数为

$$A(s)=\frac{V_o(s)}{V_S(s)}=\frac{-Y_1Y_3}{Y_5(Y_1+Y_2+Y_3+Y_4)+Y_3Y_4}$$

$Y_1\sim Y_5$ 选取不同的元件可以实现不同的滤波特性。

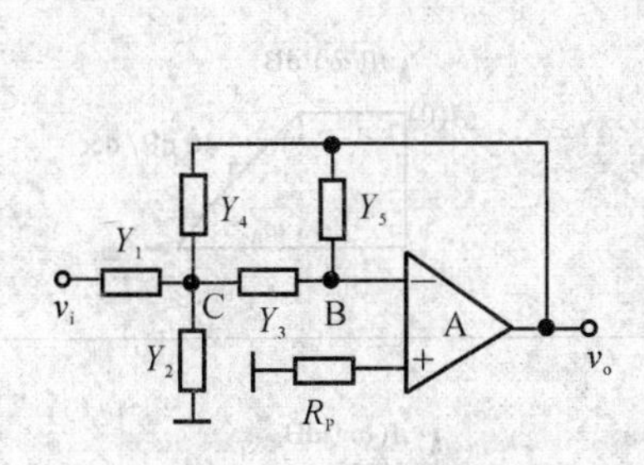

图 7.4　多重反馈有源滤波器

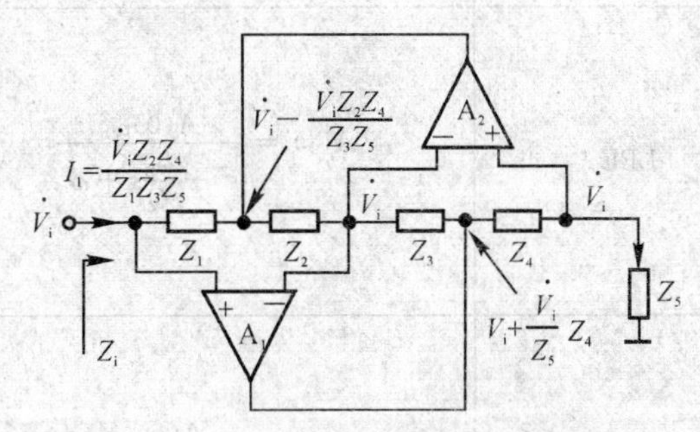

图 7.5　频变负阻电路产生模拟电感

3）运放构成频变负阻电路产生模拟电感组成有源滤波电路。图 7.5 给出了“频变负阻”电路，可以导出等效输入阻抗为

$$Z_i=\frac{V_i}{I_i}=\frac{Z_1Z_3Z_5}{Z_2Z_4}$$

令 $Z_1=Z_3=Z_5=Z_2=R, Z_4=\dfrac{1}{\mathrm{j}\omega C}$，则

$$Z_i=\mathrm{j}\omega R^2C=\mathrm{j}\omega L$$

即该电路输入端等效为一电感。该电路和 R,C 元件配合，可以组成各种滤波器。

4）基于双积分环的二阶有源滤波器。这种滤波器又称为状态变量滤波器，如图 7.6 所示。这种滤波器三个不同输出端分别对应高通、带通和低通，实现了多种滤波功能。

5. 电压比较器及非正弦信号产生电路

(1) 电压比较器。理解电压比较器的关键是：什么是门限电压，如何确定门限电压；比较器输出幅度如何确定；怎样确定比较器的传输特性。

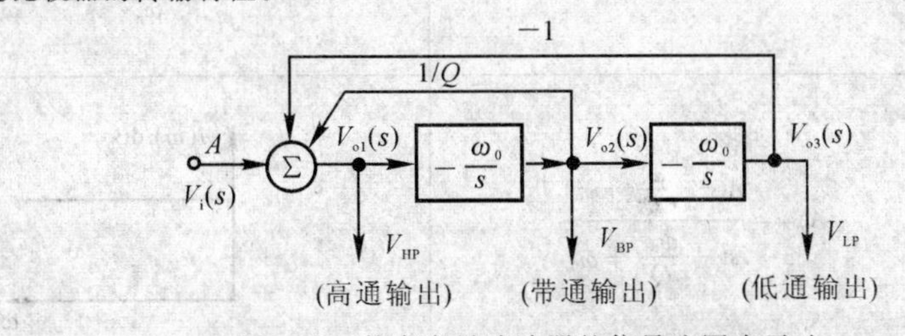

图 7.6　状态变量滤波器的信号流图表示法

(2) 非正弦波振荡器。非正弦波振荡器主要包括方波、三角波和锯齿波等电压波的产生，电路一般由三大部分组成；具有开关特性的器件或电路，最常见的是迟滞比较器；能实现时间延迟的延迟环节，典型的是 RC 低通和运放构成的积分器；具备使开关器件式电路改变状态的反馈网络。非正弦波的振荡频率、幅度及占空比是分析计算的内容。

二、重点、难点

(1) 二阶滤波器的标准传递函数及相应的幅频特性波特图如表 7.1 所示。

表 7.1　二阶滤波器的标准传递函数及相应的幅频特性波特图

滤波器类型	传递函数	幅频特性波特图
LPE	$A(s)=\dfrac{A(0)\omega_n^2}{s^2+\dfrac{\omega_n}{Q}s+\omega_n^2}$	$A(\omega)$/dB, $A(0)$, −40 dB/ dec, ω_n, ω
HPF	$A(s)=\dfrac{A(\infty)s^2}{s^2+\dfrac{\omega_n}{Q}s+\omega_n^2}$	$A(\omega)$/dB, $A(\infty)$, +40 dB/ dec, ω
BPF	$A(s)=\dfrac{A(\omega_n)\dfrac{\omega_n}{Q}s}{s^2+\dfrac{\omega_n}{Q}s+\omega_n^2}$	$A(\omega)$/dB, $A(\omega_s)$, ω_n, ω
BRF	$A(s)=\dfrac{A(A^2-\omega_n^2)}{s^2+\dfrac{\omega_n}{Q}s+\omega_n^2}$	$A(\omega)$/dB, A, ω_n, ω
APF	$A(s)=\dfrac{A(s^2-\dfrac{\omega_s}{Q}s+\omega_n^2)}{s^2+\dfrac{\omega_n}{Q}s+\omega_n^2}$	$A(\omega)$/dB, ω

(2) 运算电路一览表如表 7.2 所示。

表 7.2 运算电路一览表

电路名称	电路结构	基本传输关系
反相比例放大电路	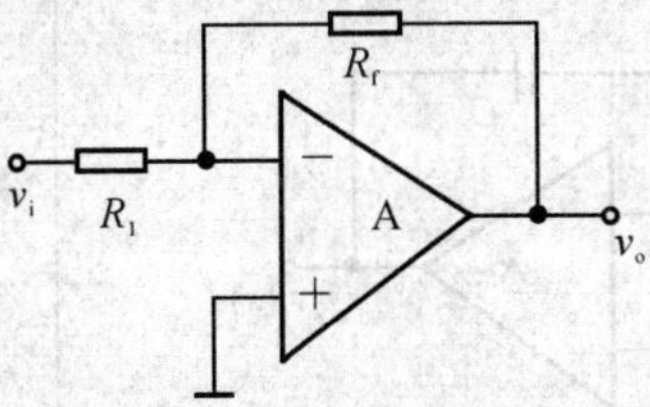	$A_{vf}=\dfrac{v_o}{v_i}=-\dfrac{R_f}{R_1}$
同相比例放大电路	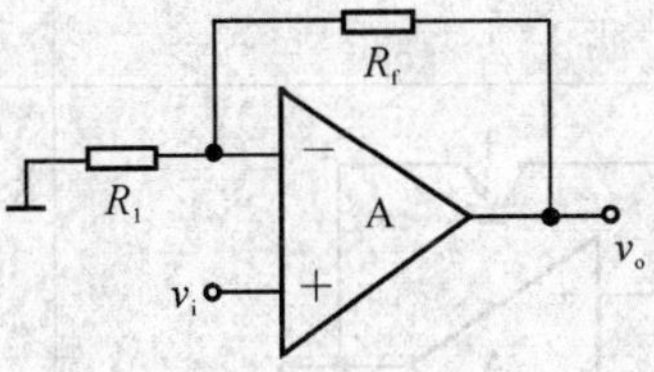	$A_{vf}=\dfrac{v_o}{v_i}=\dfrac{R_1+R_f}{R_1}$
同相跟随器(缓冲器或隔离器)	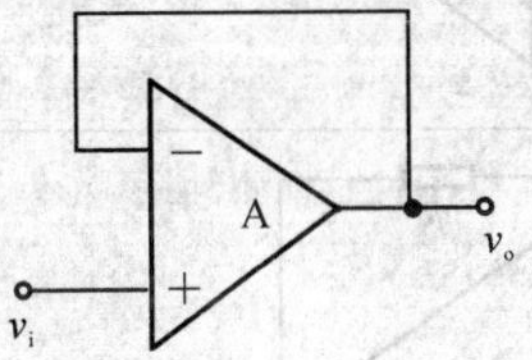	$v_o=v_i$ $R_{if}\to\infty$ $R_{of}=0$
反相加法器	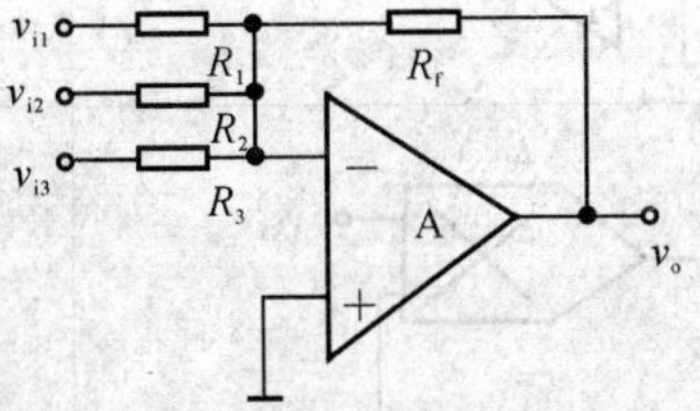	$v_o=-\left(\dfrac{R_f}{R_1}v_{i1}+\dfrac{R_f}{R_2}v_{i2}+\dfrac{R_f}{R_3}v_{i3}\right)$
同相加法器	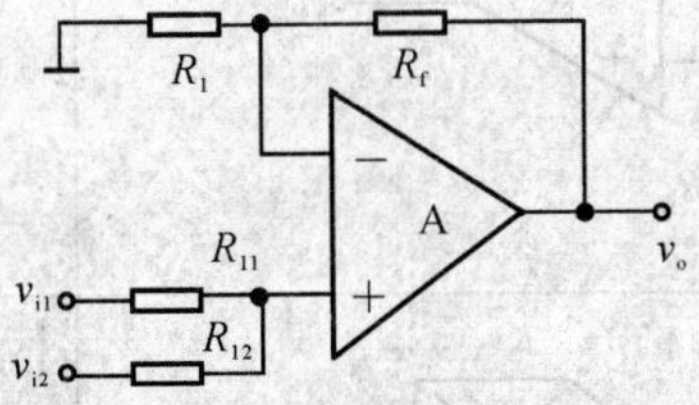	$v_o=\dfrac{R_{12}}{R_{11}+R_{12}}\left(1+\dfrac{R_f}{R_1}\right)v_{i1}+\dfrac{R_{11}}{R_{11}+R_{12}}\left(1+\dfrac{R_f}{R_1}\right)v_{i2}$
反相微分器	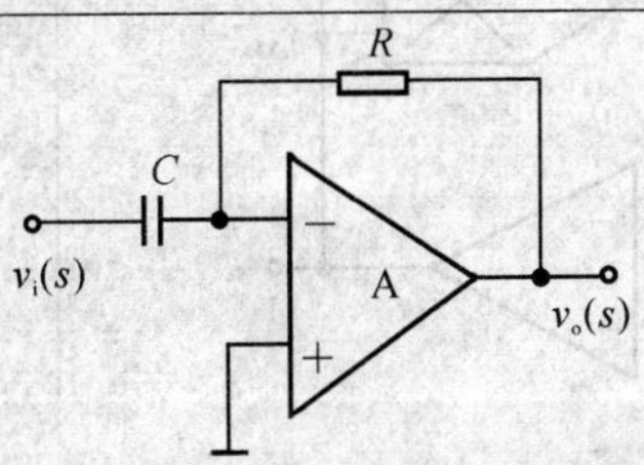	$A(s)=\dfrac{v_o(s)}{v_i(s)}=-sRC$ $A(j\omega)=-j\omega RC$ $v_o(t)=-RC\dfrac{dv_i(t)}{dt}$

续 表

电路名称	电 路 结 构	基本传输关系
反相积分器	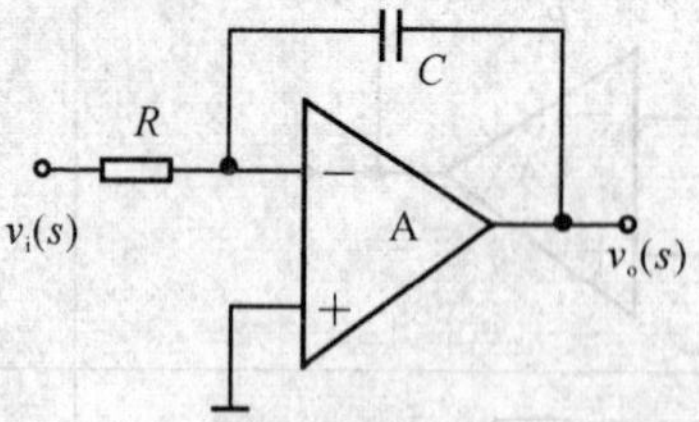	$A(s)=\frac{v_o(s)}{v_i(s)}=\frac{-1}{sRC}$ $A(j\omega)=-\frac{1}{j\omega RC}$ $v_o(t)=v_C(0)-\frac{1}{RC}\int v_i(t)dt$ $v_C(0)$是电容器上的初始电压
对数运算电路	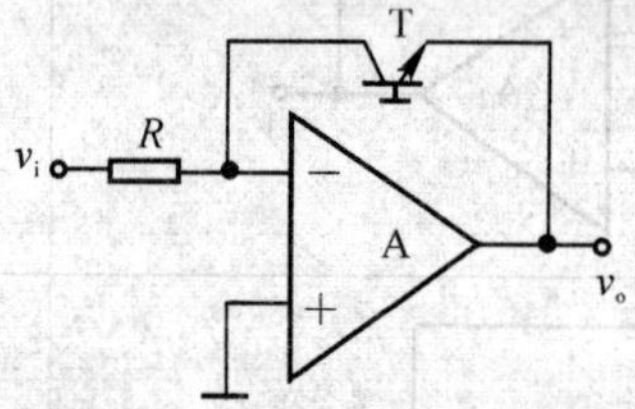	$v_o=V_T\ln\frac{v_i}{I_sR}$ I_s表示发射结反向饱和电流 $V_T=\frac{kT}{q}$表示热电压 $v_i>0$
指数运算电路	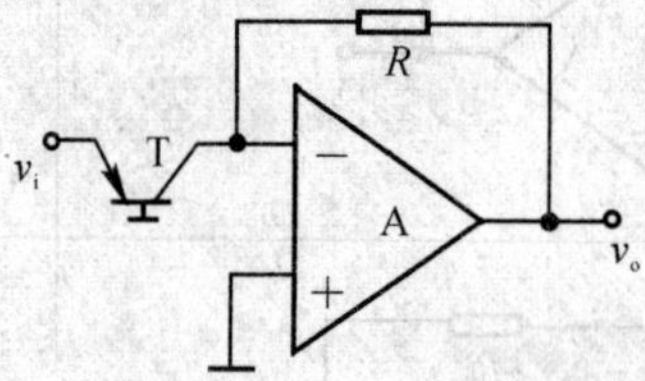	$v_o=-I_sRe^{\frac{v_i}{V_T}}$ $(v_i>0)$
除法运算器	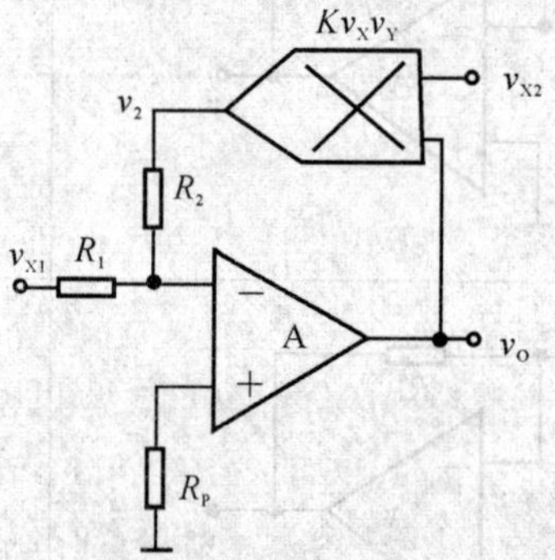	$v_o=-\frac{R_2}{KR_1}\frac{v_{X1}}{v_{X2}}$
负电压开平方电路	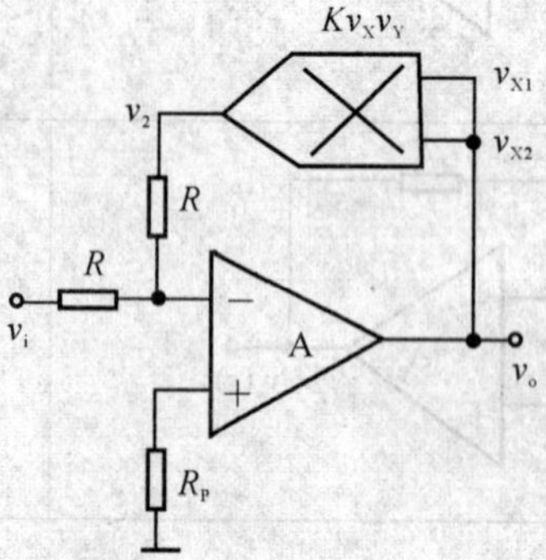	$v_o=\sqrt{-\frac{v_i}{K}}$

续表

电路名称	电路结构	基本传输关系
正电压开平方电路	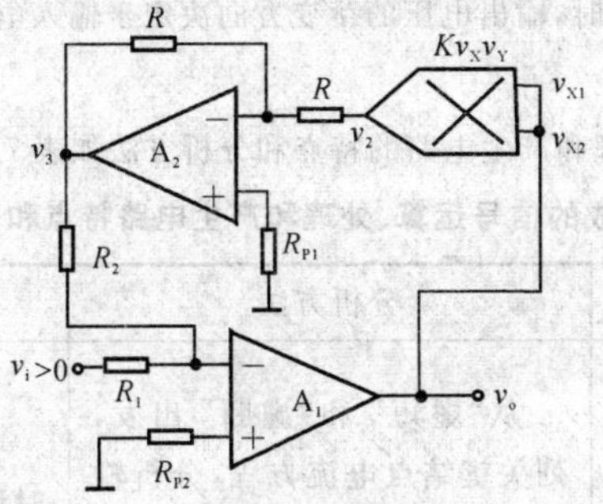 R, Kv_Xv_Y, R, v_{X1}, v_{X2}, v_2, v_3, A_2, R_2, R_{P1}, $v_i>0$, R_1, A_1, v_o, R_{P2}	$v_o = \sqrt{\frac{R_2}{KR_1}v_i}$

(3) 常见电压比较器电路及传输特性如表 7.3 所示。

表 7.3　常见电压比较器电路及传输特性

电路名称	电路组成	电压传输特性	V_T
过零比较器	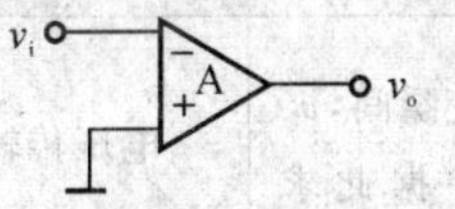 v_i, A, v_o	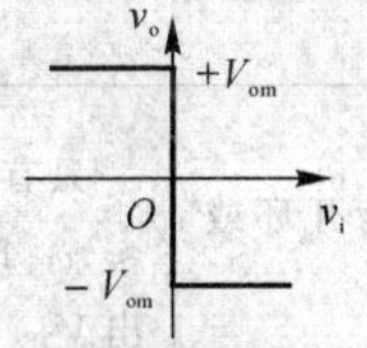 v_o, $+V_{om}$, O, v_i, $-V_{om}$	$V_T = 0$ V
一般单限比较器	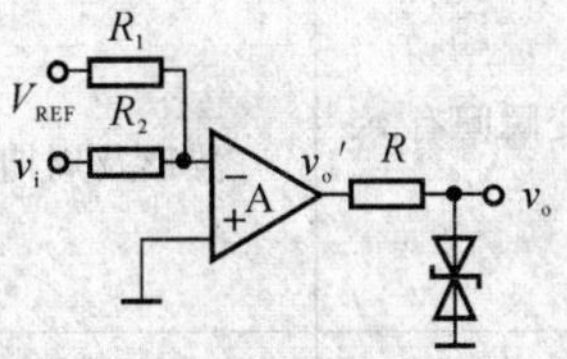 R_1, V_{REF}, R_2, v_i, A, v_o', R, v_o	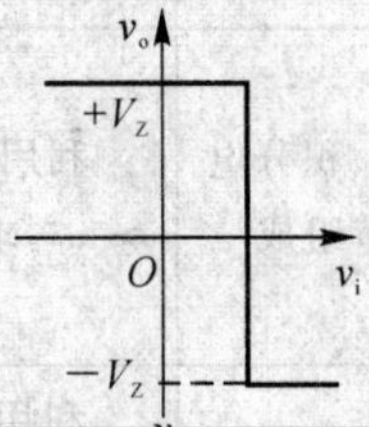 v_o, $+V_Z$, O, v_i, $-V_Z$	$V_T = -\frac{R_2}{R_1}V_{REF}$
滞回比较器	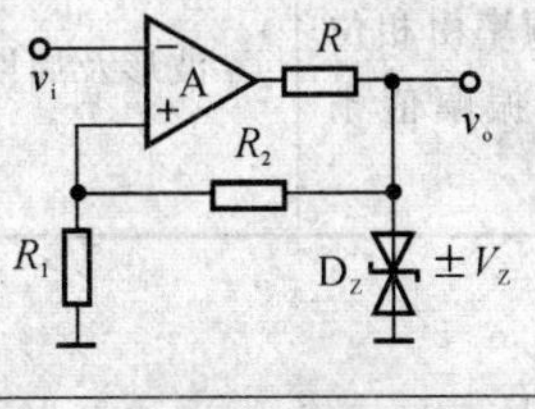 v_i, A, R, v_o, R_2, R_1, D_Z, $\pm V_Z$	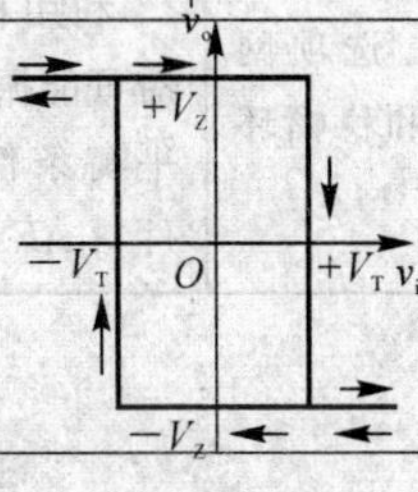 v_o, $+V_Z$, $-V_T$, O, $+V_T$, v_i, $-V_Z$	$\pm V_T = \pm\frac{R_1}{R_1+R_2}V_Z$
窗口比较器	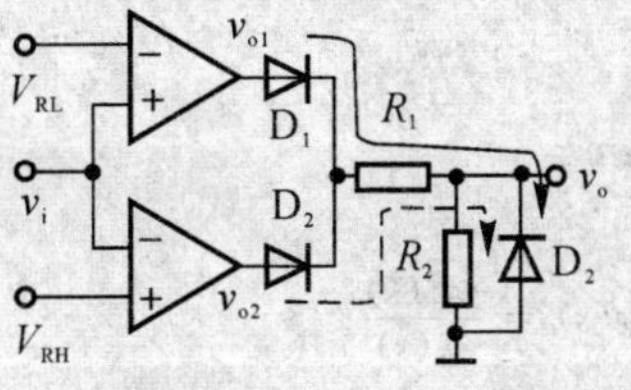 V_{RL}, v_{o1}, D_1, R_1, v_i, D_2, v_o, R_2, D_2, v_{o2}, V_{RH}	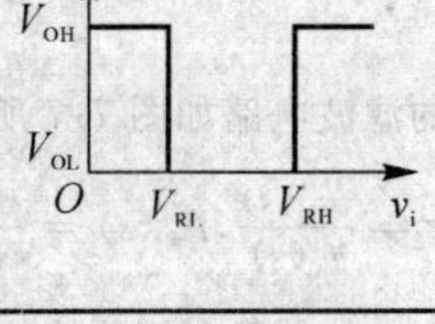 v_o, V_{OH}, V_{OL}, O, V_{RL}, V_{RH}, v_i	$V_{RL}V_{RH}$

(4) 通过对上述几种电压比较器的分析，可得到如下结论：

1) 用于电压比较器的运放，通常工作在开环或正反馈状态和非线性区，其输出电压只有高电平 V_{OH} 和低

电平 V_{OL} 两种情况。

2）一般用电压传输特性来描述输出电压与输入电压的函数关系。

3）电压传输特性的三个要素是输出电压的高、低电平，门限电压和输出电压的跳变方向。令 $v_P = v_N$，所求出的 v_i 就是门限电压；v_i 等于门限电压时，输出电压的跳变方向决定于输入电压作用于同相输入端还是反相输入端。

(5) 由集成运放组成的信号运算，处理和产生电路的特点和分析方法如表 7.4 所示。

表 7.4　集成运放组成的信号运算、处理和产生电路特点和分析方法

电路类型	电路特点	分析方法	研究的主要对象及参数
运算电路	引入深度电压负反馈	从“虚短”和“虚断”出发，列关键结点电流方程，分析输出电压与输入电压函数关系	列出运算关系式，研究的是时域问题
有源滤波电路	引入深度电压负反馈	从“虚短”和“虚断”出发，列关键结点电流方程，分析输出电压与输入电压函数关系	低通、高通带通和带阻为幅频特性，全通为相频特性。研究的是频域问题。主要参数：$A(j\omega)$，$A_o f_c$（或 f_o）和 Q
电压比较器	大多数运放为开环或引入正反馈	只有在 v_o 发生跳变瞬间，$v_N \approx v_P$ 时才成立，并据此求出 V_T	电压传输特性及 V_{OH}，V_{OL}，V_T
非正弦波产生电路	由迟滞比较器、积分电路或 RC 延迟环节组成	利用 v_o 发生跳变瞬间有 $v_N \approx v_P$，求出 V_T	波形及周期（频率）、振幅
正弦波振荡电路	由放大电路、选项网络、正反馈网络和稳幅环节组成	利用相位平衡条件判断是滞可能振荡，振荡频率由相位平衡条件决定，起振幅值条件：$\lvert\dot{A}\dot{F}\rvert>1$	波形及周期（频率）、振幅

7.3　例题

例 7.1　由理想运放组成的滤波电路如图 7.7 所示。

(1) 求三个传递函数 $A_1(s)=\dfrac{v_{o1}(s)}{v_i(s)}$，$A_2(s)=\dfrac{v_{o2}(s)}{v_i(s)}$，$A_3(s)=\dfrac{v_{o3}(s)}{v_i(s)}$。

(2) 分析三个输出端 v_{o1}，v_{o2}，v_{o3} 各具有何种滤波功能。（华中科技大学 2005 年考研题）

解　(1) 利用运放的“虚短”和“虚断”概念，结合图示电路可得：

A_1 同相端及反相端的节点方程

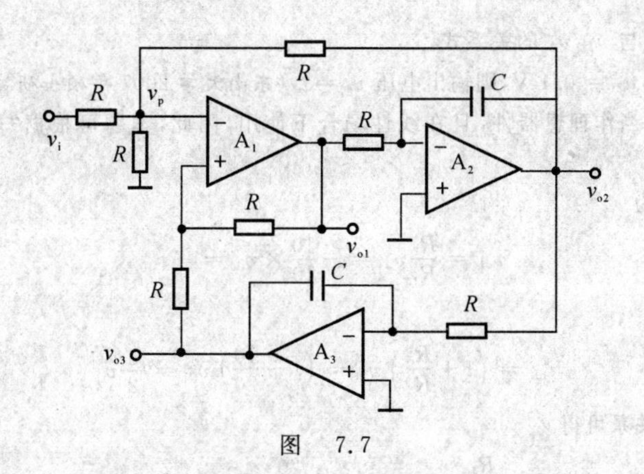

图　7.7

$$\begin{cases}\dfrac{V_i(s)-V_p(s)}{R}=\dfrac{V_p(s)}{R}+\dfrac{V_p(s)-V_{o2}(s)}{R}\\ \dfrac{V_{o1}(s)-V_p(s)}{R}=\dfrac{V_p(s)-V_{o3}(s)}{R}\end{cases}$$

A_1，A_2 构成的两个积分器输出与输入之间的关系分别为

$$V_{o2}(s)=-\frac{1}{sRC}V_{o1}(s)$$

$$V_{o3}(s)=-\frac{1}{sRC}V_{o2}(s)$$

联立以上方程可得传递函数为

$$A_1(s)=\frac{V_{o1}(s)}{V_i(s)}=\frac{2R^2C^2s^2}{3R^2C^2s^2+2RCs+3}$$

$$A_2(s)=\frac{V_{o2}(s)}{V_i(s)}=\frac{-2RCs^2}{3R^2C^2s^2+2RCs+3}$$

$$A_3(s)=\frac{V_{o3}(s)}{V_i(s)}=\frac{2}{3R^2C^2s^2+2RCs+3}$$

(2) 由(1) 分析可知，v_{o1} 输出具有高通滤波器功能，v_{o2} 输出具有带通滤波器功能，v_{o3} 输出具有低通滤波器功能。

例 7.2　电路如图 7.8 所示，设运放为理想运放。

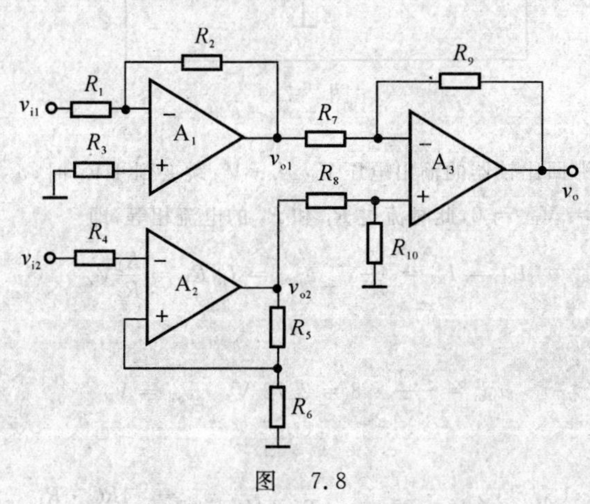

图　7.8

已知 $R_1=R_2=R_5=R_7=R_8=10\ \text{k}\Omega$，$R_6=R_9=R_{10}=20\ \text{k}\Omega$。

(1) 列了 v_{o1}，v_{o2}，v_o 与 v_{i1}，v_{i2} 的关系式。

(2) 设 $v_{i1}=0.3\ \text{V}$，$v_{i2}=0.1\ \text{V}$，则输出电压 $v_o=$？（东南大学 2007 年硕士研究生入学考试试题）

解　由于可将运放当作理想器件，且在线性场合下使用，因此，本题可根据“虚短”及“虚断”概念来求解。

(1)A_1 的输出电压为

$$v_{o1}=\frac{R_2}{R_1}v_{i1}=-\frac{10}{10}\times v_{i1}=-v_{i1}$$

A_2 的输出电压为

$$v_{o2}=\left(1+\frac{R_5}{R_6}\right)v_{i2}=\left(1+\frac{10}{20}\right)v_{i2}=\frac{3}{2}v_{i1}$$

对于 A_3，利用分压关系可得

$$v_{3+}=\frac{R_{10}}{R_8+R_{10}}\times v_{o2}=\frac{20}{10+20}v_{o2}=\frac{2}{3}v_{o2}=v_{12}$$

由于$\frac{v_{o1}-v_{3-}}{R_7}=\frac{v_3-v_o}{R_9}$。这样，利用“虚短”、“虚断”概念，可得

$$v_{3-}=v_{3+}=v_{i2}$$

又因为 $v_{o1}=-v_{i1}$，则可列出 v_{o1}、v_{o2}、v_o 与 v_{i1}、v_{i2} 的关系式为

$$v_o=v_{3-}-\frac{R_9}{R_7}(v_{o1}-v_{3-})=v_{i2}-\frac{20}{10}(-v_{i1}-v_{i2})=2v_{i1}+3v_{i2}$$

(2) 当 $v_{11}=0.3\ \text{V}$，$v_{12}=0.1\ \text{V}$ 时，代入上式所得出的 v_o 表达式，可得

$$v_o=2\times0.3+3\times0.1=0.9\ \text{V}$$

分析　运放 A_1，A_2，A_3 分别构成反相比例电路，同相比例电路和减法电路。

例 7.3　图 7.9 所示电路为方波-三角波产生电路，试求其振荡频率，并画出 V_{o1} 和 V_{o2} 的波形。（南京大学 2005 研究生考试题）

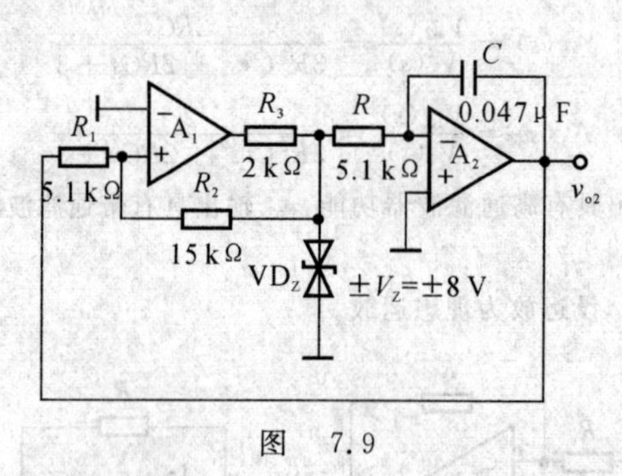

图　7.9

解　由图 7.9 可知，当滞回比较器的输出电压 V_{o1} 从 $-V_Z$ 跳变到 $+V_Z$ 时，v_{o2} 的值即为 v_{o2m} 的值，而 v_{o1} 发生跳变的临界条件为 $V_{N1}=V_{P1}=0$，此时流过 R_1 和 R_2 的电流相等，即

$$I_{R1}=I_{R2}=\frac{V_Z}{R_2},\quad v_{o2m}=I_{R1}R_1=\frac{R_1}{R_2}V_Z$$

将各参数代入得

$$v_{o2m}=\frac{5.1}{15}\times8=2.72\ \text{V},\quad v_{o1}=V_Z$$

当 $t=1\ \text{s}$ 时，有

$$\frac{1}{C}\int_0^{T/2}\frac{V_Z}{R}\text{d}t=2v_{o2m},\quad T=4RC\,\frac{v_{o2m}}{V_Z}=\frac{4RC\cdot R_1}{R_2}$$

即

$$f=\frac{1}{T}=\frac{R_2}{4RC\cdot R_1}=\frac{15\times10^3}{4\times5.1\times10^3\times5.1\times10^3\times0.047\times10^{-6}}\approx3\ 068\ \text{Hz}$$

v_{o1} 和 v_{o2} 的波形如图 7.10 所示。

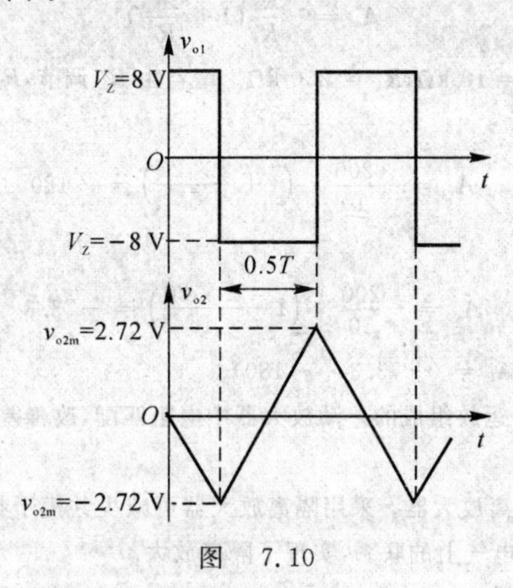

图　7.10

分析　运放 A_1 构成滞回比较器，A_2 构成积分电路。

例 7.4　电路如图 7.11 所示，图中两个光耦合器特性完全一致。

(1) 试问运放 A_1，A_2，A_3 构成的仪器放大器的电压放大倍数调节范围是多少？

(2) 说明 R_{W2} 的作用；

(3) 说明方框内电路实现的功能；

(4) 试问运放 A_5 构成的低通滤波器的上限截止频率 f_H 是多少？

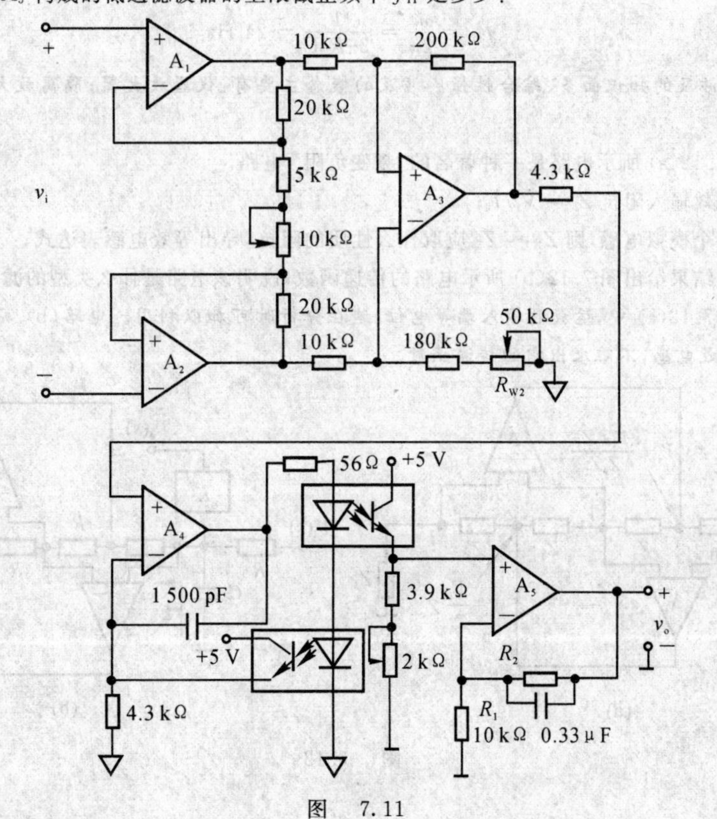

图　7.11

解　(1) 根据仪器放大器电压放大倍数的公式可进行电压放大倍数及调节范围的计算，仪器放大器的电压放大倍数的公式为

$$A_v = -\frac{R_4}{R_3}(1+\frac{2R_2}{R_1})$$

在这个电路中，$R_2 = 20\ \text{k}\Omega$，$R_3 = 10\ \text{k}\Omega$，$R_4 = 200\ \text{k}\Omega$。增益由 R_1 调节，$R_1 = (5 \sim 15)\ \text{k}\Omega$。

当 $R_1 = 5\ \text{k}\Omega$ 时，

$$A_v = -\frac{200}{10}\times\left(1+\frac{2\times 20}{5}\right) = -180$$

当 $R_1 = 15\ \text{k}\Omega$ 时，

$$A_v = -\frac{200}{10}\times\left(1+\frac{2\times 20}{15}\right) = -73.3$$

所以，电压放大倍数调节范围是 $A_v = (-73.3 \sim -180)$。

(2) R_{W2} 的主要作用是使 A_3 运放组成的差动放大器中电阻匹配，改善差动级的共模抑制性能。理想的情况下 R_{W2} 应调整为 20 kΩ。

(3) 方框内的电路是一个隔离放大器。采用隔离放大器可减少共模干扰，便于电平配置等。由 A_4 组成的电路与由 A_5 组成的电路没有电气上的联系，实现了隔离放大。

(4) 求低通滤波器的传递函数

$$A(s) = \frac{R_1 + \frac{1}{sC} /\!/ R_2}{R_1} = \frac{R_1 + R_2 + R_1 + R_2 C s}{R_1 + R_1 R_2 C s} = \frac{R_1 + R_2}{R_1}\,\frac{1 + R'C s}{1 + R_2 C s} = A_{vf}\,\frac{1+\frac{s}{\omega'_0}}{1+\frac{s}{\omega_0}}$$

其中，$A_{vf} = (R_1 + R_f)/R_1$，$\omega'_0 = \frac{1}{R'C}$，$R' = R_1 /\!/ R_2$，$\omega_0 = \frac{1}{R_2 C}$。

显然

$$f_H = \frac{\omega_0}{2\pi} = \frac{1}{2\pi R_2 C} = 24\ \text{Hz}$$

评注　本例涉及的知识面多、综合性强。涉及的概念主要有：仪器放大器；隔离放大器；一阶低通滤波器等。

例 7.5　图 7.12(a) 所示电路是一种著名的“频变负阻”电路。

(1) 试导出等效输入阻抗 $Z_i = \dot{V}_i/\dot{I}_i$；

(2) 要产生一个模拟电感，则 $Z_1 \sim Z_5$ 应取什么性质的阻抗，导出等效电感表达式；

(3) 借助以上结果给出图 7.12(b) 所示电路的传递函数，说明该电路是什么类型的滤波电路。

分析　在图 7.12(a) 中，运放的输入端等电位，这在分析时可加以利用。电路(b) 实际上是一个 LC 回路，只要能求得等效电感，不难求出它的传递函数。

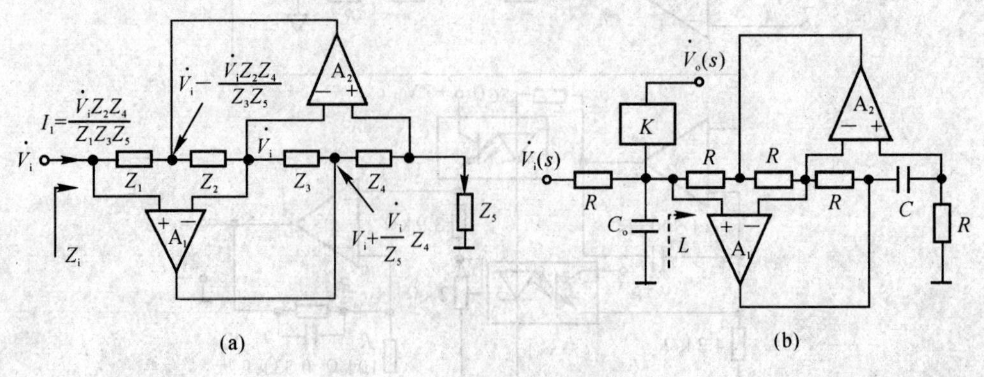

图　7.12

解 (1) 设 $\dot{V}_{o1}$,V_{+1} 为 A_1 输出端及同相输入端电压;$\dot{V}_{o2}$,$\dot{V}_{+2}$ 为 A_2 输出端及同相输入端电压;$\dot{V}_1$ 为两运放反相输入端电压。由电路可知

$$\dot{V}_{+2}=\frac{Z_5}{Z_4+Z_5}\dot{V}_{o1}$$

$$\dot{V}_{N}=\frac{Z_3}{Z_2+Z_3}\dot{V}_{o2}+\frac{Z_2}{Z_2+Z_3}\dot{V}_{o1}$$

$$\dot{V}_{P1}=\dot{V}_{i}$$

由 $\dot{V}_{P1}=\dot{V}_{N}=\dot{V}_{P2}$ 可得

$$\dot{V}_{o1}=\dot{V}_{i}+\frac{Z_4}{Z_5}\dot{V}_{i}$$

$$\dot{V}_{o2}=\dot{V}_{i}-\frac{Z_2Z_4}{Z_3Z_5}\dot{V}_{i}$$

$$\dot{I}_{i}=\frac{\dot{V}_{i}-\dot{V}_{o2}}{Z_1}=\frac{\dot{V}_{i}-\dot{V}_{i}+\dfrac{Z_2Z_4}{Z_3Z_5}\dot{V}_{i}}{Z_1}=\frac{Z_2Z_4}{Z_1Z_3Z_5}\dot{V}_{i}$$

所以

$$Z_i=\frac{\dot{V}_i}{\dot{I}_i}=\frac{Z_1Z_3Z_5}{Z_2Z_4}$$

(2) 令 $Z_1=Z_2=Z_3=Z_5=R,Z_4=\dfrac{1}{j\omega C}$,则

$$Z_i=j\omega R^2C=j\omega L_a$$

即等效电感为

$$L_a=R^2C$$

(3)
$$A(s)=\frac{V_o(s)}{V_i(s)}=\frac{\dfrac{1}{RC_0}s}{s^2+\dfrac{1}{RC_0}s+\dfrac{1}{L_aC_0}}$$

由上式可知,图 7.12(b) 为一个二阶带通滤波器。

评注 由阻容及运放产生一个等效电感是组滤波器的常用方法。等效电感产生电路不止这一种形式。在电路(a) 中,若令 $Z_1=Z_3=1/j\omega C,Z_2=Z_4=Z_5=R$,则

$$Z_i=-\frac{1}{\omega^2C^2R}$$

可见,Z_i 是一个随频率变化的负阻,故称为"频变负阻"或"二阶电容"。

例 7.6 二阶滤波电路如图 7.13 所示。

(1) 推导 $A(s)=V_o(s)/V_i(s)$;

(2) 若将 C_1 右端断开并接地,重新推导 $A(s)$;

(3) 比较(1),(2) 两种电路在 $\omega=\omega_0=\dfrac{1}{RC}$ 时的增益;

(4) 说明电路是什么类型的滤波器。

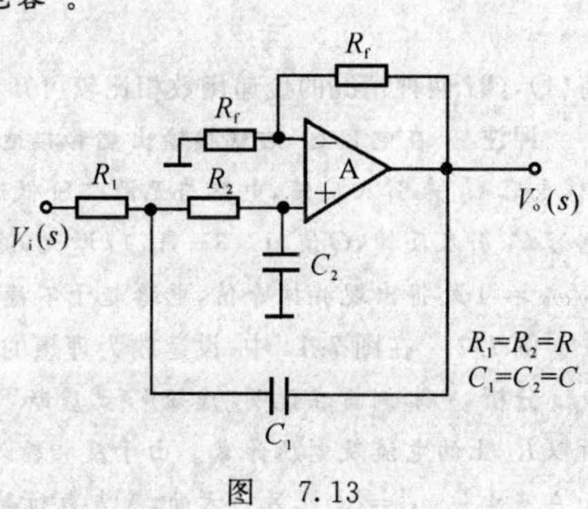

图 7.13

分析 该电路是压控电压源型滤波器,运放及 R_f 构成了有限增益放大器,R_1,R_2,C_1 和 C_2 构成了滤波网络。从电路结构上我们可以看出这是一个低通滤波器,运用拉普拉斯模型不难求其传递函数。

解 (1) 由电路可得

$$V_P=V_N=\frac{V_o(s)}{R_f+R_f}R_f=\frac{1}{2}V_o(s)$$

$$\frac{V_i(s)-V_B(s)}{R_1}=\frac{V_B(s)-V_o(s)}{\frac{1}{sC_1}}+\frac{V_B(s)-V_P}{R_2}$$

$$V_P=\frac{\frac{1}{sC_2}}{R_2+\frac{1}{sC_2}}V_B(s)$$

联立三式可解得

$$V_o(s)=\frac{A_{vf}}{1+(3-A_{vf})sRC+(sCR)^2}V_i(s)$$

即

$$A(s)=\frac{A_{vf}}{1+(3-A_{vf})sRC+(sRC)^2}$$

其中 $A_{vf}=1+R_f/R_f=2$。

(2) 用同样的方法可推出 C_1 不接输出端而接地时的传递函数为

$$A(s)=\frac{V_o(s)}{V_i(s)}=\frac{A_{vf}}{1+3sRC+(sRC)^2}$$

(3) 令 $s=j\omega$，则两种情况下的频率特性分别为

在(1) 中，

$$A(j\omega)=\frac{A_{vf}}{1-(\frac{\omega}{\omega_0})^2+j(3-A_{vf})\frac{\omega}{\omega_0}}$$

当 $\omega=\omega_0=1/RC$ 时

$$A(\omega_0)=\frac{A_{vf}}{3-A_{vf}}=\frac{2}{3-2}=2$$

在(2) 中，

$$A(j\omega)=\frac{A_{vf}}{1-(\frac{\omega}{\omega_0})^2+j\frac{3\omega}{\omega_0}}$$

当 $\omega=\omega_0=1/RC$ 时，

$$A(\omega_0)=\frac{A_{vf}}{3}=\frac{2}{3}$$

(4) 二阶低通滤波器标准传递函数为

$$A(s)=\frac{A(0)\omega_0^2}{s^2+\frac{\omega_0}{Q}s+\omega_0^2}$$

将(1)，(2) 两种情况的传递函数相比较可知，两种情况下电路均为二阶低通滤波器。

评注 在电容 C_1 右端接输出端和接地两种情况下，电路均是二阶低通滤波器，但性能差别很大。在(2) 中，电容 C_1 未引入反馈，电路与无源二阶低通一样，Q 值低，特性不陡峭，未充分发挥运放的作用。在(1) 中，电容 C_1 引入反馈，Q 值$(1/(3-A_{vf}))$ 增大，滤波特性陡峭。需要注意的是，Q 值不能调得太高，当 $Q=2$ 时，在 $\omega/\omega_0=1$ 处将出现共振峰值，电路趋于不稳定。当 $A_{VF}=3$，$Q\to\infty$ 时，电路将自激。

例 7.7 在图 7.14 中，设运放为理想的，试求电路的输出电压值。

分析 本例旨在说明“虚短”和“虚断”的应用。运放同相输入端接有电阻 R_4，由于运放输入端“虚断”，所以 R_4 上的电流及电压为零。由于反相输入端与同相输入端“虚短”，因此反相输入端的电压为零，进一步可知 A 点电位 $v_A=v_{Io}$。另一方面，A 点电位等于 v_o 由 R_1，R_2 分压在 R_1 上的电压，这样就找到了 v_o 与 v_{Io} 的联系。

解 $v_P=0$，$v_N=0$，$v_A=v_{Io}$

又

$$v_A=\frac{R_1}{R_1+R_2}v_o$$

得

$$v_o = \frac{R_1 + R_2}{R_1} v_A = \frac{R_1 + R_2}{R_1} v_{Io}$$

评注　v_{Io} 可视为运放输入失调电压，则本例求出的 v_o 值实际上是由运放失调电压产生的输出误差电压。

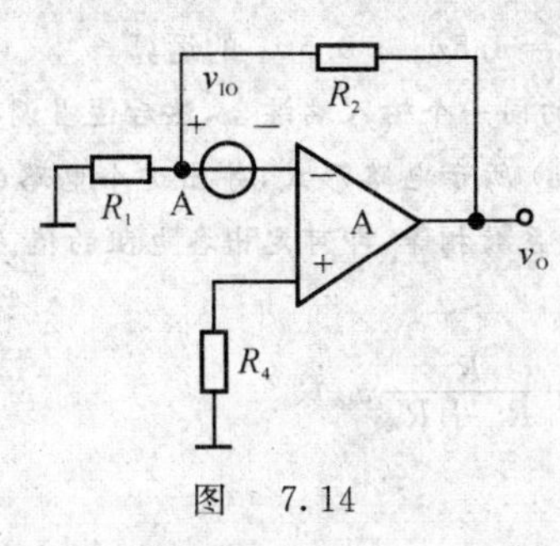

图　7.14

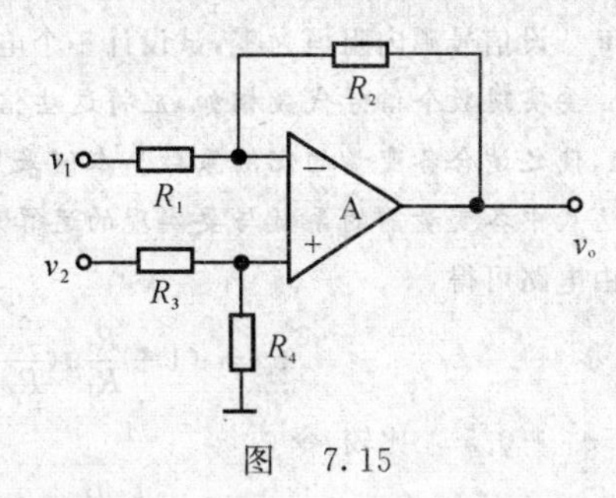

图　7.15

例 7.8　理想运放构成的电路如图 7.15 所示，求 v_o 的表达式。

分析　求运放构成的多激励电路的输出电压表达式，最容易操作的方法是运用线性电路叠加原理。在本例中，分别求出当 $v_2 = 0$ 时 v_1 产生的输出电压 v'_o 及当 $v_1 = 0$ 时 v_2 产生的输出电压 v''_o，然后叠加得到总的输出电压 $v_o = v'_o + v''_o$。当 $v_2 = 0$ 时，v_1 单独作用，电路等效为反相放大器；当 $v_1 = 0$ 时，v_2 单独作用，电路等效为同相放大器。引用同相放大器和反相放大器的增益公式即可解此题。

解　当 $v_2 = 0$ 时，

$$v'_o = -\frac{R_2}{R_1} v_1$$

当 $v_1 = 0$ 时，

$$v''_o = \frac{R_2 + R_1}{R_1} \frac{R_4}{R_3 + R_4} v_2$$

$$v_o = v'_o + v''_o = \frac{R_2 + R_1}{R_1} \frac{R_4}{R_3 + R_4} v_2 - \frac{R_2}{R_1} v_1$$

评注　若取 $R_2/R_1 = R_4/R_3 = \alpha$，则表达式可简化为 $v_o = \alpha(v_2 - v_1)$，即输出电压正比于两个输入电压之差，因而称为差分放大器，差模增益为 α，也能实现减法运算。缺点是为实现差分放大需要 R_1、R_2、R_3 和 R_4 四个电阻严格匹配，这在实际操作中很困难，尤其是需要调节增益的时候。

例 7.9　图 7.16 所示电路是一个具有高输入阻抗，低输出阻抗的使用放大器，试证明

$$v_o = -\frac{R_4}{R_3}(1 + \frac{2R_2}{R_1})(v_1 - v_2)$$

分析　对于运放构成的多级电路，应首先找出输入输出之间的中间变量，以中间变量为桥梁确定输入输出之间的关系。在本例中，可以 v_{o1} 和 v_{o2} 作中间变量。A_3 构成差分放大电路，前例已备述。A_1 和 A_2 构成的电路对称，容易找出 v_{o1}，v_{o2} 与 A_1，A_2 反相输入端电压的关系，进而找到 v_{o1}，v_{o2} 与 v_1，v_2 的关系。

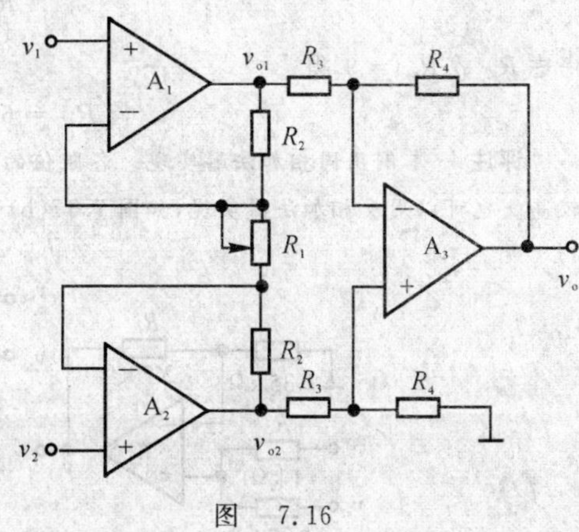

图　7.16

解　因为 $v_{N1} = v_{P1}$，$v_{N2} = v_{P2}$，$i_{N1} = 0$，$i_{N2} = 0$，所以

$$\frac{v_{-1} - v_{-2}}{R_1} = \frac{v_1 - v_2}{R_1} = \frac{v_{o1} - v_{o2}}{R_1 + 2R_2}$$

即

$$v_{o1} - v_{o2} = (1 + \frac{2R_2}{R_1})(v_1 - v_2)$$

对于运放 A_3，有

$$v_o = -\frac{R_4}{R_3}(v_{o1} - v_{o2}) = -\frac{R_4}{R_3}(1 + \frac{2R_2}{R_1})(v_1 - v_2)$$

评注　本例电路中，A_1，A_2 接成同相输入结构，故具有很高的输入电阻。由于电路对称、抑制共模信号能力强，增益调节不影响电路参数的匹配。

例 7.10　设信号源内阻恒为零，试设计一个电路完成 $v_o = 4.5v_{s1} + 0.5v_{s2}$ 的运算。

分析　要实现数个信号代数相加，应将这些信号在运放的同一个输入端综合，然后适当调整运放反馈网络的电阻值，使之适合各变量的比例系数。本例采用图 7.17(a) 所示电路形式，导出这个电路的输出电压表达式，使表达式中各变量前的系数与要实现的运算表达式中的系数相等，即可定出各电阻的值。

解　由电路可得

$$v_o = (1 + \frac{R_f}{R_1})(\frac{R_{s2}}{R_{s1} + R_{s2}}v_{s1} + \frac{R_{s1}}{R_{s1} + R_{s2}}v_{s2})$$

与 $v_o = 4.5v_{s1} + 0.5v_{s2}$ 比较，令

$$(1 + \frac{R_f}{R_1})\frac{R_{s2}}{R_{s1} + R_{s2}}v_{s1} = 4.5v_{s1}$$

$$(1 + \frac{R_f}{R_1})\frac{R_{s1}}{R_{s1} + R_{s2}}v_{s2} = 0.5v_{s2}$$

两式相除得

$$\frac{R_{s2}}{R_{s1}} = 9$$

$$R_f = 4R_1$$

为平衡 I_{IB} 等的影响，要求

$$R_1 \mathbin{/\!/} R_f = R_{s1} \mathbin{/\!/} R_{s2}$$

为减小失调电流影响，一般要求

$$R_f < 50\ \text{k}\Omega$$

取 $R_f = 30\ \text{k}\Omega$，则 $R_1 = 7.5\ \text{k}\Omega$，并有 $R_f \mathbin{/\!/} R_1 = 6\ \text{k}\Omega$。

由 $R_f \mathbin{/\!/} R_1 = R_{s1} \mathbin{/\!/} R_{s2}$ 得

$$\frac{R_{s1}R_{s2}}{R_{s1} + R_{s2}} = 6$$

$$R_{s2} = 6 + 6\frac{R_{s2}}{R_{s1}}$$

考虑 $R_{s2} \mathbin{/\!/} R_{s1} = 9$，得

$$R_{s2} = 60\ \text{k}\Omega, R_{s1} = 6.67\ \text{k}\Omega$$

评注　本例用同相加法器实现。各阻值的确定较为麻烦且因有共模信号输入而对运放共模抑制比要求较高。也可以用反相加法器实现，如图 7.17(b) 各电阻值的确定较为简便，读者自为之。

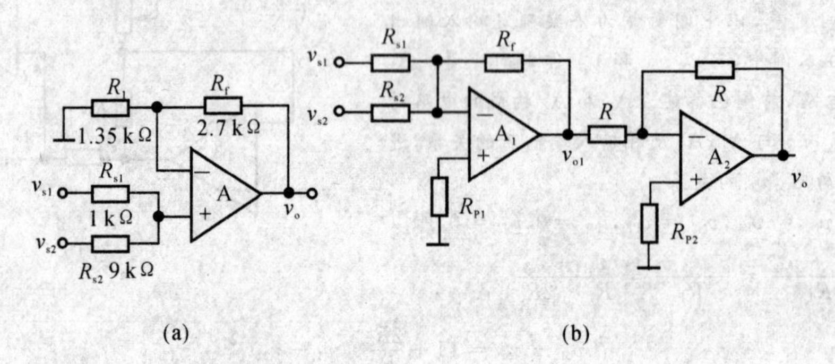

图　7.17

例 7.11　一个负载接地的电压-电流变换电路如图 7.18 所示。设 A_1,A_2 为理想运放,且有

$$1+\frac{R_3}{R_2}=\frac{R_5R_6}{R_2R_4}$$

(1) 试证明输出电流 $I_L=\frac{R_5R_6}{R_1R_3R_4}v_1$;

(2) 若 R_L 开路,问 A_1 将工作在什么状态。

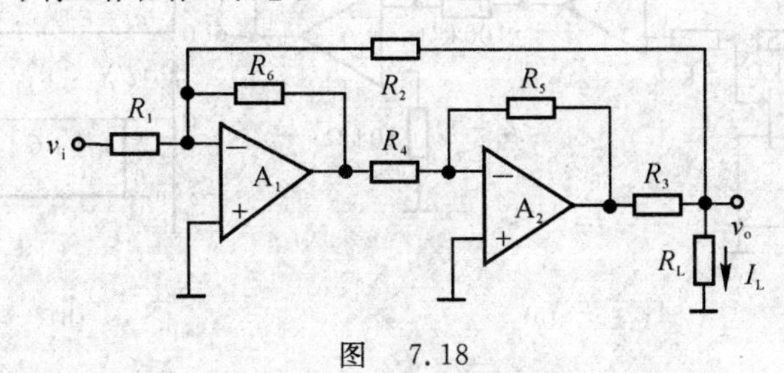

图　7.18

分析　若把 v_o 看作运放 A_1 的一个输入信号,则 A_1 构成反相加法器。A_2 构成反相放大器。R_2 为整个电路引入了正反馈。

解　(1) 证明

$$v_{o1}=-\frac{R_6}{R_1}v_i-\frac{R_6}{R_2}v_o$$

$$v_{o2}=-\frac{R_5}{R_4}v_{o1}$$

$$v_o=i_LR_L$$

$$I_L=\frac{v_{o2}-v_o}{R_3}-\frac{v_o}{R_2}$$

将上述等式联立求得

$$I_L=\frac{R_5R_6}{R_1R_4}v_1\bigg/\left[R_3+R_1\left(1+\frac{R_3}{R_2}-\frac{R_5R_6}{R_2R_4}\right)\right]$$

当 $1+\frac{R_3}{R_2}=\frac{R_5R_6}{R_2R_4}$ 时,有

$$I_L=\frac{R_5R_6}{R_1R_3R_4}v_i$$

(2) 当 R_L 开路时,在 A_1 反相输入端有负反馈电流

$$i_{R_6}=\frac{v_{o1}}{R_6}$$

同时也存在 R_2 引入的正反馈电流

$$i_{R_2}=\frac{v_{o2}}{R_2+R_3}=-\frac{R_5v_{o1}}{R_4(R_2+R_3)}$$

当满足 $R_6=\frac{R_4}{R_5}(R_2+R_3)$ 时,$i_{R_6}=i_{R_2}$,在 A_1 反相输入端负反馈与正反馈作用抵消,电路将处于开环状态。

评注　本例电路的功能是把一个低内阻的电压源转换为高内阻的电流源,R_2 引入电压正反馈的目的即为提高输出电阻。

例 7.12　电路如图 7.19(a) 所示。设 A_1,A_2 为理想运放,电源电压为±15 V。输入电压 v_i 及场效应管栅极控制电压 v_G 的波形如图 7.19(b) 所示,假设场效应管导通时的漏源电阻 $R_{DS(on)}\approx 0$,夹断电压 $V_P=-3$ V,电容 C 上的初始电压 $v_C(0)=0$,试对应 v_i,v_G 画出输出电压 v_{o1},v_o 的波形。

分析　运放 A_1 构成的电路中,信号接至反相输入端也接至同相输入端。接至同相输入端的信号由场效应管控制。从场效应管的 V_P 及栅极控制电压 v_G 波形可以看出,场效应管工作在开关状态。当 v_G 大于 V_P 时,

管子导通，栅源间电阻近似为零，可视为短路，v_i 不能加到同相输入端。当 v_G 小于 V_P 时，管子截止，栅源间电阻很大，可视为开路，v_i 可以通过电阻加到同相输入端。运放 A_2 组成积分器，无须赘言。

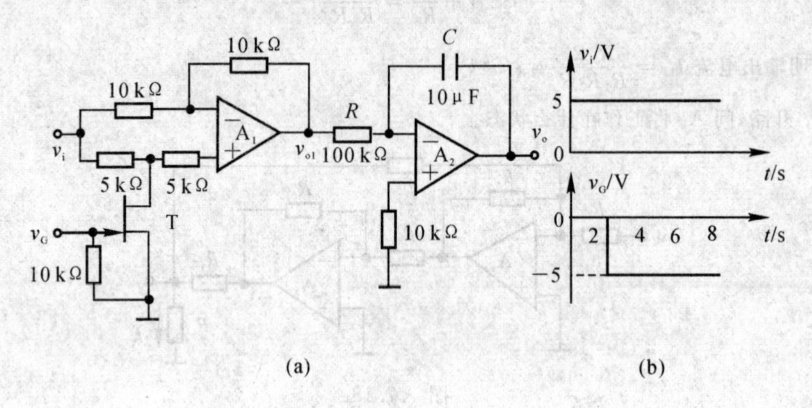

图 7.19

解 当 $v_G = 0$ 时，T 导通，A_1 同相输入端通过 5 kΩ 电阻接地，电路等效为反相放大器，此时

$$v_{o1} = -\frac{10}{10}v_i = -v_i$$

当 $v_G = -5$ V 时，T 截止，A_1 同相输入端接有信号 v_i，则有

$$v_{o1} = -\frac{10}{10}v_i + \frac{10+10}{10}v_i = v_i$$

总之

$$v_{o1} = \begin{cases} -v_i = -5\text{ V}, & \text{当 } v_G = 0 \text{ 时} \\ v_i = 5\text{ V}, & \text{当 } v_G = -5\text{ V 时} \end{cases}$$

对于 A_2 组成的积分器，在 $t = 0 \sim 2$ s，$v_G = 0$，$v_{o1} = -5$ V 时，有

$$v_o = -\frac{1}{RC}\int_0^t v_{o1}\,dt = \frac{5}{RC}t$$

当 $t = 2$ s 时，有

$$v_o\Big|_{t=2\text{ s}} = \frac{5}{100\times10^3\times10\times10^{-6}}\times 2 = 10\text{ V}$$

当 $t > 2$ s 时，$v_G = -5$ V，$v_{o1} = 5$ V，则输出电压 v_o 为

$$v_o = v_o\Big|_{t=2\text{ s}} - \frac{1}{RC}\int_2^t v_{o1}\,dt =$$

$$v_o\Big|_{t=2\text{ s}} - \frac{5}{RC}t + \frac{5}{RC}\times 2 = 20 - \frac{5}{RC}t$$

当 $t = 4$ s 时，$v_o\Big|_{t=4\text{ s}} = 0$。

当 $t = 7$ s 时，$v_o\Big|_{t=7\text{ s}} = -15$ V，此时刻以后运放输出饱和。具此可作 v_o 的波形图如图 7.20 所示。

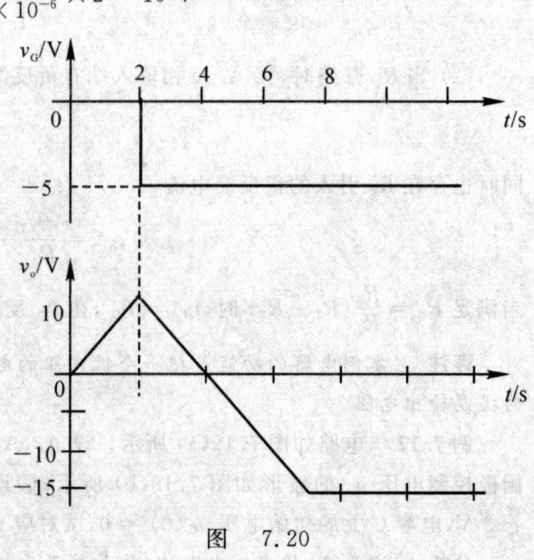

图 7.20

评注 运放 A_1 组成的电路称为相敏检波电路。若输入信号和开关信号 v_G 为同频不同相的信号时，电路输出波形平均值与 v_i 和 v_G 的相位差有关。运放 A_2 构成积分电路，要注意当输出电压达到运放的饱和输出电压值(一般约等于电源电压)时，输出不以积分规律变化。

例 7.13 试导出图 7.21 所示电路的 $v_o(t)$ 与 $v_s(t)$ 之间的关系式，设各运放是理想的。

分析 设 A_2 输出为 $v_{o2}(t)$，A_3 输出为 $v_{o3}(t)$，A_2 构成反相放大器，A_3 构成反相积分器。先求出 A_2，A_3 的输出输入关系，在 A_1 运放反相输入端根据"虚短"和"虚断"求出 $v_o(t)$ 与 $v_s(t)$ 的关系。

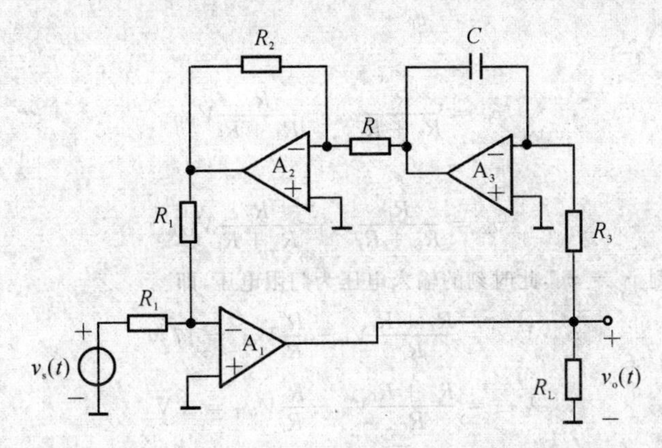

图 7.21

解

$$v_{o3}(t) = -\frac{1}{R_3 C}\int_0^t v_o(t)\mathrm{d}t$$

$$v_{o2}(t) = -\frac{R_2}{R_1}v_{o3}(t) = \frac{1}{R_2 C}\int_0^t v_o(t)\mathrm{d}t$$

在 A_1 反相端存在着"虚地"，$v_- = 0$；存在着"虚断"$I_+ = 0$。因此

$$\frac{v_s(t)}{R_1} + \frac{v_{o2}(t)}{R_1} = 0$$

解得

$$v_o(t) = -R_3 C\frac{\mathrm{d}v_s(t)}{\mathrm{d}t}$$

评注 该电路实际上是由积分器构成的微分电路。

例 7.14 迟滞比较器电路如图 7.22 所示。已知稳态管稳定电压均为 6.4 V，正向导通电压为 0.6 V。

(1) 画出该电路的传输特性，并求迟滞宽度电压的大小；

(2) 若 $v_S = 20\sin\omega t$ (V)，试画出输出电压波形。

分析 该电路输入电压加于运放同相输入端，因而是一个同相型迟滞比较器，输入与输出之间大体呈"同相"关系，在上下门限电压之间形成迟滞曲线。解答这类型题目时，应首先确定上下门限电压。门限电压就是输出状态发生转变时刻的输入电压值，在此时刻，运放 $v_+ = v_-$。

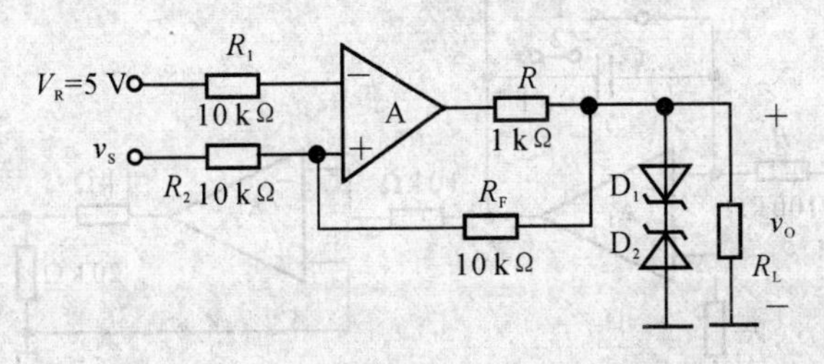

图 7.22

解 (1) 确定比较器输出幅度

$$V_{OH} = V_Z + V_{D(ON)} = 6.4 + 0.6 = 7\text{ V}$$

$$V_{OL} = -(V_Z + V_{D(ON)}) = -(6.4 + 0.6) = -7\text{ V}$$

确定门限电压,画传输特性

$$v_P = \frac{R_f}{R_2 + R_f} v_S + \frac{R_2}{R_2 + R_f} v_o$$

$$v_N = v_R$$

当 v_o 为高平时

$$v_P = \frac{R_f}{R_2 + R_f} v_S + \frac{R_2}{R_2 + R_f} V_{OH}$$

当 v_o 为低电平时

$$v_N = \frac{R_f}{R_2 + R_f} v_S + \frac{R_2}{R_2 + R_f} V_{OL}$$

比较器输出状态改变时刻 $v_P = v_N$,此时刻的输入电压为门限电压,即

$$V_{T+} = \frac{R_2 + R_f}{R_f} V_R - \frac{R_2}{R_f} V_{OL} = 17\ \text{V}$$

$$V_{T-} = \frac{R_2 + R_f}{R_f} V_R - \frac{R_2}{R_f} V_{OH} = 3\ \text{V}$$

据此可画出电路的传输特性如图 7.23(a) 所示。

(2) 由传输特性可得 $v_S = 20\sin\omega t$ (V) 时的输出波形如图 7.23(b) 所示。

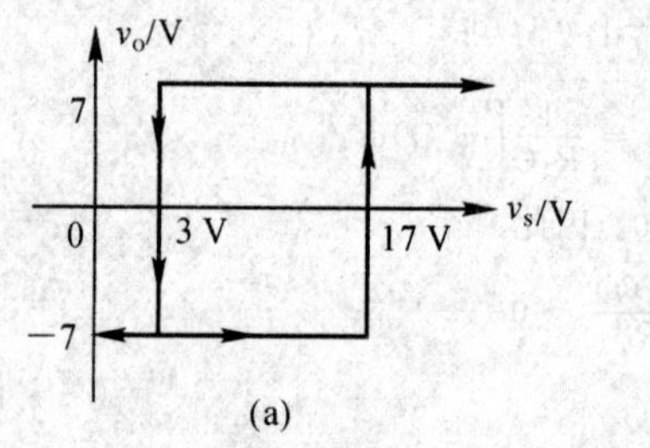

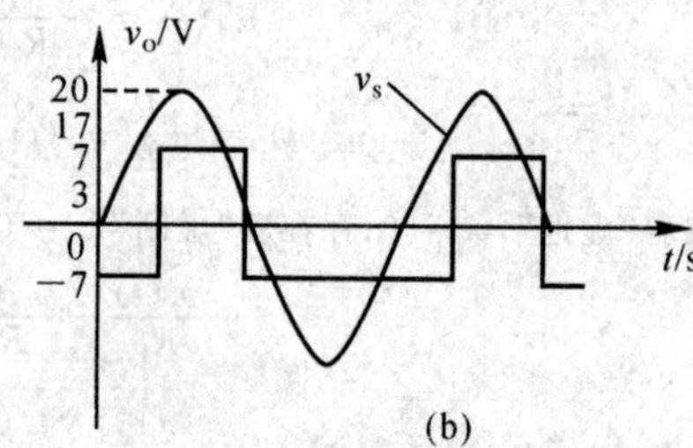

图 7.23

评注 画输出波形时,可从输入电压高于两个门限电压开始画,这样输出电压是高电平,下门限电压起作用。当输入电压减小到下门限电压以下时,输出变为高电平,上门限电压起作用。这样画波形不易出错。

例 7.15 电路如图 7.24 所示,开关 S_1 及 S_2 在 $t=0$ 以前均掷于①,此时 $v_o = -6$ V。在 $t=0$ 时刻将 S_1 及 S_2 已掷于②之后,试问经过多长时间 v_o 便由原来的 −6 V 跳变到 +6 V?请画出 v_{o1} 及 v_o 的波形图。假设运放是理想的,其最大输出电压为 ±10 V。

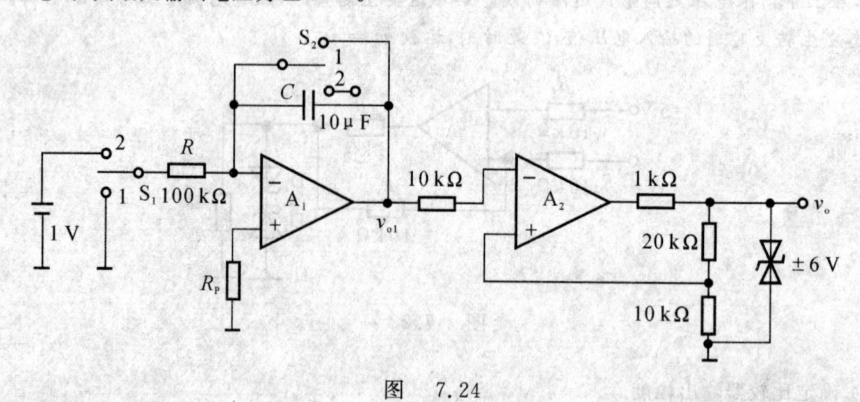

图 7.24

解 电路由两部分组成,A_1 构成积分器,A_2 构成反相型迟滞比较器。首先确定迟滞比较器的门限电

压。当 v_o 为高电平时

$$V_{T+} = V_P = \frac{10}{10+20} \times 6 = +2\ \text{V}$$

当 V_o 为低电平时

$$V_{T-} = V_P = \frac{10}{10+20} \times (-6) = -2\ \text{V}$$

S_1,S_2 掷于 ① 时,$v_{o1} = 0$,$v_o = -6$ V,$V_P = -2$ V,当 v_{o1} 低于 -2 V 时,v_o 由原来的 -6 V 跳变为 $+6$ V。

确定 $v_{o1} = -2$ V 的时刻。当 S_1,S_2 掷于 ② 时,

$$v_{o1} = -\frac{1}{RC}\int_0^t V_i \,\mathrm{d}t = -\frac{t}{RC} = -\frac{t}{1} = -t\ (\text{V})$$

可知,当 $t = 2$ s 时,$v_{o1} = -2$ V,v_o 由 -6 V 跳变为 $+6$ V。v_{o1} 及 v_o 的波形如图 7.25 所示。

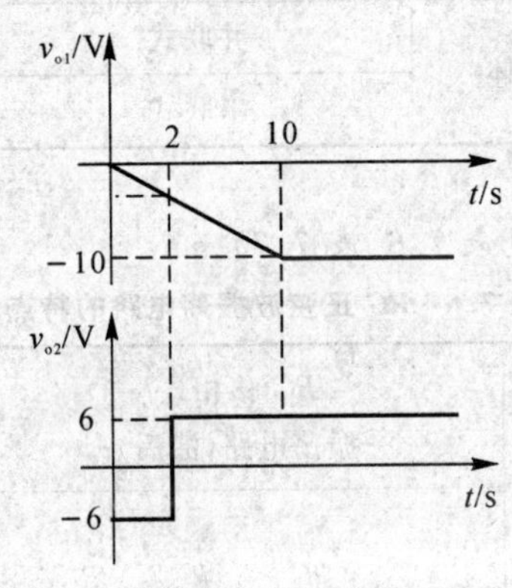

图 7.25 波形图

7.4 自学指导

1. 正弦波振荡电路

(1) 振荡条件。振荡条件包括保证振荡建立的起振条件;保证振荡器平衡并产生等幅振荡的平衡条件;保证振荡频率不受外界影响的稳定条件。

平衡条件为
$$\dot{A}\dot{F} = 1$$

即相位平衡条件
$$\varphi_a + \varphi_f = 2n\pi \quad (n\text{ 为整数})$$

幅度平衡条件
$$|\dot{A}\dot{F}| = 1$$

起振条件为
$$\varphi_a + \varphi_f = 2n\pi \quad (n\text{ 为整数})$$
$$|\dot{A}\dot{F}| > 1$$

稳定条件为
$$\frac{\partial|\dot{A}\dot{F}|}{\partial V_{om}} < 0,\quad \frac{\partial(\varphi_a + \varphi_f)}{\partial\omega} < 0$$

(2) 电路组成。正弦波振荡电路一般由放大、反馈、选频和稳幅四个基本部分组成。

(3) 分析方法要点:

1) 看电路组成是否包括上述(2) 中的四个部分;

2) 查电路能否正常工作要看是否有合适的直流通路和合适的交流通路;

3) 用瞬时极性法判断电路是否满足相位平衡条件;

4) 根据选频网络参数,计算振荡频率。

2. 正弦波振荡电路的分类(见表 7.5)

表 7.5 正弦波振荡电路的分类

名称	选频网络	分类	特点
RC 正弦波振荡电路	RC 网络	文氏电桥式	振荡频率为几到几百千赫
		移相式	
		双 T 选频网络式	
LC 正弦波振荡电路	LC 网络	变压器反馈式	振荡频率为几十千赫以上
		电容三点式	
		电感三点式	
石英晶体正弦波振荡电路	石英晶体	并联式	振荡频率为几十千赫以上，频率高度稳定
		串联式	

3. 正弦波振荡电路的特点（见表 7.6、表 7.7）

表 7.6 RC 正弦波振荡电路的特点

	RC 文氏电桥振荡电路	RC 移相式振荡电路（滞后）	RC 移相式振荡电路（超前）
电路原理示意图	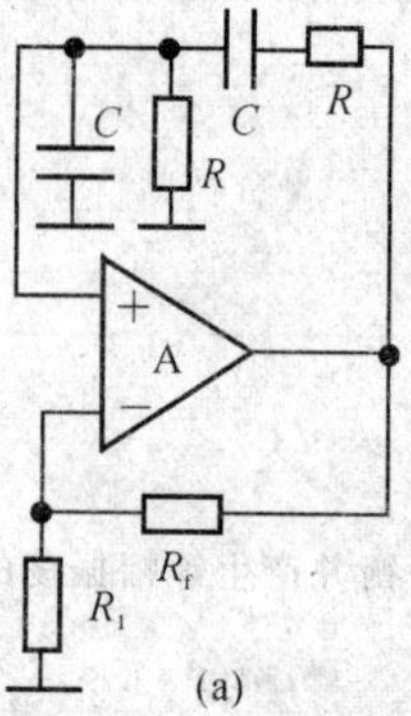 C R C R A + − R_f R_1 (a)	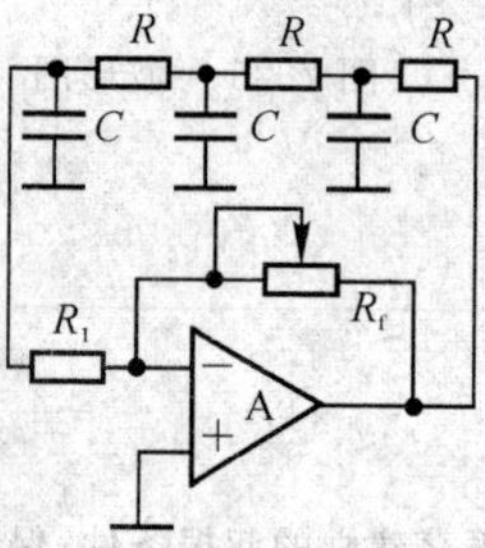 R R R C C C R_f R_1 A − + (b)	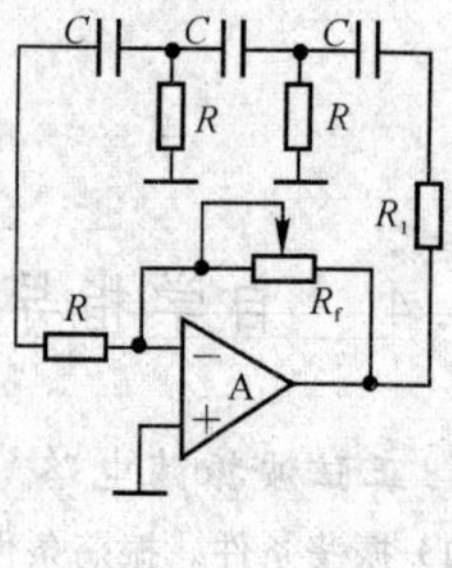 C C C R R R_1 R_f R A − + (c)
网络频率特性示意图	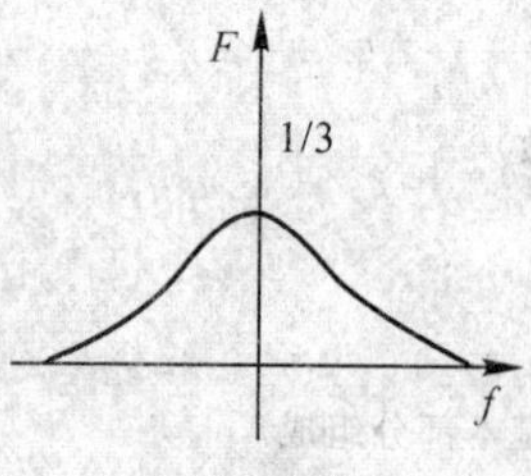 F 1/3 f 带通特性 $f=f_0$时，$\varphi_1=0$ (d)	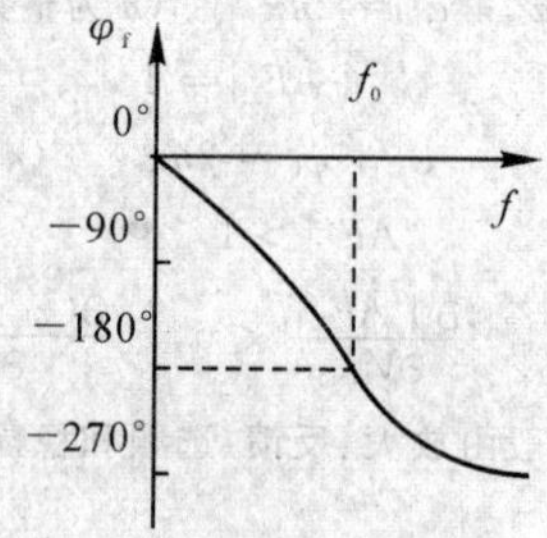 φ_f 0° −90° −180° −270° f_0 f 滞后网络相频特性 移相特性 (e)	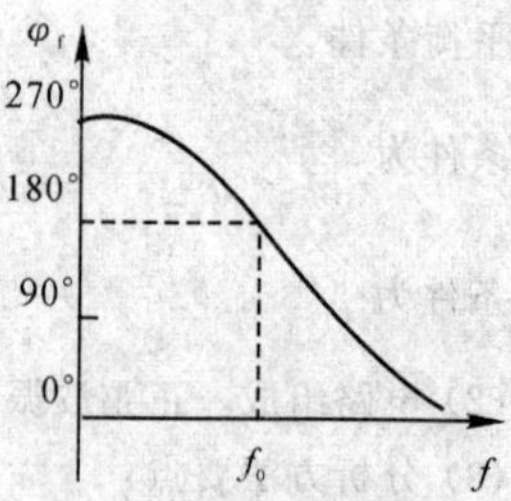 φ_f 270° 180° 90° 0° f_0 f 超前网络相频特性 (f)

续表

	RC 文氏电桥振荡电路	RC 移相式振荡电路(滞后)	RC 移相式振荡电路(超前)
振荡频率	$f_0=\frac{1}{2\pi RC}$	$f_0=\frac{\sqrt{6}}{2\pi RC}$	$f_0=\frac{1}{2\pi\sqrt{6}RC}$
说明	当 $f=f_0$ 时，正反馈最强，$F=1/3$，$\varphi_f=0°$，只要配合 $A_v>3$ 的同相放大器就能振荡	三级 RC 移相网络在 f_0 下产生 180° 相移，满足 $\varphi_a+\varphi_f=2n\pi$ 条件，只要 A_v 适当就能振荡	三级 RC 移相网络在 f_0 下产生 180° 相移，满足 $\varphi_a+\varphi_f=2n\pi$ 条件，只要 A_v 适当就能振荡

表 7.7 LC 正弦波振荡器特点

	变压器耦合振荡电路	电感三点式振荡电路	电容三点式振荡电路	电容三点式改进之一	电容三点式改进之二
电路原理示意图	A L C B (a)	L_1 L_2 A B C (b)	C_1 C_2 A B L (c)	C_1 C_2 B C_3 A L (d)	C_1 C_2 C_3 A L B C_4 (e)
简化的谐振回路	A L C B (f)	L A B C L_1 L_2 M L $L=L_1+L_2+2M$ (g)	C A L B C_1 C_2 C $C=\frac{C_1C_2}{C_1+C_2}$ (h)	C A L B C_1 C_2 C_3 C 若 $C_1>>C_3$，$C_2>>C_3$ 则 $C\approx C_3$ (i)	C_1 C_2 C_3 C_4 C A L B C 若 $C_1>>C_3$，$C_2>>C_3$ 则 $C\approx C_3+C_4$ (j)
振荡频率估算	$f_0=\frac{1}{2\pi\sqrt{LC}}$				
说明	选频网络为 LC，利用变压器耦合引入正反馈，使在 f_0 下产生振荡	利用带有中间抽头的电感线圈引入正反馈，易振荡，但波形较差	利用电容分压引入正反馈，由于电容滤波作用，使高次谐波减少，波形较好	振荡频率取决于 L 和 C_3，减小了分布参数对 f_0 的影响，提高了频率稳定度	由于又在 L 两端并上 C_4，因此有频率调节方便的优点

7.5 习题精选详解

7.1 图题 7.1 所示为一个一阶低通滤波器电路，设 A 为理想运放，试推导电路的传递函数，并求出其 -3 dB 截止角频率 ω_H。

解 $$V_f(s)=\frac{\frac{1}{sC}}{R+\frac{1}{sC}}V_1(s)=\frac{1}{1+sRC}V_1(s)$$

$$V_o(s)=V_f(s)=\frac{1}{1+sRC}V_1(s)$$

$$\omega_H = \frac{1}{RC} = \frac{1}{10\times10^3\times0.015\times10^{-6}} = 6.67\times10^3\ \text{rad/s}$$

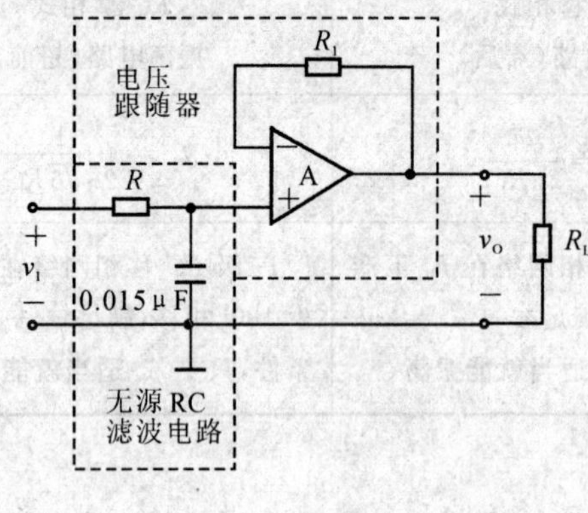

图题 7.1

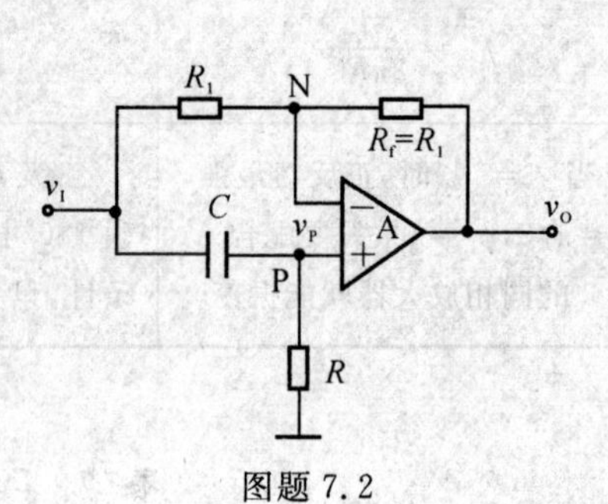

图题 7.2

7.2 图题 7.2 所示是一阶全通滤波电路的一种形式。

(1) 试证明电路的电压增益表达式为

$$A_v(j\omega) = \frac{V_O(j\omega)}{V_I(j\omega)} = -\frac{1-j\omega RC}{1+j\omega RC}$$

(2) 试求它的幅频响应和相频响应，说明当 ω 由 $0\to\infty$ 时，相角 φ 的变化范围。

解 (1) $V_N(s) = \frac{1}{2}V_I(s) + \frac{1}{2}V_O(s)$

$$V_P(s) = \frac{R}{R+\frac{1}{sC}}V_I(s)$$

得

$$V_O(s) = \frac{1-sRC-1}{1+sRC}V_I(s)$$

$$A_v(s) = \frac{V_O(s)}{V_I(s)} = -\frac{1-sRC}{1+sRC}$$

令 $s=j\omega$，得

$$A_v(j\omega) = -\frac{1-j\omega RC}{1+j\omega RC}$$

(2) $A_v(\omega) = \frac{\sqrt{1+(\omega RC)^2}}{\sqrt{1+(\omega RC)^2}} = 1$

$$\varphi(\omega) = \arctan(-\omega RC) - \arctan(\omega RC) = -\pi - 2\arctan(\omega RC)$$

当 ω 由 $0\to\infty$ 时，$\varphi(\omega)$ 由 $-\pi\to-2\pi$。

7.3 电路如图题 7.3 所示，设 A_1，A_2 为理想运放。

(1) 求 $A_1(s) = \frac{V_{O1}(s)}{V_I(s)}$ 及 $A(s) = \frac{V_O(s)}{V_I(s)}$；

(2) 根据导出的 $A_1(s)$ 和 $A(s)$ 表达式，判断它们分别属于什么类型的滤波电路。

解 (1) $A_1(s) = \frac{V_{O1}(s)}{V_I(s)} = -\frac{R_1}{R_1+\frac{1}{sC}} = -\frac{sR_1C_1}{1+sR_1C_1}$

$$V_O(s) = -V_I(s) - V_{O1}(s) = -V_i(s) + \frac{sR_1C_1}{1+sR_1C_1}V_i(s) = -\frac{1}{1+sR_1C}V_i(s)$$

$$A(s) = \frac{V_O(s)}{V_i(s)} = -\frac{1}{1+sR_1C}$$

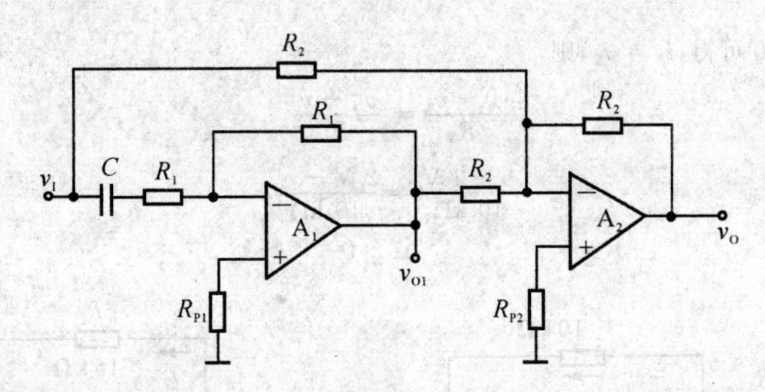

图题 7.3

(2) 电路为一阶低通滤波器。运放 A_1 极相关电路构成一阶高通滤波器。

7.4　设 A 为理想运放,试写出图题 7.4 所示电路的传递函数,指出这是一个什么类型的滤波电路。

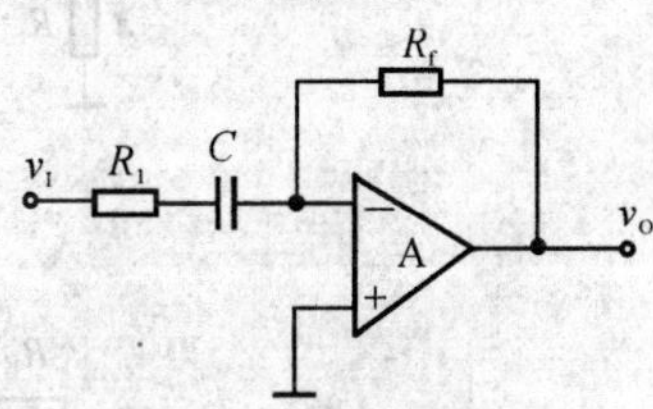

图题 7.4

解

$$A_v(s)=\frac{V_O(s)}{V_I(s)}=-\frac{R_f}{R_1+\frac{1}{sC}}=$$

$$-\frac{sR_fC}{1+sR_1C}=-\frac{R_f}{R_1}\frac{sR_1C}{1+sR_1C}$$

电路为一阶高通滤波器。

7.5　设 A 为理想运放,试写出图题 7.5 所示电路的传递函数,指出这是一个什么类型的滤波电路。

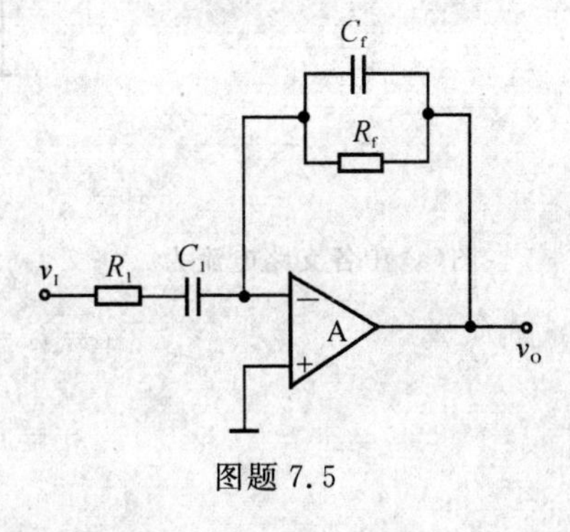

图题 7.5

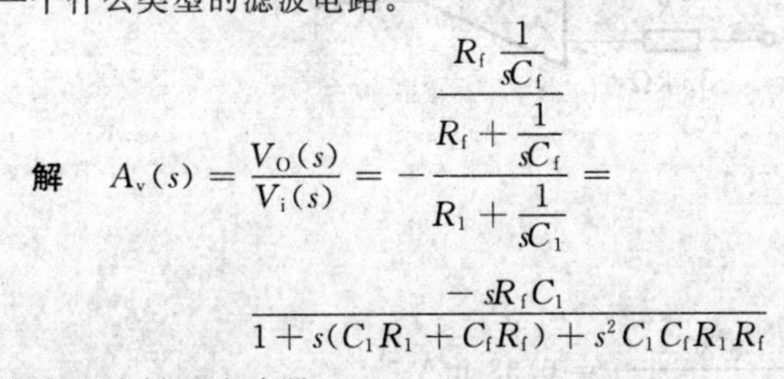

解　$$A_v(s)=\frac{V_O(s)}{V_i(s)}=-\frac{\dfrac{R_f\frac{1}{sC_f}}{R_f+\frac{1}{sC_f}}}{R_1+\frac{1}{sC_1}}=$$

$$\frac{-sR_fC_1}{1+s(C_1R_1+C_fR_f)+s^2C_1C_fR_1R_f}$$

电路为二阶低通滤波器。

7.6　已知某有源滤波电路的传递函数为

$$A(s)=\frac{V_O(s)}{V_I(s)}=\frac{-s^2}{s^2+\frac{3}{R_1C}s+\frac{1}{R_1R_2C^2}}$$

(1) 试定性分析该电路的滤波特性(低通、高通、带通或带阻)(提示:可从增益随角频率变化情况判断);

(2) 求通带增益 A_0、特征频率(中心频率)ω_0 及等效品质因数 Q。

解　电路为二阶高通滤波器。高通滤波电路标准传递函数为

$$A(s)=\frac{A_0s^2}{s^2+\frac{\omega_n}{Q}s+\omega_n^2}$$

与本题传递函数对比可知该电路为二阶高通滤波电路。

$$\omega_n=\sqrt{\frac{1}{R_1R_2C^2}},\quad Q=\frac{1}{3}\sqrt{\frac{R_1}{R_2}},\quad A_0=-1$$

7.7　电路如图题 7.6 所示,设运放是理想的,图(a),(b) 电路中的 $v_i=6\ \mathrm{V}$。图(c) 电路中 $v_{i1}=0.6\ \mathrm{V}$,$v_{i2}=0.8\ \mathrm{V}$,求各运放电路的输出电压 v_o 和图(a),(b) 中各支路的电流。

解　图(a):由虚断 $i_N=i_P=0$ 和虚短 $v_N=v_P$,可得

$$v_P=\frac{R_2}{R_1+R_2}v_i=\frac{6\ \mathrm{k\Omega}}{6\ \mathrm{k\Omega}+12\ \mathrm{k\Omega}}\times 6\ \mathrm{V}=2\ \mathrm{V}$$

由虚断 $i_N = i_P = 0$ 可得，$i_3 = i_4$，则

$$\frac{0 - v_n}{R_3} = \frac{v_N - v_o}{R_4}$$

$$\frac{0 - 2\ \text{V}}{10\ \text{k}\Omega} = \frac{2\ \text{V} - v_o}{10\ \text{k}\Omega}$$

解得

$$v_o = 4\ \text{V}$$

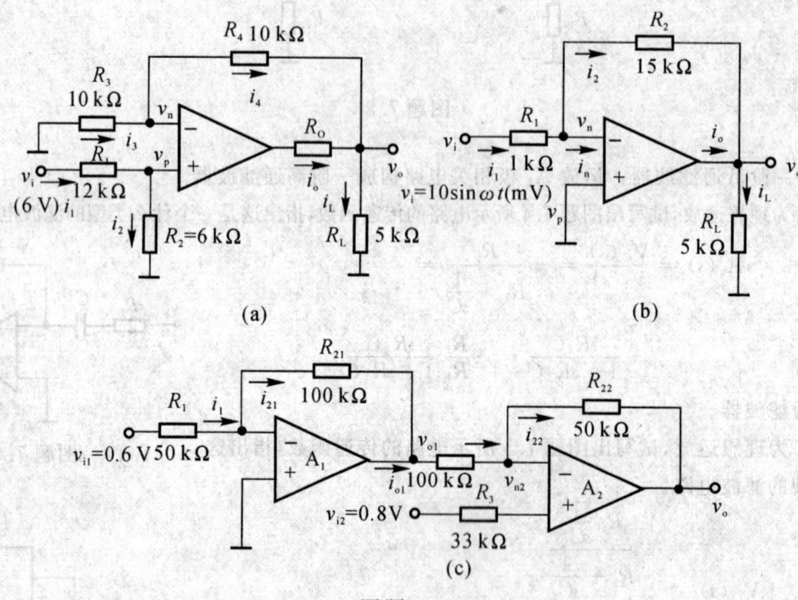

图题 7.6

图(a)中各支路电流为

$$i_1 = i_2 = \frac{v_i}{R_1 + R_2} = \frac{6\ \text{V}}{12\ \text{k}\Omega + 6\ \text{k}\Omega} = 0.33\ \text{mA}$$

$$i_3 = i_4 = \frac{0 - v_N}{R_3} = -\frac{2\ \text{V}}{10\ \text{k}\Omega} = -0.2\ \text{mA}$$

$$i_L = \frac{v_o}{R_L} = \frac{4\ \text{V}}{5\ \text{k}\Omega} = -0.8\ \text{mA}$$

由基尔霍夫电流定律可得

$$i_4 + i_o = i_L$$

$$i_o = i_L - i_4 = 0.8\ \text{mA} - (-0.2\ \text{mA}) = 1\ \text{mA}$$

图(b)：电路构成的是反相放大电路，所以

$$v_O = -\frac{R_2}{R_1}v_i = -\frac{15\ \text{k}\Omega}{1\ \text{k}\Omega} \times (10\sin\omega t)\ \text{mV} = -150\sin\omega t\ (\text{mV})$$

图(b)中各支路电流为：由虚断 $i_N = i_P = 0$ 和虚短 $v_N = v_P = 0$ V，可得

$$i_1 = i_2 = \frac{v_i - v_N}{R_1} = \frac{(10\sin\omega t)\ \text{mV} - 0}{1\ \text{k}\Omega} = 10\sin\omega t\ (\mu\text{A})$$

$$i_L = \frac{v_o}{R_L} = \frac{-150\sin\omega t\ (\text{mV})}{5\ \text{k}\Omega} = -30\sin\omega t\ (\mu\text{A})$$

由基尔霍夫电流定律可得

$$i_2 + i_o = i_L.$$

$$i_o = i_L - i_2 = -30\sin\omega t - 10\sin\omega t = -40\sin\omega t\ (\mu\text{A})$$

图(c)：

$$v_{o1} = -\frac{R_{f1}}{R_1}v_{i1} = -\frac{100}{50}\times 0.6 = -1.2\ \text{V}$$

$$v_o = -\frac{R_{f2}}{R_2}v_{o1} + (1+\frac{R_{f2}}{R_2})v_{i2} = -\frac{50}{100}\times(-1.2) + (1+\frac{50}{100})\times 0.8 = 1.8\ \text{V}$$

7.8　由运放组成的 BJT 电流放大系数 β 的测试电路如图题 7.7 所示，设 BJT 的 $V_{BE} = 0.7$ V。

(1) 求出 BJT 的 c,b,e 各极的电位值；

(2) 若电压表读数为 200 mV，试求 BJT 的 β 值。

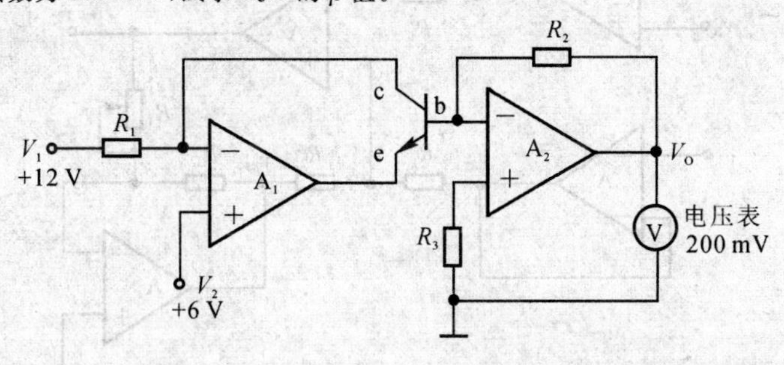

图题 7.7

解　(1) $V_c = V_{-1} = V_2 = 6$ V

$V_b = V_{-2} = V_{+2} = 0$

$V_e = V_{-2} - 0.7 = -0.7$ V

(2) $I_C = \frac{V_1 - V_2}{R_1} = \frac{12-6}{6} = 1$ mA

$I_B = \frac{v_o}{R_2} = \frac{200}{10} = 20\times 10^{-3}$ mA

$\beta = \frac{I_C}{I_B} = 50$

7.9　一高输入电阻的桥式放大电路如图题 7.8 所示，试写出 $v_o = f(\delta)$ 的表达式($\delta = \Delta R/R$)。

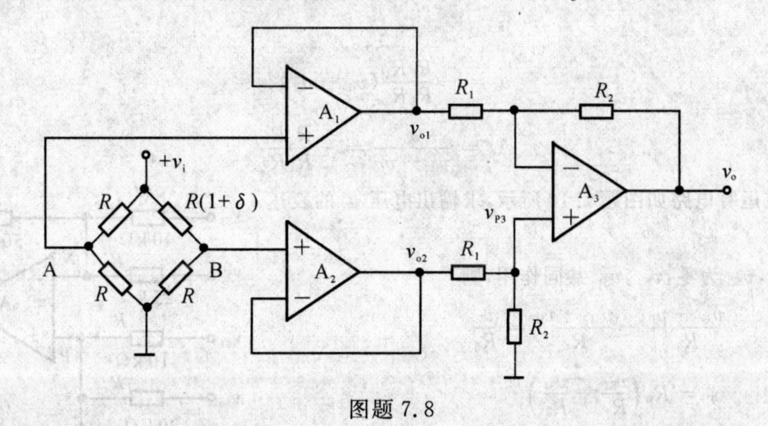

图题 7.8

解　$v_A = \frac{1}{2}v_i, v_B = \frac{R}{R+R(1+\delta)}v_i = \frac{1}{2+\delta}$

$$v_B - v_A = \left(\frac{1}{2+\delta} - \frac{1}{2}\right)v_i = \frac{-\delta}{2(2+\delta)}$$

A_3 构成差动放大器，因此

$$v_o=\frac{R_2}{R_1}(v_{o2}-v_{o1})=\frac{R_2}{R_1}(v_B-v_A)=\frac{R_2}{R_1}v_i(\frac{-\delta}{4+2\delta})$$

7.10 图题7.9所示为一增益线性调节运放电路，试推导该电路的电压增益 $A_v=v_o/(v_{i1}-v_{i2})$ 的值（表达式）。

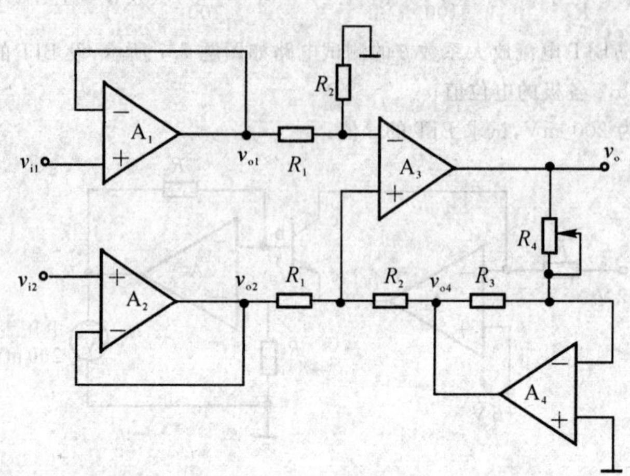

图题 7.9

解 $v_{o1}=v_{i1}, v_{o2}=v_{i2}, v_{o4}=-\frac{R_3}{R_4}v_o$

对于 A_3 有

$$v_{N3}=\frac{R_2}{R_1+R_2}v_{o1}=\frac{R_2}{R_1+R_2}v_{i1}$$

$$v_{P3}=\frac{R_2}{R_1+R_2}v_{o2}+\frac{R_1}{R_1+R_2}v_{o4}=\frac{R_2}{R_1+R_2}v_{i2}+\frac{R_1}{R_1+R_2}\frac{-R_3}{R_4}v_o$$

由 $v_{N3}=v_{P3}$ 得

$$\frac{R_2}{R_1+R_2}v_{i1}=\frac{R_2}{R_1+R_2}v_{i2}+\frac{R_1}{R_1+R_2}\frac{-R_3}{R_4}v_o$$

解得

$$v_o=-\frac{R_2R_4}{R_1R_3}(v_{i1}-v_{i2})$$

$$A_v=\frac{v_o}{v_{i1}-v_{i2}}=-\frac{R_2R_4}{R_1R_3}$$

7.11 加减运算电路如图题7.10所示，求输出电压 v_o 的表达式。

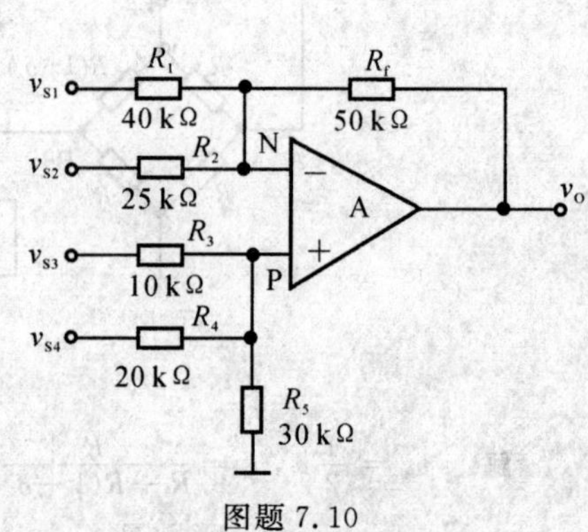

图题 7.10

解 令 v_{S1}, v_{S2} 为零，v_{S3}, v_{S4} 共同作用，则

$$\frac{v_{S3}-v_P}{R_3}+\frac{v_{S4}-v_P}{R_4}=\frac{v_P}{R_5}$$

$$v_P=R_p\left(\frac{v_{S3}}{R_3}+\frac{v_{S4}}{R_4}\right)$$

其中 $$R_p=R_3 /\!/ R_4 /\!/ R_5=\frac{60}{11}\text{ k}\Omega$$

此时的输出为

$$v'_o=(1+\frac{R_f}{R_1 /\!/ R_2})v_P=(1+\frac{R_f}{R_1}+\frac{R_f}{R_2})(\frac{v_{S3}}{R_3}+\frac{v_{S4}}{R_4})R_p$$

$$= \frac{51}{22}v_{S3} + \frac{51}{44}v_{S4}$$

令 v_{S3}，v_{S4} 为 0，v_{S1}，v_{S2} 共同作用，此时的输出为

$$v''_o = -\frac{R_f}{R_1}v_{S1} - \frac{R_f}{R_2}v_{S2} = -\frac{5}{4}v_{S1} - 2v_{S2}$$

当 v_{S1}，v_{S2}，v_{S3}，v_{S4} 同时作用时，

$$v_o = v'_o + v''_o = \frac{51}{22}v_{S3} + \frac{51}{44}v_{S4} - \frac{5}{4}v_{S1} - 2v_{S2}$$

7.12　电路如图题 7.11 所示，设运放是理想的，试求 v_{o1}，v_{o2} 及 v_o 的值。

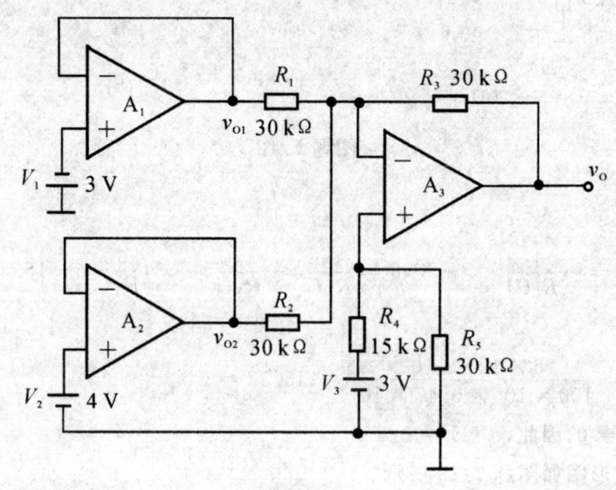

图题 7.11

解　$v_{o1} = V_1 = -3\ \text{V}$，　$v_{o2} = V_2 = 4\ \text{V}$

$$v_o = \left(1 + \frac{R_3}{R_1 /\!/ R_2}\right)\left(\frac{R_5}{R_4 + R_5}\right)V_3 - \frac{R_3}{R_1}v_{o1} - \frac{R_3}{R_2}v_{o2} =$$

$$\left(1 + \frac{30}{15}\right)\left(\frac{30}{30+15}\right) \times 3 - \frac{30}{30} \times (-3) - \frac{30}{30} \times 4 = 5\ \text{V}$$

7.13　积分电路如图题 7.12(a) 所示，设运放是理想的，已知初始状态时 $v_C(0) = 0$，试回答下列问题：

(1) 当 $R_1 = 100\ \text{k}\Omega$，$C = 2\ \mu\text{F}$ 时，若突然加入 $v_s(t) = 1\ \text{V}$ 的阶跃电压，求 1 s 后输出电压 v_o 值；

(2) 当 $R_1 = 100\ \text{k}\Omega$，$C = 0.47\ \mu\text{F}$，输入电压波形如图题 7.12(b) 所示，试画出 v_o 的波形，并标出 v_o 的幅值和回零时间。

解　因为 $v_C(0) = 0$，因此积分器输出为

$$v_o(t) = -\frac{1}{R_1 C}\int_0^t v_s(t)\,\text{d}t$$

当 $v_s(t)$ 为 1 V 阶跃电压时，

$$v_o(t) = -\frac{1}{R_1 C}\int_0^t 1\ \text{d}t = \frac{t}{R_1 C}$$

当 $t = 1$ s 时，

$$v_o(t) = -\frac{1}{R_1 C} = -\frac{1}{100 \times 10^3 \times 2 \times 10^{-6}} = -5\ \text{V}$$

(2) 当 $0 \leqslant t \leqslant t_1$ 时，

$$v_o(t) = -\frac{1}{R_1 C}\int_0^t v_s(t)\,\text{d}t = -\frac{1}{R_1 C}\int_0^t 6\text{d}t = -\frac{6}{R_1 C}t = -\frac{6}{100 \times 10^3 \times 0.47 \times 10^{-6}}t = -0.128 \times 10^{-3}t$$

当 $t = t_1 = 60$ ms 时，

$$v_o(t) = -0.128 \times 10^{-3} \times 60 \times 10^{-3} = -7.66\ \text{V}$$

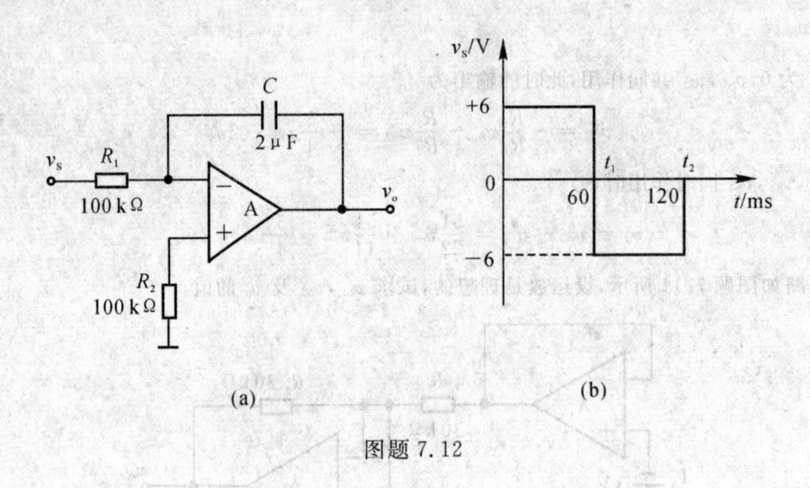

图题 7.12

当 $t_1 < t < t_2$ 时，

$$v_o(t) = -\frac{1}{R_1 C}\int_{t_1}^{t-t_1}(-6)\mathrm{d}t = \frac{6v}{R_1 C}t - \frac{12v}{R_1 C}t_1 = \left(\frac{6v}{R_1 C}t - 15.32\right)\ \mathrm{V}$$

当 $t = 120\ \mathrm{ms}$ 时，

$$v_o(t) = \frac{6 \times 120 \times 10^{-3}}{100 \times 10^3 \times 0.47 \times 10^{-6}} - 15.32 = 0$$

当 $t_2 < t < \infty$ 时，$v_s(t) = 0$，因此，$v_o(t) = 0$。

据此作出 $v_o(t)$ 的波形图如图题 7.13 所示。

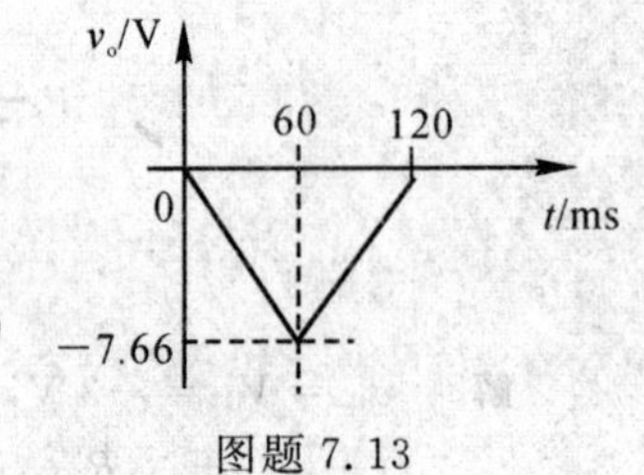

图题 7.13

7.14 电路如图题 7.14 所示，A_1，A_2 为理想运放，电容的初始电压 $v_C(0) = 0$。

(1) 写出 v_o 与 v_{S1}，v_{S2} 和 v_{S3} 之间的关系式；

(2) 写出当电路中电阻 $R_1 = R_2 = R_3 = R_4 = R_5 = R_6 = R$ 时，输出电压 v_o 的表达式。

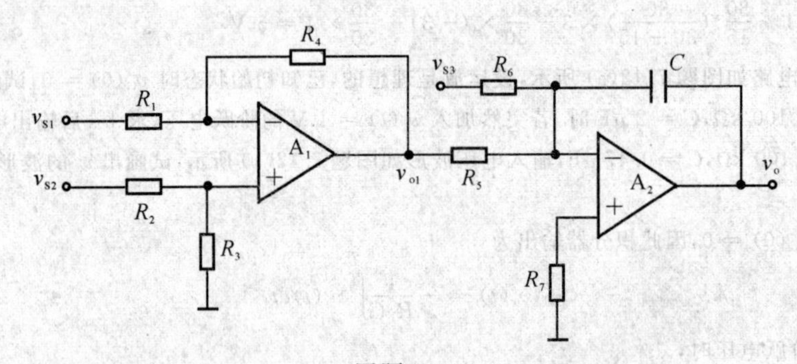

图题 7.14

解　$v_o = -v_C = -\frac{1}{C}\int_0^t\left(\frac{v_{S3}}{R_6} + \frac{v_{O1}}{R_5}\right)\mathrm{d}t$，　$v_{o1} = \frac{R_3}{R_2 + R_3}\frac{R_4 + R_1}{R_1}v_{S2} - \frac{R_4}{R_1}v_{S1}$

因此

$$v_o = -\frac{1}{C}\int_0^t\left(-\frac{R_4}{R_1 R_5}v_{S1} + \frac{R_3}{R_2 + R_3}\frac{R_4 + R_1}{R_1}\frac{v_{S2}}{R_5} + \frac{v_{S3}}{R_6}\right)\mathrm{d}t$$

当 $R_1 = R_2 = R_3 = R_4 = R_5 = R_6 = R$ 时，

$$v_o = -\frac{1}{RC}\int_0^t(-v_{S1} + v_{S2} + v_{S3})\mathrm{d}t$$

7.15 差分式积分运算电路如图题 7.15 所示。设运放是理想的，电容器 C 上的初始电压 $v_C(0) = 0$，且

$C_1 = C_2 = C, R_1 = R_2 = R$。若 v_{S1}, v_{S2} 已知。求：

(1) 当 $v_{S1} = 0$ 时，推导 v_o 与 v_{S2} 的关系；

(2) 当 $v_{S2} = 0$ 时，推导 v_o 与 v_{S1} 的关系；

(3) 当 v_{S1}, v_{S2} 同时加入时，写出 v_o 与 v_{S1}, v_{S2} 的关系式。说明电路功能。

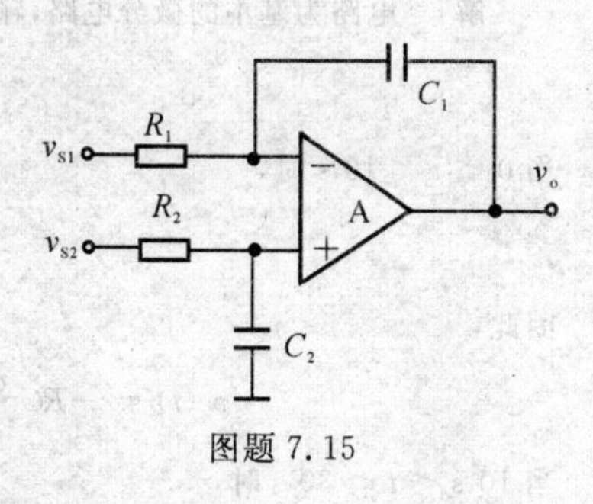

图题 7.15

解　(1) 当 $v_{S1} = 0$ 时，

$$V_+(s) = \frac{\frac{1}{sC_2}}{R_2 + \frac{1}{sC_2}} V_{S2}(s)$$

$$V_-(s) = \frac{R_1}{R_1 + \frac{1}{sC_1}} V_o(s)$$

由 $V_+(s) = V_-(s)$ 及 $R_1 = R_2 = R, C_1 = C_2 = C$，得

$$\frac{\frac{1}{sC}}{R_2 + \frac{1}{sC}} V_{S2}(s) = \frac{R_1}{R_1 + \frac{1}{sC}} V_o(s)$$

即

$$V_o(s) = \frac{1}{RC} \cdot \frac{1}{s} V_{S2}(s)$$

$$V_o = \frac{1}{RC}\int_0^t V_{S2}\,dt$$

(2) 当 $v_{S2} = 0$ 时，

$$V_o(s) = -\frac{\frac{1}{sC}}{R} V_{S1}(s)$$

即

$$V_o = -\frac{1}{RC}\int_0^t V_{S1}\,dt$$

(3) 当 V_{S1}, V_{S2} 同时加入时，

$$V_o = \frac{1}{RC}\int_0^t V_{S2}\,dt - \frac{1}{RC}\int_0^t V_{S1}\,dt = \frac{1}{RC}\int_0^t (V_{S2} - V_{S1})\,dt$$

上式说明，该电路实现了差分(动)积分功能。

7.16　微分电路如图题 7.16(a) 所示，输入电压 v_S 如图题 7.16(b) 所示，设电路 $R = 10\ \text{k}\Omega, C = 100\ \mu\text{F}$，运放是理想的，试画出输出电压 v_o 的波形，并标出 v_o 的幅值。

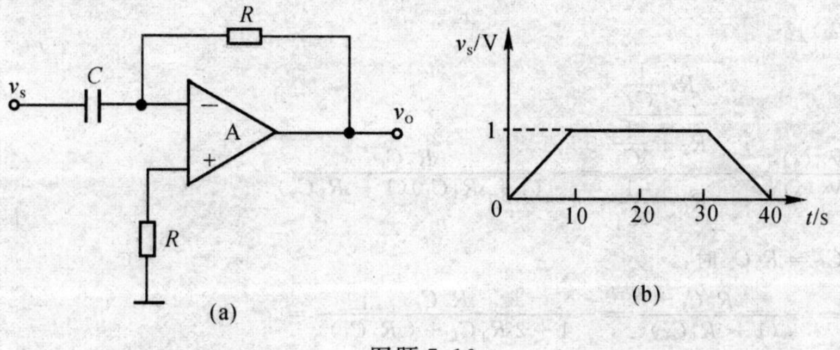

图题 7.16

解 电路为基本的微分电路，输出电压与输入电压的关系为

$$v_o(t) = -RC\frac{dv_S(t)}{dt}$$

当 $0 < t < 10$ s 时，

$$v_S(t) = \frac{t}{10}\ \text{V}$$

因此，

$$v_o(t) = -RC\frac{dv_S(t)}{dt} = -\frac{RC}{10} = -\frac{10\times10^3\times100\times10^{-6}}{10} = -0.1\ \text{V}$$

当 $10\ \text{s} < t < 30$ s 时，

$$v_S(t) = 1\ \text{V}$$

因此，

$$v_o(t) = -RC\frac{dv_S(t)}{dt} = 0$$

当 $30\ \text{s} < t < 40$ s 时，

$$v_S(t) = \left(-\frac{1}{10}t + 4\right)\ \text{V}$$

因此

$$v_o(t) = -RC\frac{dv_S(t)}{dt} = +0.1\ \text{V}$$

据此可作出 $v_o(t)$ 的波形如图题 7.17 解所示。

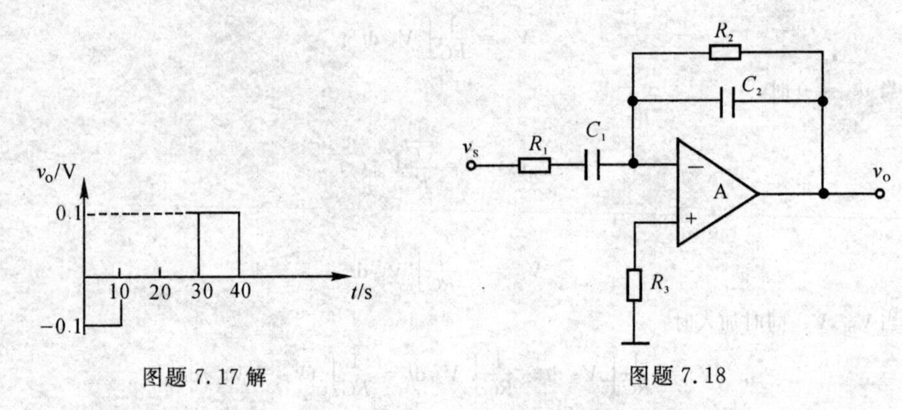

图题 7.17 解　　图题 7.18

7.17 一实用微分电路如图题 7.18 所示，它具有衰减高频噪声的作用。

(1) 确定电路的传递函数 $v_O(s)/v_S(s)$；

(2) 若 $R_1C_1 = R_2C_2$，试问输入信号 v_S 的频率应当怎样限制，才能使电路不失去微分的功能 $[v_O(j\omega) = \text{const}\times j\omega V_S(j\omega)]$？

解 (1)

$$\frac{V_O(s)}{V_S(s)} = -\frac{\dfrac{R_2\dfrac{1}{sC_2}}{R_2+\dfrac{1}{sC_2}}}{R_1+\dfrac{1}{sC_1}} = -\frac{sR_2C_1}{(1+sR_1C_1)(1+sR_2C_2)}$$

(2) 当 $R_1C_1 = R_2C_2$ 时，

$$\frac{V_O(s)}{V_S(s)} = -\frac{sR_2C_1}{(1+sR_1C_1)^2} = -\frac{sR_2C_1}{1+2sR_1C_1+(sR_1C_1)^2} =$$

$$-\frac{R_2}{R_1}\frac{sC_1}{\dfrac{1}{R_1}+2sC_1+(sC_1)^2R_1} = -\frac{R_2}{R_1}\frac{1}{\dfrac{1}{sR_1C_1}+sR_1C_1+2}$$

令$\frac{1}{R_1C_1}=\omega_0$，则有

$$\frac{V_O(s)}{V_S(s)}=-\frac{R_2}{R_1}\frac{1}{\frac{\omega_0}{s}+\frac{s}{\omega_0}+2}$$

令$s=j\omega$，则有

$$\frac{V_O(j\omega)}{V_S(j\omega)}=-\frac{R_2}{R_1}\frac{1}{\frac{\omega_0}{j\omega}+\frac{j\omega}{\omega_0}+2}$$

上式可以看出仅当$\omega\ll\omega_0$时，传递函数才接近理想微分特性。因此，只有在工作频率远小于RC回路固有频率时，电路才不失去微分功能。

第8章　直流稳压电源

8.1　教学建议

在电子电路中，通常需要电压稳定的直流电源供电。小功率稳压电源由变压器、整流、滤波和稳压电路四部分组成。这部分内容主要以原理讲解和知识介绍为主，使学生重点理解基本整流、滤波和稳压的原理。同时结合实际补充部分器件介绍、命名等常识，通过学习使学生理解直流稳压电源的组成和各部分的作用，掌握二极管整流电路、电容滤波电路输出电压平均值的估算，指标分析的基本方法。掌握分立元件构成的直流稳压电源的连接方法。由于实际直流稳压电源大多采用的是集成稳压电路。要引导学生运用基本知识分析线性集成稳压器的应用电路。掌握集成稳压器的常用型号和各种类型器件的使用方法和注意事项，强化实用性，通用性，结合本次实验内容，指导学生学会处理实际应用出现的问题，学会运用工程设计的思想完成设计内容。

8.2　主要内容

一、内容要点精讲

1. 直流稳压电源的基本组成

直流稳压电源一般由电源变压器、整流电路、滤波电路及稳压电路等四部分组成，如图8.1所示。

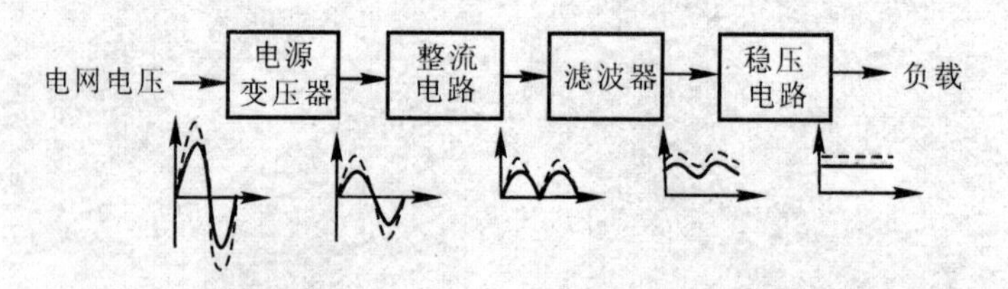

图8.1　直流稳压电源组成方框图

2. 单相整流与滤波电路

单相整流电路的主要形式有半波整流、全波整流、桥式整流及倍压整流等。在单相整流滤波电路中，主要的滤波形式有电容滤波、电感滤波、LC滤波及RC滤波等。在这些电路中，主要掌握桥式整流电容滤波电路，如图8.2所示。应熟悉下面这些关系：

输出直流电压V_O与变压器次级电压有效值V_2的关系为

$$V_O \approx 1.2\, V_2$$

二极管电流的平均值I_D与负载电流I_L之间的关系为

$$I_D = \frac{1}{2} I_L$$

二极管承受的最大反向电压 V_{RM} 与次级电压有效值之间的关系为

$$V_{RM} \approx \sqrt{2} V_2$$

滤波电容选取依据

$$CR_L \geqslant (3 \sim 5) \frac{T}{2}$$

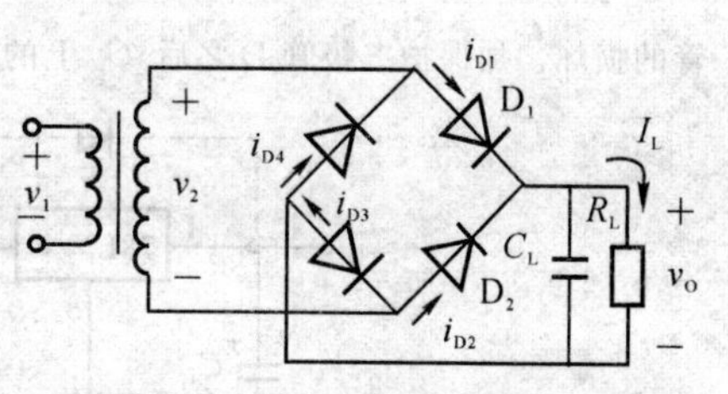

图 8.2 单相桥式整流电路

3. 稳压电路

(1) 串联反馈型稳压电路的组成。该稳压电路原理性结构如图 8.3 所示。

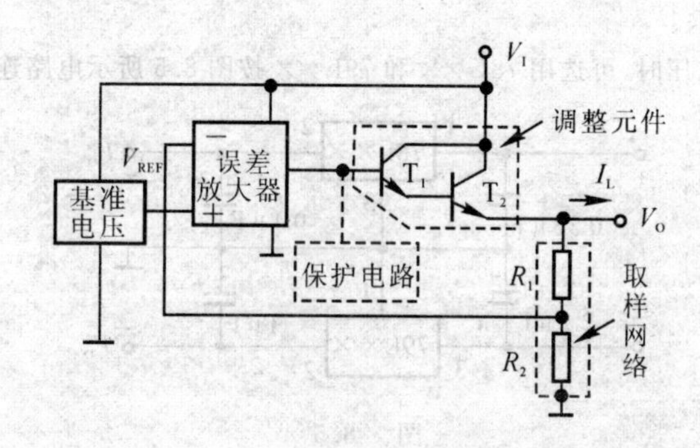

图 8.3 串联型稳压器的一般组成框图

稳压电路主要由几个环节构成：调整环节 —— 功率管 T；比较放大环节 —— 由运放 A 构成；基准环节 —— 由稳压管构成，也可由更精密的基准电压源构成；取样环节 —— 由 R_1，R_2 构成。

保护环节，用以保护功率管。在集成稳压电路中一般还包括启动电路等。输出电压由基准电压 V_{REF} 和取样环节 R_1，R_2 确定，即

$$V_O = \left(1 + \frac{R_1}{R_2}\right) V_{REF}$$

(2) 主要指标：

稳压系数 $$S = \left. \frac{\Delta V_O / V_O}{\Delta V_I / V_I} \right|_{R_L = \text{常数}}$$

输出电阻 $$R_O = \left. \frac{\Delta V_O}{\Delta I_L} \right|_{V_I = \text{常数}}$$

温度系数 $$S_T = \left. \frac{\Delta V_O}{\Delta T} \right|_{\substack{V_I = \text{常数} \\ R_L = \text{常数}}}$$

(3) 调整管参数：

$$I_{CM} > I_{LM}$$

$$P_{CM} > P_{Cmax}$$

$$V_{CE} \geqslant (3 \sim 4)\ \text{V}$$

(4) 集成三端稳压器。熟悉 78 系列和 79 系列的典型接法。熟悉三端稳压器的功能扩展。

1) 固定式三端稳压电路。固定式三端稳压电路有正电压输出(W7800)和负电压输出(W7900)两种，其内部电路为串联型稳压电路。固定正电压输出三端集成稳压器的一般电路连接如图 8.4 所示。图中输入电容 C_1 用来抵消输入线较长时的电感效应，以防止产生自激振荡，输出电容 C_2 用来消除电路的高频噪声。正常工作时，输入、输出电压差为 2 ～ 3 V。如果集成稳压器的输出电压比较高时，应在输入和输出端之间跨接一个保护二极管 D。如不慎将输入端短路，输出电容 C_2 两端电压会作用于集成稳压器内部调整管，造成调整

管的损坏。加保护二极管 D 之后，C_2 上的端电压可通过它放电，这样调整管就可得到保护。

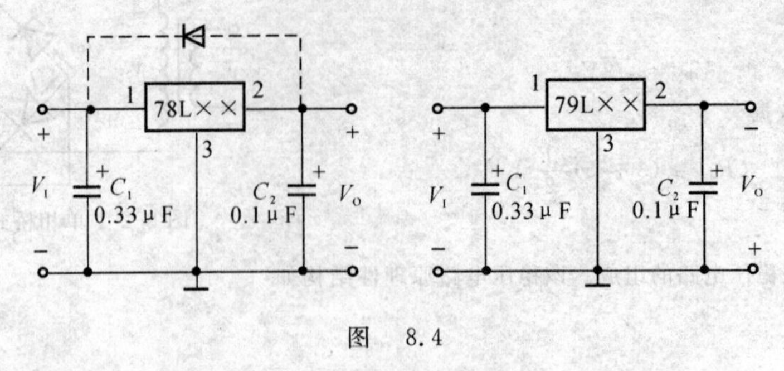

图 8.4

如需要同时输出正、负电压时，可选用 78L ×× 和 79L ×× 按图 8.5 所示电路连接。

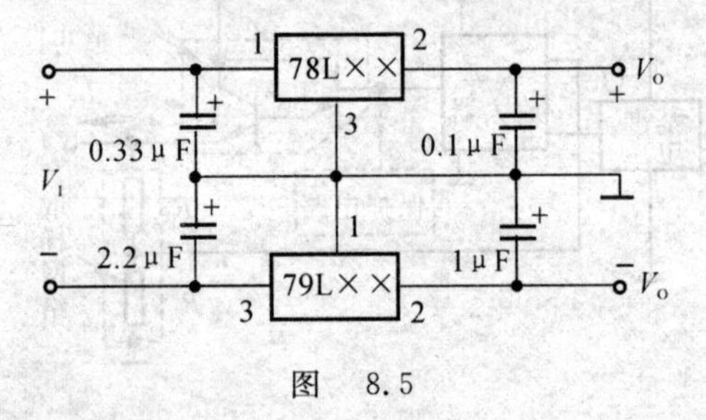

图 8.5

由以上应用可看出，三端集成稳压器在使用时，只需从产品手册中查出有关参数、性能指标、外形尺寸，配上适当的散热片，就可按所需直流电压接成电路，使用起来十分方便。

2）可调式三端稳压器。可调式三端稳压器也有正电压输出(LW117)和负电压输出(LW137)两种电路。以 LW117 为例，其基本应用电路如图 8.6(a)(b) 所示，图中的 1,2,3 引出端分别为输入端、输出端和调整端。图 8.6(a) 是基准电压源电路，输出端和调整端之间的电压 V_{23} 非常稳定，$V_{23}=1.25\ \text{V}$。图 8.6(b) 为输出电压可调的稳压电路，忽略调整端的电流，可认为其输出电压的表达式为

$$V_O=\left(1+\frac{R_2}{R_1}\right)V_{23}=\left(1+\frac{R_2}{R_1}\right)\times 1.25$$

调节电位器 R_2 就可调节输出电压。

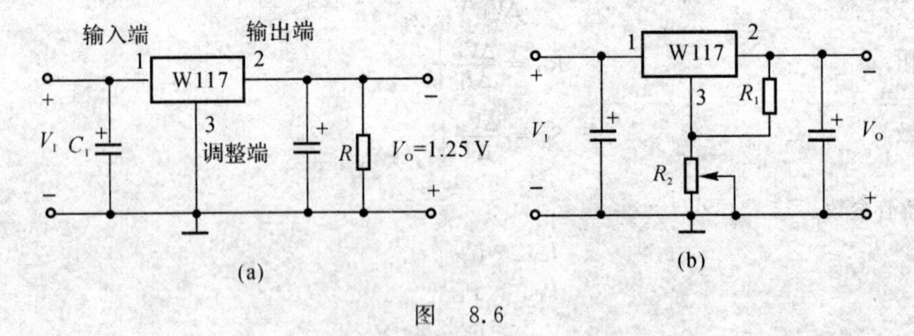

图 8.6

二、重点、难点

(1) 整流电路如表 8.1 所示。

表 8.1　整流电路

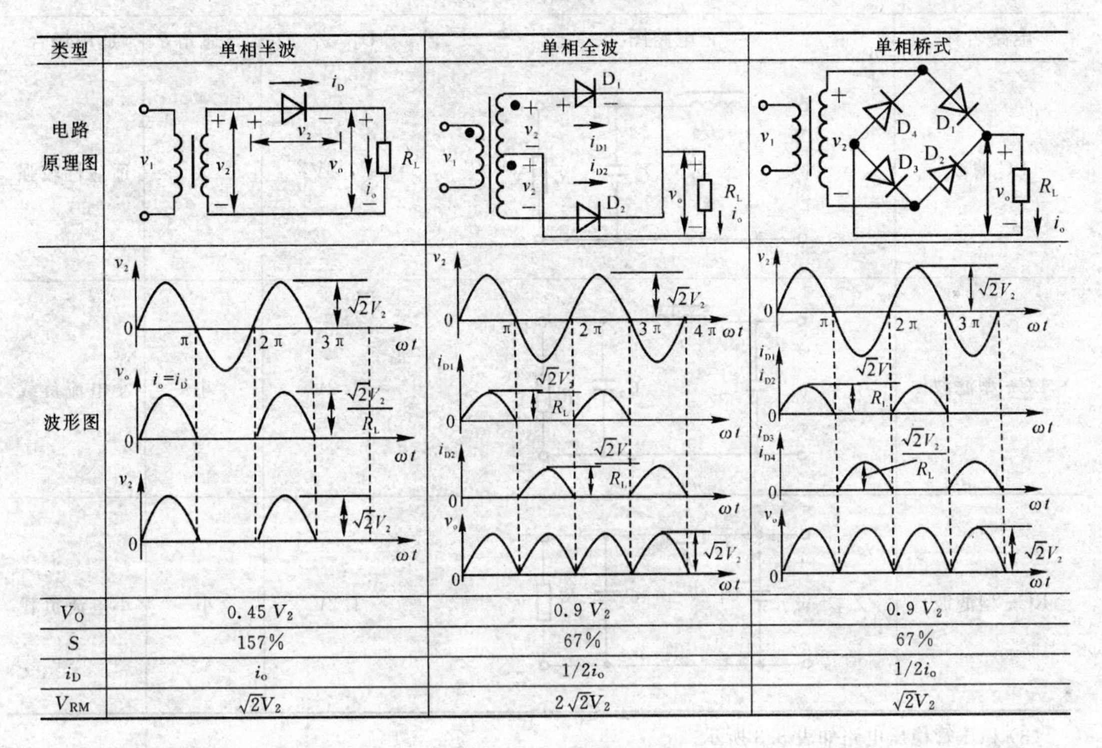

类型	单相半波	单相全波	单相桥式
电路原理图			
波形图			
V_O	$0.45\,V_2$	$0.9\,V_2$	$0.9\,V_2$
S	157%	67%	67%
i_D	i_o	$1/2i_o$	$1/2i_o$
V_{RM}	$\sqrt{2}V_2$	$2\sqrt{2}V_2$	$\sqrt{2}V_2$

(2) 滤波电路如表 8.2 所示。

表 8.2　滤波电路

电路名称	电路图	$U_{O(AV)}$	导通角 θ	适用场合
电容滤波电路	~220 V 50 Hz, v_2, D_1, D_2, D_3, D_4, C, R_L, v_o, +, −	$\approx 1.2V_2$	小	小电流负载
电感滤波电路	~220 V 50 Hz, v_2, D_1~D_4, L, $V_{D(AV)}+v_d$, R_L, v_o, +, −	$\approx 0.9V_2$	大	大电流负载

续 表

电路名称	电路图	$U_{O(AV)}$	导通角 θ	适用场合
LC 滤波	L, C, R_L, v_D, v_o	$\approx 0.9V_2$	大	适应性较强
LCπ 型滤波	L, C_1, C_2, R_L, v_D, v_o	$\approx 1.2V_2$	小	小电流负载
RCπ 型滤波	R, C_1, C_2, R_L, v_D, v_o	$\approx 1.2V_2$	小	小电流负载

(3) 稳压管稳压电路如表 8.3 所示。

表 8.3 稳压管稳压电路

名 称	内 容	说 明
电路组成	~220 V 50 Hz, v_2, D_1~D_4, C, V_I, R, I_R, I_{DZ}, I_L, R_L, V_O, 稳压电路	由稳压二极管 D_Z 和限流电阻 R 所组成，是一种最简单的直流稳压电源
工作原理	电网电压 ↑ → V_I ↑ → $V_O(U_Z)$ ↑ → I_{DZ} ↑ → I_R ↑ → V_R ↑ → V_O ↓	当电网电压下降时，各电量的变化与电网电压升高时相反
性能指标	稳压系数：$S_r \approx \frac{r_Z}{R} \cdot \frac{U_I}{U_Z}$ 输出电阻：$R_O \approx r_Z$	r_Z 为稳压管的动态电阻
限流电阻的选择	$R_{min} = \frac{V_{Imax} - V_Z}{I_{ZM} + I_{Lmin}}$ $R_{max} = \frac{V_{Imax} - V_Z}{I_Z + I_{Lmax}}$	合理选择限流电阻的阻值才能保证稳压管既能工作在稳压状态，又不至于因功耗过大而损坏

(4) 串联型稳压电路如表 8.4 所示。

表 8.4　串联型稳压电路

名　称	内　容	说　明
电路组成及作用	① 调整管：向负载提供大电流，调整输入电压和输出电压之间的差值电压，保证输出电压基本稳定。 ② 基准电压电路：为电路提供一个稳定的基准电压。 ③ 采样电路：对输出电压采样，并将它送到放大环节。 ④ 比较放大电路：将采样所得的电压与基准电压比较，同时将差值电压放大	各部分电路的形式可能有多种
电路图	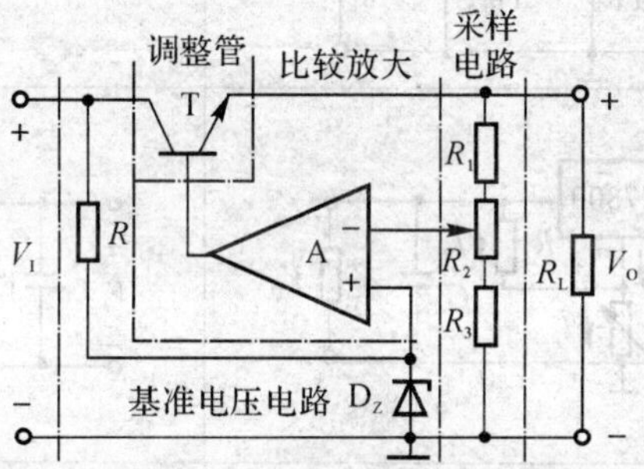 调整管　比较放大　采样电路 T　A　R　R_1　R_2　R_3　R_L　V_I　V_O　D_Z 基准电压电路	输出电压为 $V_O=\left(1+\frac{R_1}{R''2}+\frac{R''_2}{R_3}\right)V_Z$
稳压原理	$V_O\uparrow\rightarrow V_N\uparrow\rightarrow V_B\downarrow\rightarrow V_O\downarrow$	电路靠引入深度电压负反馈来稳定输出电压
输出电压可调范围	$V_{Omin}=\frac{R_1+R_2+R_3}{R_2+R_3}\cdot V_Z$ $V_{Omax}=\frac{R_1+R_2+R_3}{R_3}\cdot V_Z$	运放 A 是理想运放
方框图	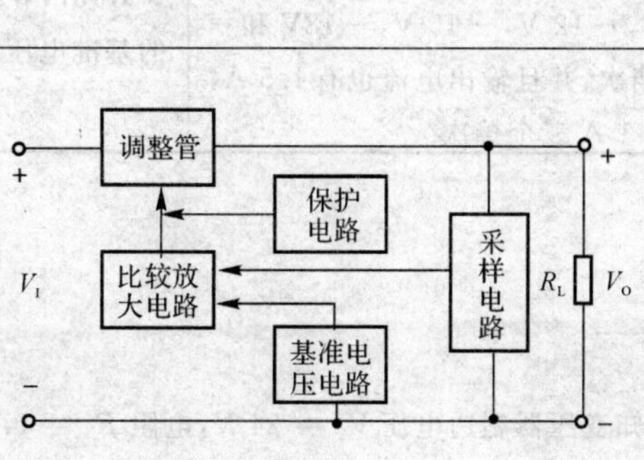 调整管　保护电路　比较放大电路　基准电压电路　采样电路 V_I　R_L　V_O	为使电路安全工作，在实用电源中还有调整管保护电路

(5) 集成稳压器如表 8.5 所示。

表 8.5　集成稳压器

电路名称	W7800 三端稳压器	W117 三端稳压器
功　能	固定式稳压电路	可调式稳压电路
方框图	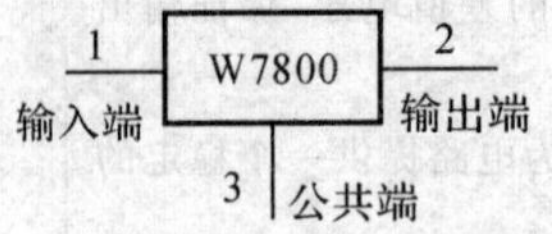 1 输入端 W7800 2 输出端 3 公共端	 1 输入端 W117 2 输出端 3 调整端
基本应用电路	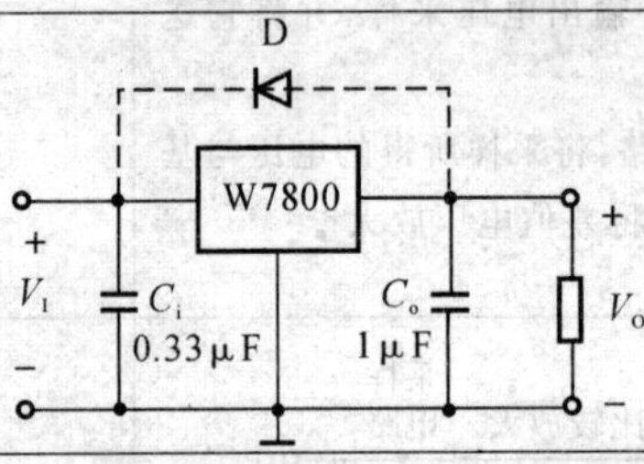 D W7800 + V_1 − C_i 0.33 μF C_o 1 μF + V_O −	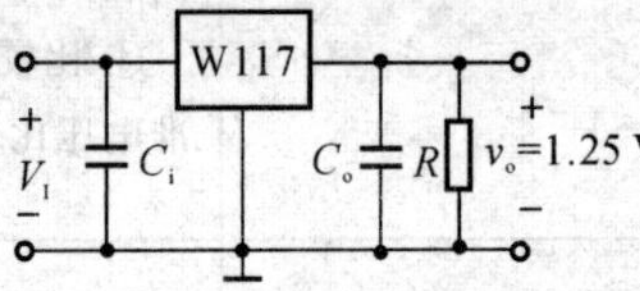 W117 + V_1 − C_i C_o R + v_o=1.25 V −
输出电压可调的稳压电路	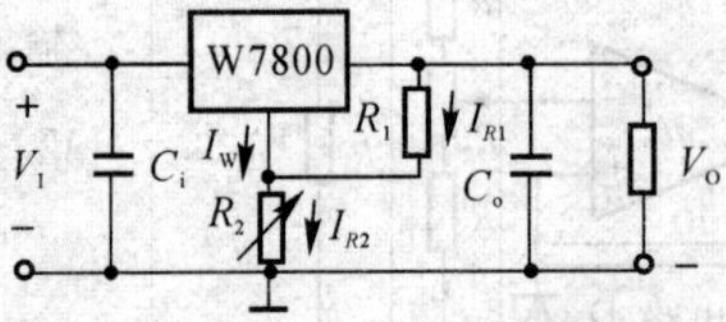 W7800 + V_1 − C_i I_W R_2 I_{R2} R_1 I_{R1} C_o V_O −	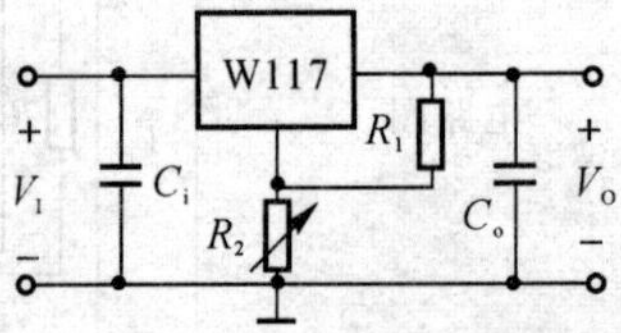 W117 + V_1 − C_i R_2 R_1 C_o + V_O −
说明	W7800 系列三端稳压器的输出电压有 5 V,6 V,9 V,12 V,15 V,18 V和24 V七个挡次,型号后面的两个数字表示输出电压值。输出电流有 1.5A(W7800),0.5A(W78M00) 和 0.1A(W78L00) 三个挡次。 W7900 系列芯片是一种输出负电压的固定式三端稳压器,输出电压有−5 V,−6 V,−9 V,−12 V,−15 V,−18V 和−24 V七个挡次,并且输出电流也有 1.5 A,0.5 A 和 0.1 A 三个挡次	W117,W117M,W117L 的最大输出电流分别为 1.5 A,0.5 A 和 0.1 A。 W117,W217 和 W317 具有相同的引出端,相同的基准电压和相似的内部电路。 W137,W237 和 W337 能够提供负的基准电压

8.3　例题

例 8.1　电路如图 8.7 所示,已知变压器副边电压 $V_2 = 24$ V,电阻 $R_3 = 0.6$ kΩ,$R_4 = 0.6$ kΩ,$R_W = 1$ kΩ。求:

(1) 开关 S 打开时输出电压 V_{o1} 和开关 S 闭合时输出电压 V_{o2} 的值;

(2)V_o 的表达式(设 R_W 滑线头以上部分阻值为 R_1,滑线头以下部分组值为 R_2,开关 S 闭合);

(4) 若想使 V_o 升高,则 R_W 的滑线头应该上移还是下移?

(4) 求 V_o 的可调范围。(北京科技大学2011年研究生考研试题)

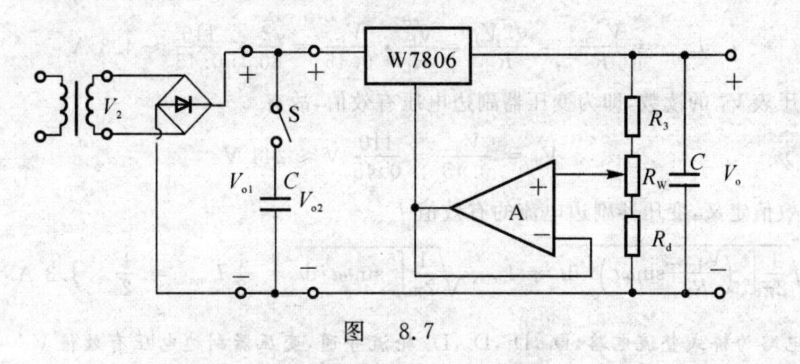

图　8.7

解　(1) 当开关S打开时，由于负载开路，输出电压

$$V_{o1} \approx 1.2V_2 = 28.8\ \text{V}$$

当开关S闭合时，由于负载开路，且考虑到电网电压的波动范围为 ±10%，电容的耐压值

$$V_{o2} > 1.1\sqrt{2}V_2 \approx 37.3\ \text{V}$$

(2)W7806的输出为

$$V_{REF} = V_- = V_+ = \frac{R_2 + R_4}{R_3 + R_W + R_4}V_o$$

V_o 的表达式

$$V_o = \frac{R_3 + R_W + R_4}{R_2 + R_4}V_{REF}$$

(3) 由(2)中 V_o 表达式可知，要使 V_o 升高，即让 R_2 减小，即 R_W 的滑线头下移。

(4) 由(2)中 V_o 表达式可知，当 R_W 的滑线头上移至顶时，V_o 最小；当 R_W 的滑线头下移至底时，V_o 最大，即

$$\frac{R_3 + R_W + R_4}{R_W + R_4}V_{REF} \leqslant V_o \leqslant \frac{R_3 + R_W + R_4}{R_4}V_{REF}$$

代入数值得

$$1.375V_{REF} \leqslant V_o \leqslant 3.667V_{REF}$$

分析　开关S打开时，V_{o2} 未经过电容滤波，即 $V_{o1} = V_{o2}$，开关S闭合时，V_{o2} 是 V_{o1} 经过电容滤波的结果。

例8.2　如图8.8所示，已知 $R_L = 80\ \Omega$，直流电压表 V_o 的读数为110 V。试求：

(1) 直流电流表A的读数；

(2) 整流电流的最大值；

(3) 交流电压表 V_1 的读数；

(4) 变压器副边电流的有效值(二极管正向压降忽略不计)。(清华大学2006年研究生考试题)

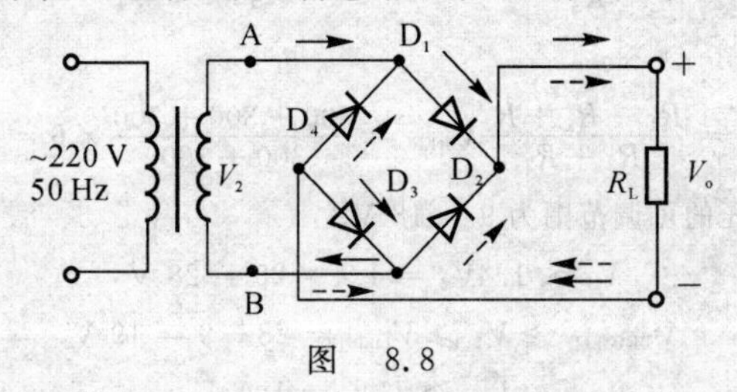

图　8.8

解　(1) 直流电流表A的读数

$$I_o = \frac{V_o}{R_L} = \frac{110\ \text{V}}{80\ \Omega} \approx 1.38\ \text{A}$$

(2) V_1 达到峰值时，电流可以获得最大值

$$I_{\mathrm{omax}}=\frac{V_{1\max}}{R_{\mathrm{L}}}=\frac{\sqrt{2}V_1}{R_{\mathrm{L}}}=\frac{\sqrt{2}}{R_{\mathrm{L}}}\cdot\frac{V_{\mathrm{o}}}{0.45}=\frac{\sqrt{2}}{80}\times\frac{110}{0.45}\approx 4.3\ \mathrm{A}$$

(3) 交流电压表 V_1 的读数，即为变压器副边电压有效值，故有

$$V_1=\frac{V_{\mathrm{o}}}{0.45}=\frac{110}{0.45}\ \mathrm{V}\approx 244\ \mathrm{V}$$

(4) 根据有效值定义，变压器副边电流的有效值 I_1

$$I_1=\sqrt{\frac{1}{2\pi}\int_0^{\pi}\left(\frac{V_{1\max}}{R_{\mathrm{L}}}\sin\omega t\right)^2\mathrm{d}t}=I_{\mathrm{omax}}\sqrt{\frac{1}{2\pi}\int_0^{\pi}\sin\omega t^2\,\mathrm{d}t}=\frac{1}{2}I_{\mathrm{omax}}=\frac{1}{2}\times 4.3\ \mathrm{A}=2.15\ \mathrm{A}$$

分析 本电路为桥式整流电路，D_1，D_3，D_2，D_4 轮流导通，变压器副边电压有效值 $V_{\mathrm{T}}=\dfrac{V_{\mathrm{o}}}{0.45}$。

例 8.3 电路如图 8.9 所示。

(1) 标出运放 A 输入端的极性。

(2) 计算输出端电压的可调范围。

(3) 如输入电压有效值 $V_2=20\ \mathrm{V}$，$0\leqslant I_{\mathrm{o}}\leqslant 1\ \mathrm{A}$，求 $\mathrm{VT_1}$ 管的 P_{CM}，$V_{\mathrm{BR(CED)}}$，I_{CM} 至少应为多少？（东南大学 2005 年硕士研究生入学考试试题）

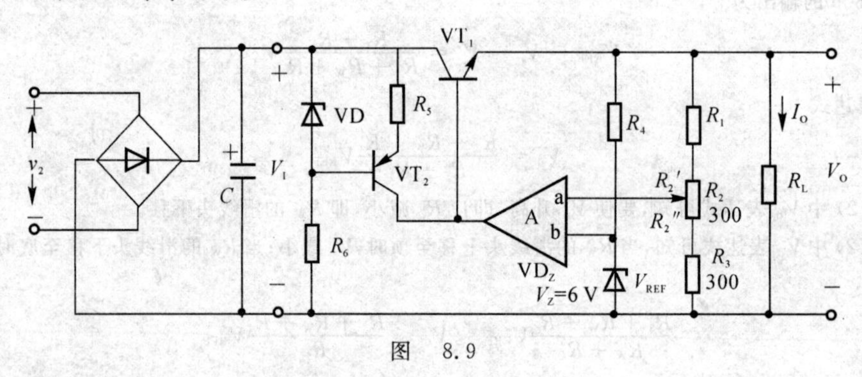

图 8.9

解 (1) 由瞬时极性法可知，a 为“−”，b 为“+”。

(2) 易知：

$$V_{\mathrm{REF}}=\frac{R_3+R''_2}{R_1+R_2+R_3}V_{\mathrm{o}}$$

$$V_{\mathrm{o}}=\frac{R_1+R_2+R_3}{R_3+R''_2}V_{\mathrm{REF}}$$

当 $R''=0$ 时，有

$$V_{\mathrm{omax}}=\frac{R_1+R_2+R_3}{R_3}V_{\mathrm{REF}}=\frac{300+300+300}{300}\times 6=18\ \mathrm{V}$$

当 $R''_2=R_2$ 时，有

$$V_{\mathrm{omin}}=\frac{R_1+R_2+R_3}{R_3+R_2}V_{\mathrm{REF}}=\frac{300+300+300}{300+300}\times 6=9\ \mathrm{V}$$

这样，可以地算输出端电压的可调范围为 $9\sim 18\ \mathrm{V}$。

(3) 当 $I_{\mathrm{o}}=0$ 时：

$$V_1\approx 1.4V_2=1.4\times 20=28\ \mathrm{V}$$

$$V_{\mathrm{BR(CEO)}}\geqslant V_1\geqslant V_{\mathrm{omin}}=28-9=19\ \mathrm{V}$$

$$I_{\mathrm{CM}}\geqslant I_{\mathrm{omax}}=1\ \mathrm{A}$$

$$P_{\mathrm{CM}}\geqslant V_{\mathrm{BR(CEO)}}I_{\mathrm{CM}}=19\times 1=19\ \mathrm{W}$$

即可求得 $\mathrm{VT_1}$ 管的 P_{CM}，$V_{\mathrm{BR(CEO)}}$，I_{CM} 分别至少应为 19 W、19 V 和 1 A。

分析　串联型稳压电路实质是负反馈，根据反馈极性即可判断集成运放A输入端极性。

例8.4　桥式整流电容滤波电路如图8.10所示。电网频率 $f=50\ \text{Hz}$。为了使负载上能得到20 V的直流电压，试计算：

(1) 滤波电容器 C 的容量和耐压；

(2) 变压器次级电压的有效值 V_2；

(3) 整流二极的反向耐压和正向平均电流。

分析　本例旨在讨论整流电路一般的工程近似估算方法。估算通常在输出电流电压为已知的情况下进行。下列公式为计算此类题目所必需。

变压器次级电压有效值 $V_2 \approx V_o/(1.1 \sim 1.2)$；

二极管平均电流 $I_D = \dfrac{1}{2}I_o$；

二极管承受的最大反向电压 $V_{RM} = \sqrt{2}V_o$；

滤波电容取值依据 $CR_L \geqslant (3 \sim 5)T/2$。

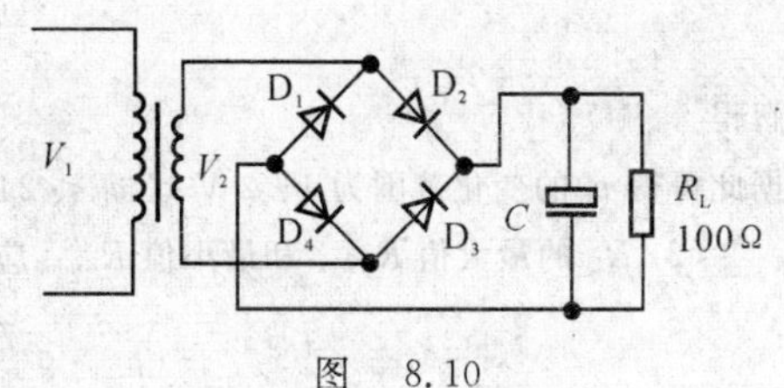

图　8.10

解　(1) 电容器 C 的容量及耐压。为了使整流滤波输出后有足够小的纹波系数，应使 $R_LC \gg T$，现取 $R_LC = 3T$，则

$$C = \frac{3T}{R_L} = \frac{3\times\frac{1}{50}}{100} = 600\ \mu\text{F}$$

电容器承受的最大电压为变压器次级电压的峰值 $\sqrt{2}V_2$。

(2) 计算 V_2。由于负载直流电压 V_o 与变压器次级电压有效值 V_2 的近似关系为

$$V_o = 1.2V_2$$

所以

$$V_2 = \frac{V_o}{1.2} = \frac{20}{1.2} = 16.67\ \text{V}$$

由此可以算出 C 上的最大电压为 $\sqrt{2}V_2 = 23.57\ \text{V}$，可选择耐压为25 V，标称值为820 μF的电容器。

(3) 计算二极管的反向耐压和正向平均电流。整流二极管的反向耐压应大于 $V_{2m} = \sqrt{2}V_2 = 23.57\ \text{V}$。二极管的正向平均电流为

$$I_D = \frac{1}{2}I_L = \frac{1}{2}\frac{V_o}{R_L} = \frac{1}{2}\times\frac{20}{100} = 0.1\ \text{A}$$

评注　本例电路为桥式整流电容滤波电路。它的特点是二极管导通角 $\theta < \pi$，流过二极管的瞬时电流很大，在选管时，一般取 $I_F = (2 \sim 3)I_o/2$；负载平均电压 $V_o(V_L)$ 与时间常数 R_LC 有关。R_LC 愈大，V_o 愈高，当 $R_L \to \infty$ 时，$V_L \approx 1.4V_2$，输出特性差。当 R_L 变化时，R_LC 变化，V_L 也随之改变。此电路适于输出电压高、负载电流小且负载变动不大的场合。

例8.5　电路如图8.11所示。已知稳压管的 $V_Z = 10\ \text{V}$，允许最大功耗 $P_{ZM} = 1\ \text{W}$，$I_{Zmin} = 2\ \text{mA}$，$R = 100\ \Omega$。

(1) 若 $R_L = 250\ \Omega$，试求 v_I 允许的变化范围；

(2) 若 $v_I = 22\ \text{V}$，试求 R_L 的允许变化范围。

分析　v_I 过大，则稳压管的电流过大，功耗超过 P_{ZM} 时，管子可能损坏，v_I 过小则管子不击穿，不能稳压。当 R_L 过小时，负载电流过大，造成稳压管电流过小，稳压特性变差，甚至使稳压脱离稳压状态。R_L 过大，则可能造成稳压管电流过大。

解　(1) 确定稳压管的最大允许电流

$$I_{Zmax} = \frac{P_{ZM}}{V_Z} = 100\ \text{mA}$$

v_I 的最大值 v_{Imax} 应满足

$$\frac{v_{\mathrm{Imax}}-V_{\mathrm{Z}}}{R}-\frac{V_{\mathrm{Z}}}{R_{\mathrm{L}}}<I_{\mathrm{Zmax}}$$

即
$$\frac{v_{\mathrm{Imax}}-10}{0.1}-\frac{10}{0.25}<100$$

解得
$$v_{\mathrm{Imax}}<24\ \mathrm{V}$$

v_{I} 的最小值应满足

$$\frac{v_{\mathrm{Imin}}-V_{\mathrm{Z}}}{R}-\frac{V_{\mathrm{Z}}}{R_{\mathrm{L}}}>I_{\mathrm{Zmin}}$$

$$\frac{v_{\mathrm{Imin}}-10}{0.1}-\frac{10}{0.25}>2$$

图　8.11

解得
$$v_{\mathrm{Imax}}>14.2\ \mathrm{V}$$

据此可得 v_{I} 的变化范围为 $14.2\ \mathrm{V}<v_{\mathrm{I}}<24\ \mathrm{V}$。

(2) R_{L} 的最大值 R_{Lmax} 和最小值 R_{Lmin} 应满足以下关系

$$\frac{v_{\mathrm{I}}-V_{\mathrm{Z}}}{R}-\frac{V_{\mathrm{Z}}}{R_{\mathrm{Lmax}}}<I_{\mathrm{Zmax}}$$

$$\frac{v_{\mathrm{I}}-V_{\mathrm{Z}}}{R}-\frac{V_{\mathrm{Z}}}{R_{\mathrm{Lmin}}}>I_{\mathrm{Zmax}}$$

解得 R_{L} 的允许变化范围为

$$0.085\ \mathrm{k\Omega}<R_{\mathrm{L}}<0.5\ \mathrm{k\Omega}$$

评注　本例还可以提出以下问题：限流电阻 R 的取值范围为多少？当已知稳压管微变电阻 r_{Z}，则当 R_{L} 变化时，v_{O} 的变化量是多少？等等。

例 8.6　试指出图 8.12(a),(b),(c) 所示电路的错误并改正。

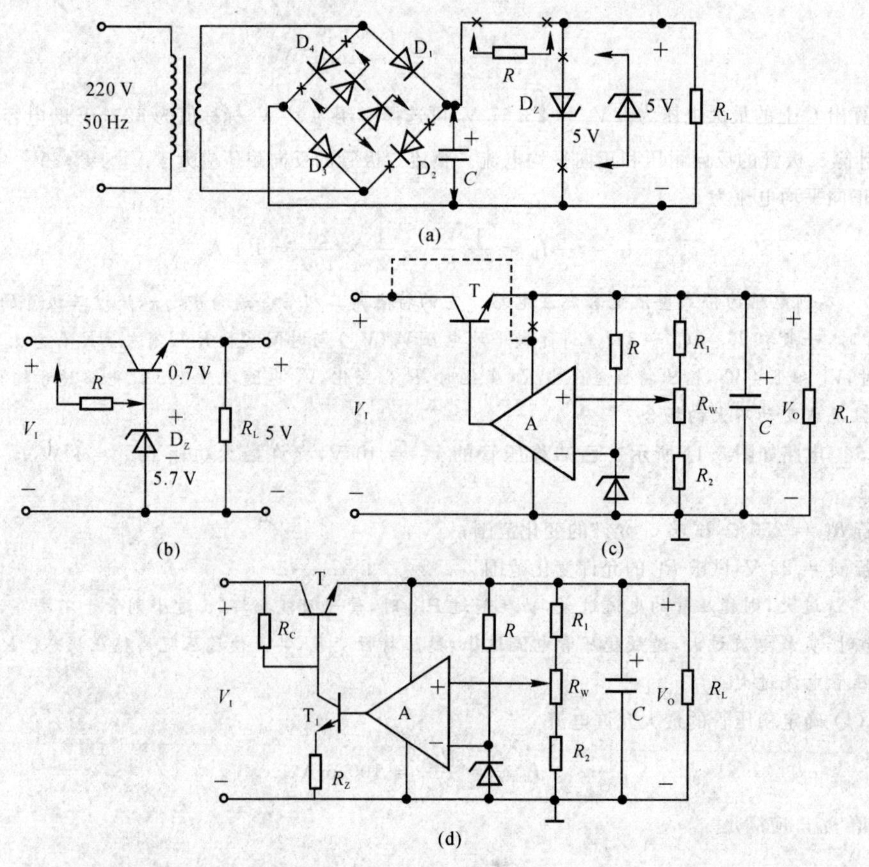

图　8.12

解　图8.12(a)中，整流二极管D_2，D_4接反，不能正常整流。在整流电路之后未接滤波电容。在稳压部分，稳压二极管接反了且没有限流电阻。

在图8.12(b)中，稳压管不能正常工作，应在T管基极、集电极间接一阻值适当的电阻R，保证稳压管工作在击穿状态。

在图8.12(c)中，电路不能正常工作。这是因为运放的电源电压为V_O，运放输出到调整管T基极的电压比V_O小，而正常工作时，调整管T的基极的电压是V_O+V_{BE}。这样调整管无法导通，也就无法输出直流电压V_O，运放也就没有了供电电压。

解决问题的方法有多种，其中一种方法是将运放正电源端接调整管的集电极，这样，运放的供电电压提高了，能输出足够大的电压幅度，驱动调整管T。这时要注意整个电路的反馈极性。原图实际上是正反馈，不能稳压，应将运放同相输入端与反相输入端对调，以形成负反馈；另一种解决问题的方法是在调整管T与运放之间接入一级共射放大电路，如图8.12(d)所示。这样做的好处是运放仍由稳定的V_O供电。

评注　改正整流稳压电路中的错误需要深刻理解整流稳压电路的基本原理。注意以下几点：二极管、稳压管的方向；电容极性；运放同相端和反相端的接法，晶体管的类型。

例8.7　整流稳压电路如图8.13所示。若变压器次级电压有效值为15 V，三端稳压器为LM 7812，试回答：

(1) 要求整流管击穿电压V_{BR}应大于多少伏？

(2)LM7812调整管承受的电压约为多少伏？若负载电流$I_L=100$ mA，LM7812的功率损耗为多少瓦？

(3) 调整R_L使LM7812输出电流从零增加到1.0 A的满负荷输出，并保持其输入电压不变，其输出电压减小10 mV，试估计它的输出电阻R_o为多大？

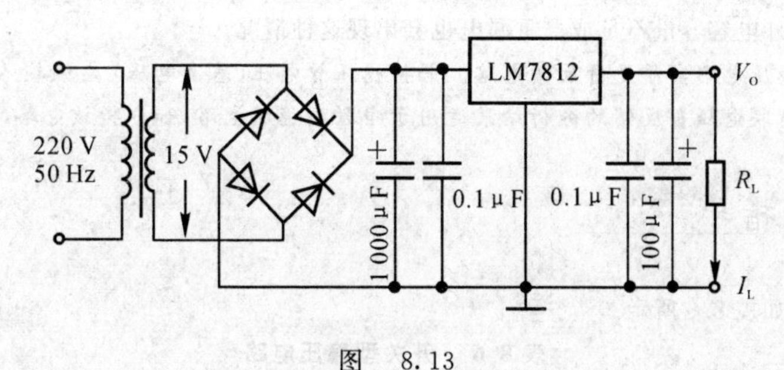

图　8.13

解　(1)
$$V_{BR}>\sqrt{2}V_2=\sqrt{2}\times 15=21.21\ \text{V}$$

(2) 因为滤波电容的电压也就是整流器输出电压为$1.2V_2=18$ V，因此调整管承受的电压为$18-12=6$ V。LM7812的功耗P_W为流过它的电流（近似为输出电流）乘以LM7812调整管的电压，即

$$P_W=4\times 100=400\ \text{mW}=0.4\ \text{W}$$

(3) 由稳压电路输出电阻的定义可得

$$R_O=\frac{\Delta V_O}{\Delta I_O}=\frac{0.01}{1}=0.01\ \Omega$$

例8.8　直流稳压电源如图8.14所示。已知稳压管D_Z的稳压值$V_Z=6$ V。

(1) 求V_O的可调范围V_{Omin}及V_{Omax}的值；

(2) 设流过调整管T_1发射极的电流$I=0.1$ A且$V_3=24$ V，已知发射极的电流$I=0.1$ A且$V_3=24$ V，求T_1管的最大管耗；

(3) 设T_1管的管压降$V_{CE1}=4$ V，求当$V_O=18$ V时所需V_2的值；

(4) 设$V_2=20$ V，测得$V_3=18$ V，且波动较大，试分析电路故障。

解　(1) 当R_2调至最下端时，输出电压最高，即

$$V_{\mathrm{Omax}}=\frac{R_1+R_2+R_3}{R_3}V_{\mathrm{Z}}=\frac{300+100+200}{200}\times 6=18\ \mathrm{V}$$

当 R_2 调至最上端时，输出电压最低，即

$$V_{\mathrm{Omin}}=\frac{R_1+R_2+R_3}{R_2+R_3}V_{\mathrm{Z}}=\frac{300+100+200}{100+200}\times 6=12\ \mathrm{V}$$

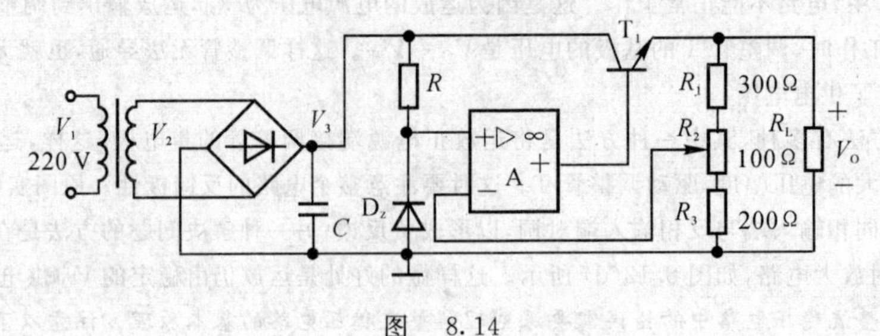

图 8.14

(2) 当输出电压最低时，管 T_1 的管压降最大，因而管耗也最大，即

$$P_{\mathrm{Cmax}}=IV_{\mathrm{CE1}}=I(V_3-V_{\mathrm{Omin}})=0.1\times(24-12)=1.2\ \mathrm{W}$$

(3) 当 $V_{\mathrm{O}}=18$ V 而 T_1 管的管压降 $V_{\mathrm{CE1}}=4$ V 时，$V_3=V_{\mathrm{O}}+V_{\mathrm{CE1}}=18+4=22$ V。根据 $V_3=1.2V_2$ 的近似关系可得

$$V_2=\frac{V_3}{1.2}=\frac{V_{\mathrm{O}}+V_{\mathrm{CE1}}}{1.2}=\frac{18+4}{1.2}=18.33\ \mathrm{V}(\text{有效值})$$

(4) 当 $V_2=20$ V 时，V_3 的正常值大约为 $V_3=1.2V_2=24$ V。现 V_3 仅为 18 V 且波动较大，可判断电路输出电流过大。另外电容容量不足或严重漏电也会出现这种情况。

评注　串联型稳压电路实质是负反馈电路。若将稳压管电压（基准电压）看做输入电压，则电路是串联电压负反馈，可以将串联电压负反馈的分析结果运用于串联型稳压电路，如分析该电路的输出电阻 R_{O}。

8.4　自学指导

开关型稳压电路如表 8.6 所示。

表 8.6　开关型稳压电路

电路名称	串联开关型稳压电路	并联开关型稳压电路
原理图	T E L D PWM 电路 C R_L + V_I − + V_O −	L D T PWM 电路 C R_L + V_I − + V_O −
电路原理	当输出电压 V_{O} 由于某种原因升高时，作用于 PWM 电路，使调整管基极电压的脉冲宽度变窄，即占空比 q 减小，从而使 V_{O} 降低；当 V_{O} 由于某种原因降低时，占空比增大，从而使 V_{O} 升高，因此输出电压得到稳定	稳压原理与串联开关型稳压电路相同。当 L 足够大时，输出电压大于输入电压
电路结构特点	调整管与负载串联。输出电压总是小于输入电压，所以是降压型稳压电路	调整管与负载并联。输出电压大于输入电压，所以是升压型稳压电路

8.5　习题精选详解

8.1　变压器副边有中心抽头的全波整流电路如图题 8.1 所示，副边电源电压为 $v_{2a}=-v_{2b}=\sqrt{2}V_2\sin\omega t$，假定忽略二极管的正向压降和变压器内阻：

(1) 试画出 v_{2a}，v_{2b}，i_{D1}，i_{D2}，i_L，v_L 及二极管承受的反向电压 v_R 的波形；

(2) 已知 V_2(有效值)，求 V_L，I_L(均为平均值)；

(3) 计算整流二极管的平均电流 I_D、最大反向电压 V_{RM}；

(4) 若已知 $V_L=30$ V，$I_L=80$ mA，试计算 V_{2a}，V_{2b} 的值，并选择整流二极管。

解　(参见表 8.1 中单相全波整流电路)。

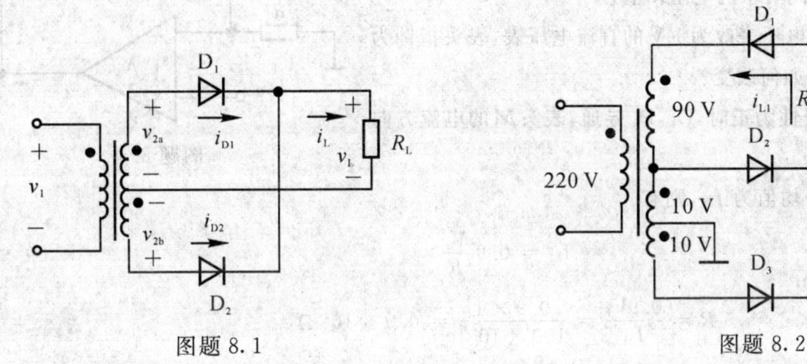

图题 8.1　　图题 8.2

8.2　电路参数如图题 8.2 所示，图中标出了变压器副边电压(有效值)和负载电阻值，若忽略二极管的正向压降和变压器内阻，试求：

(1) R_{L1}，R_{L2} 两端的电压 V_{L1}，V_{L2} 和电流 I_{L1}，I_{L2}(平均值)；

(2) 通过整流二极管 D_1，D_2，D_3 的平均电流和二极管承受的最大反向电压。

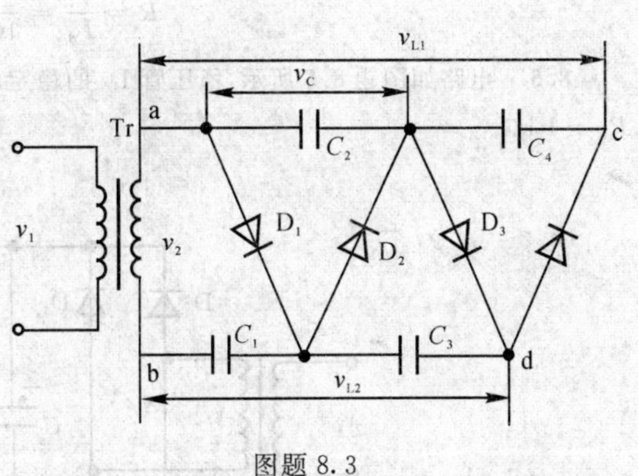

图题 8.3

解　(1) 由 $V_L=0.45V_2$(半波)及 $V_L=0.9V_2$(全波)可得

$$V_{L1}=0.45\times(90+10)=45\text{ V}$$

$$I_{L1}=\frac{V_{L1}}{R_{L1}}=\frac{45}{10}=4.5\text{ mA}$$

$$V_{L2}=0.9\times10=9\text{ V}$$

$$I_{L2}=\frac{V_{L2}}{R_{L2}}=\frac{9}{100}=90\text{ mA}$$

(2)

$$I_{D1}=I_{L1}=4.5\text{ mA}$$

$$V_{RM1}=100\times\sqrt{2}=141\text{ V}$$

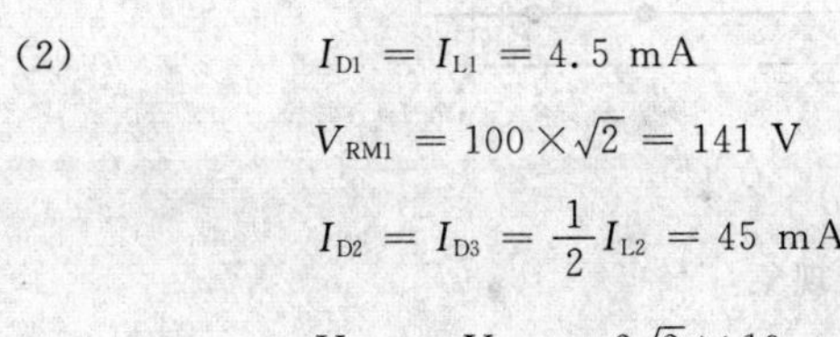

$$I_{D2}=I_{D3}=\frac{1}{2}I_{L2}=45\text{ mA}$$

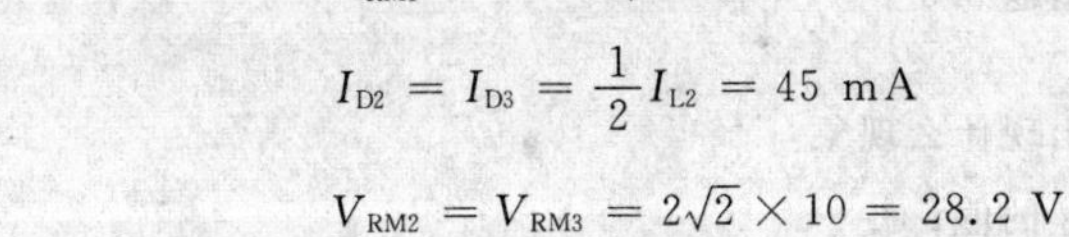

$$V_{RM2}=V_{RM3}=2\sqrt{2}\times10=28.2\text{ V}$$

8.3　如图题 8.3 所示倍压整流电路，要求标出每个电容器上的电压和二极管承受的最大反向电压；求输出电压 V_{L1}，V_{L2} 的大小，并标出极性。

解　$V_{C1}=\sqrt{2}V_2$

$$V_{C2}=V_{C3}=V_{C4}=2\sqrt{2}V_2$$

$V_{C1}\sim V_{C4}$ 电压极性均右“+”左“−”，图略。所有二极管承受的反向电压均为$2\sqrt{2}V_2$。

$$V_{L1}=2\times 2\sqrt{2}V_2=4\sqrt{2}V_2$$

$$V_{L2}=\sqrt{2}V_2+2\sqrt{2}V_2=3\sqrt{2}V_2$$

8.4 图题8.4是一高输入阻抗交流电压表电路，设A，D都为理想器件，被测电压 $v_i=\sqrt{2}V_i\sin\omega t$。

(1) 当 v_i 瞬时极性为正时，标出流过表头M的电流方向，说明哪几个二极管导通；

(2) 写出流过表头M电流的平均值的表达式；

(3) 表头的满刻度电流为100 μA，要求当 $V_i=1$ V时，表头的指针为满刻度，试求满足此要求的电阻 R 值；

(4) 若将1 V的交流电压表改为1 V的直流电压表，表头指针为满刻度时，电路参数 R 应如何改变？

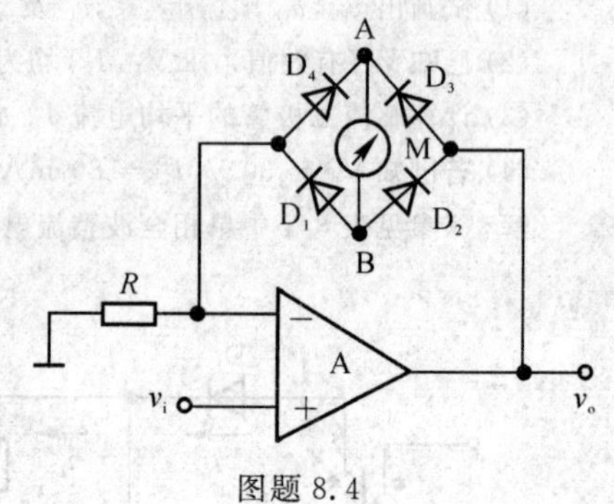

图题 8.4

解 (1) 当 v_i 瞬时极性为正时，D_1，D_3 导通，表头M的电流方向为 A → B。

(2) 设表头电流的平均值为 I_M，则有

$$I_M=0.9\frac{V_i}{R}$$

(3)
$$R=\frac{0.9V_i}{I_M}=\frac{0.9\times 1}{100\times 10^{-6}}=0.9\times 10^4\ \Omega$$

(4) 设被测直流电压为 V_i，则

$$R=\frac{V_i}{I_M}=\frac{1}{100\times 10^{-6}}=10^4\ \Omega$$

8.5 电路如图题8.5所示，稳压管Dz的稳定电压 $V_Z=6$ V，$V_I=18$ V，$C=1\,000$ μF，$R=1$ kΩ，$R_L=1$ kΩ。

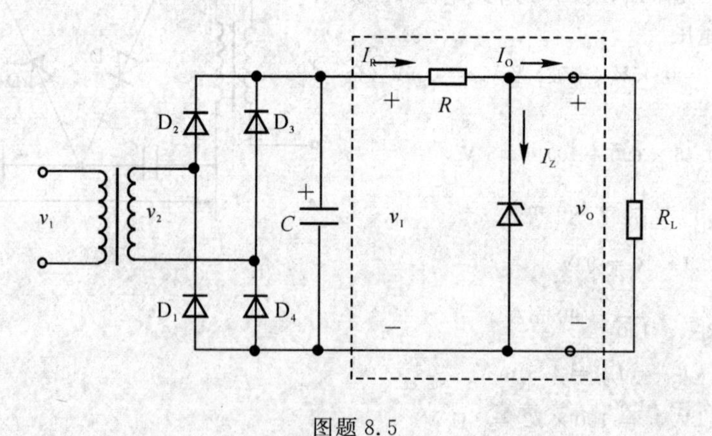

图题 8.5

(1) 电路中稳压管接反或限流电阻 R 短路，会出现什么现象？

(2) 求变压器副边电压有效值 V_2，输出电压 V_O 的值；

(3) 若稳压管 D_Z 的动态电阻 $r_Z=20$ Ω，求稳压电路的内阻 R_O 及 $\Delta V_O/\Delta V_I$ 的值；

(4) 将电容器 C 断开，试画出 v_I，v_O 及电阻 R 两端电压 v_R 的波形。

解 (1) 当稳压管接反时，稳压管正向导通，$V_O=0.7$ V。当限流电阻短路后，稳压管电流急增，温度剧

增，管子被烧坏，变压器及整流管也有危险。

(2) 由桥式整流电路输出电压近似式 $V_O=(1.1\sim1.2)V_2$，可得

$$V_2=\frac{V_I}{1.1\sim1.2}\approx16\ \text{V}$$

稳压电路输出电压为稳压管稳压值，因此有

$$V_O=V_Z=6\ \text{V}$$

(3)
$$r_O\approx R\,/\!/\,r_Z=\frac{1\times0.02}{1+0.02}\approx0.02\ \text{k}\Omega$$

$$\frac{\Delta V_O}{\Delta V_I}\approx\frac{r_Z}{R+r_Z}=\frac{0.02}{1+0.02}\approx0.02$$

(4) 若将电容断开，则 v_I 的波形与桥式整流电阻负载时输出电压相同。当 v_I 小于 V_Z 时，稳压管截止，$v_R=v_I[R/(R+R_L)]$，$v_O=v_I[R_L/(R+R_L)]$；当 v_I 大于 V_Z 时，稳压管电压为 V_Z，v_R 的电压为 v_I-V_Z，$v_O=v_Z$ 据此可画出 v_R 的波形(图略)。

8.6　有温度补偿的稳压管基准电压源如图题 8.6 所示，稳压管的稳定电压 $V_Z=6.3$ V，BJT T_1 的 $V_{BE}=0.7$ V。Dz具有正温度系数 $+2.2$ mV/℃。

(1) 当输入电压 V_I 增大(或负载电阻 R_L 增大)时，说明它的稳压过程和温度补偿作用；

(2) 基准电压 $V_{REF}=?$ 并标出电压极性。

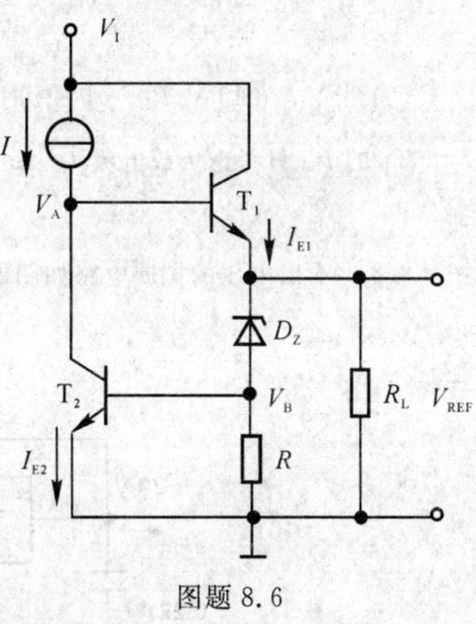

图题 8.6

解　当 V_I 或 R_L 增大时，电路中的负反馈起调节作用，使输出基准电压 V_{REF} 维持不变。这个过程是 V_I 或 R_L 增大，将引起 V_{REF} 的增大。另一方面，V_I 或 R_L 的增大使稳压管的电流，也就是电阻 R 的电流增大，引起 V_{BE2} 的增大，V_{BE2} 的增大使 I_{C2} 增大，I_{B1} 减小，造成 I_{E1} 减小，I_{E1} 的减小使 V_{REF} 减小。这个过程说明，当 V_I 或 R_L 变化时，电路可以稳定 V_{REF}。

由电路可知

$$V_{REF}=V_Z+V_{BE2}\approx6.3+0.7=7\ \text{V}$$

V_Z 具有正温度系数，而 V_{BE} 具有负温度系数，两者补偿，可使 V_{REF} 具有较小的温度系数，起到了温度补偿的作用。

8.7

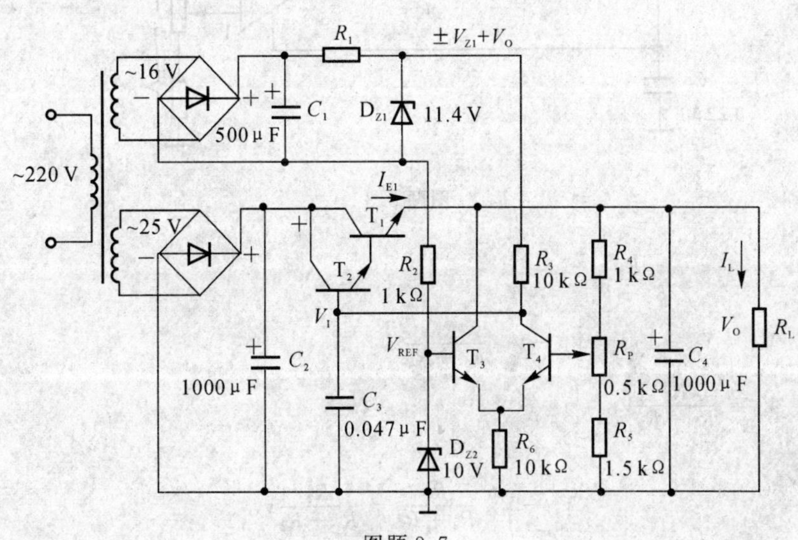

图题 8.7

解　(1) 电路组成特点：T_3，T_4 差动放大电路组成比较放大器，它的直流电源电压 $V_{CC} = V_{Z1} + V_O$ 较高，可提高放大电路的线性工作范围，同时具有较高的温度稳定性；基准电压电路(R_1，D_{Z2})的电源由 V_O 供给，使 V_{REF} 的稳定性增加。

(2) 当 R_3 开路时，调整管 T_2，T_4 的基极电流 $I_{B2} = 0$，$I_{B1} = 0$，使 T_1，T_2 截止，输出电压 $V_O = 0$；当 R_3 短路时，辅助电源 V_{Z1} 直接接到 T_1，T_2 的发射结上，产生过大的基极电流使调整管损坏。

(3) 输出电压的可调范围

$$V_{Omin} = \frac{R_5 + R_P + R_4}{R_5 + R_P} V_{Z2} = \frac{1.5 + 0.5 + 1}{1.5 + 0.5} \times 10 = 15\ \text{V}$$

$$V_{Omax} = \frac{R_5 + R_P + R_4}{R_5} V_{Z2} = \frac{1.5 + 0.5 + 1}{1.5} \times 10 = 20\ \text{V}$$

输出电压 V_O 的可调范围为 15 ～ 20 V。

(4) 当电网电压波动 10% 时，输入电压也波动 10%，则

$$V_{1max} = V_1(1 + 10\%) = 25 \times 1.2 \times 1.1 = 33\ \text{V}$$

$$V_{CE1max} = V_{1max} - V_{Omin} = 33 - 15 = 18\ \text{V}$$

(5) 当 $V_O = 15$ V，$R_L = 50\ \Omega$ 时，求 T_1 的功耗 P_{C1}。

T_1 的 I_{E1} 只考虑负载电流 $I_{E1} \approx I_L = \frac{15}{50} = 300$ mA

所以
$$P_{C1} = V_{CEmax} \times I_{E1} = 18 \times 300 = 5.4\ \text{W}$$

8.8　输出电压的扩展电路如图题 8.8 所示。试证明

$$V_O = V_{23}\left(\frac{R_3}{R_3 + R_4}\right)\left(1 + \frac{R_2}{R_1}\right)$$

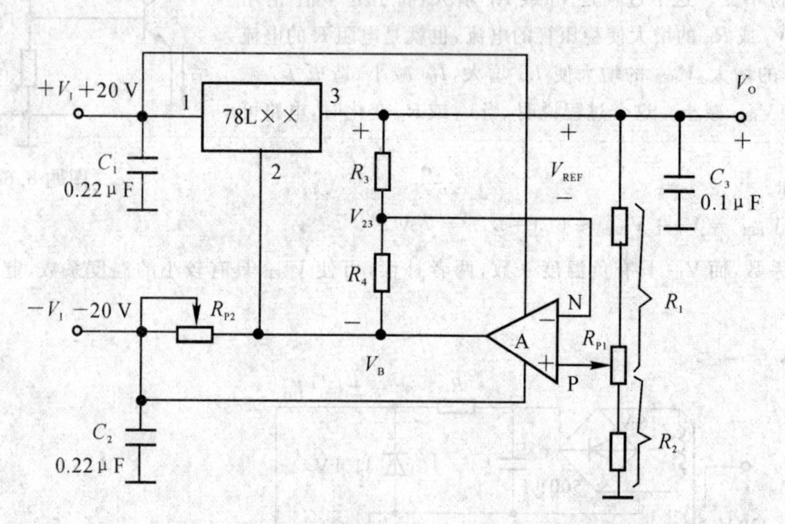

图题 8.8

解
$$V_{R3} = V_{23}\frac{R_3}{R_3 + R_4}$$

$$V_N = V_O - V_{R3} = V_O - V_{23}\frac{R_3}{R_3 + R_4}$$

$$V_P = \frac{R_2}{R_1 + R_2} V_O$$

由 $V_P = V_N$，得

$$V_O - V_{23}\frac{R_3}{R_3 + R_4} = \frac{R_2}{R_1 + R_2} V_O$$

解得

$$V_O = V_{23}\left(\frac{R_3}{R_3+R_4}\right)\left(1+\frac{R_2}{R_1}\right)$$

8.9　图题8.9是由LM317组成输出电压可调的典型电路，当$V_{31} = V_{REF} = 1.2$ V时，流过R_1的最小电流$I_{R\min}$为$(5 \sim 10)$ mA，调整端1输出的电流$I_{adj} \ll I_{R\min}$，$V_1 - V_O = 2$ V。

(1) 求R_1的值；

(2) 当$R_1 = 210\ \Omega$，$R_2 = 3\ \text{k}\Omega$时，求输出电压V_O；

(3) 当$V_O = 37$ V，$R_1 = 210\ \Omega$，$R_2 = ?$ 电路的最小输入电压$V_{I\min} = ?$

(4) 调节R_2从0变化到6.2 kΩ时，输出电压的调节范围。

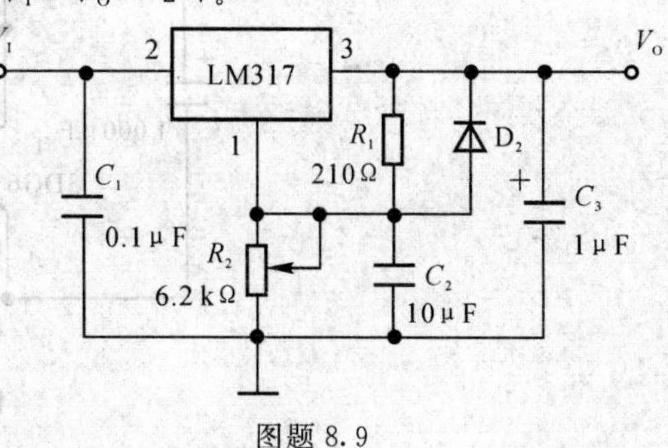

图题 8.9

解　(1)　$R_1 = \dfrac{V_{31}}{I_{R\min}} = \dfrac{1.2}{5 \sim 10} = 240 \sim 120\ \Omega$

(2)　$$V_O \frac{R_1}{R_1+R_2} = V_{31}$$

可得

$$V_O = V_{31}\frac{R_1+R_2}{R_1} = 1.2 \times \frac{210+3000}{210} = 18.343\ \text{V}$$

(3) 由$V_O \dfrac{R_1}{R_1+R_2} = V_{31}$，可得

$$R_2 = \frac{V_O - V_{31}}{V_{31}} R_1 = \frac{37-1.2}{1.2} \times 210 = 6\,265\ \Omega$$

取$V_{23} = 2$ V，则$V_{I\min} = V_O + V_{23} = 39$ V。

(4) 当$R_2 = 0$时，

$$V_{O\min} = V_{31}\frac{R_1+R_2}{R_1} = V_{31} = 1.2\ \text{V}$$

当$R_2 = 6.2\ \text{k}\Omega$时，

$$V_{O\max} = V_{31}\frac{R_1+R_2}{R_1} = \frac{210+6\,200}{210} \times 1.2 = 36.63\ \text{V}$$

即输出电压V_O的调节范围$1.2 \sim 36.63$ V。

8.10　可调恒流源电路如图题8.10所示。

(1) 当$V_{31} = V_{REF} = 1.2$ V，R从$0.8 \sim 120\ \Omega$改变时，恒流电流I_O的变化范围如何(假设$I_{adj} \approx 0$)?

(2) 当R_L用待充电电池代替，若用50 mA恒流充电，充电电压$V_E = 1.5$ V，求电阻$R_L = ?$

解　(1) $I_O = \dfrac{V_{31}}{R} = \dfrac{1.2}{0.8 \sim 120} = 1.5\ \text{A} \sim 10\ \text{mA}$

(2)　$$R_L = \frac{V_E}{I_O} = \frac{1.5}{50} = 0.03\ \text{k}\Omega$$

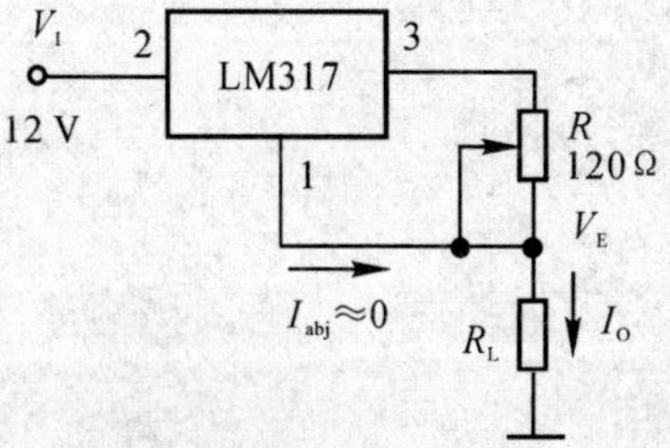

图题 8.10

8.11　图题8.11是6 V限流充电器，BJT T是限流管，$V_{BE} = 0.6$ V，R_3是限流取样电阻，最大充电电流$I_{OM} = V_{BE}/R_3 = 0.6$ A，说明当$I_O > I_{OM}$时如何限制充电电流。

解　$$V_O = 1.2\left(1+\frac{R_2 /\!/ r_{ce}}{R_1}\right)\ \text{V}$$

当$I_O > I_{OM}$时$V_{BE} = V_{R3} > 0.6$ V，使V_{CE}减小，从而使v_O减小，导致I_O减小，限制了输出电流。

8.12　电路给定条件如题8.11，当续流二极管反向电流很小时，试求开关调整管T和续流二极管D的平均功耗；当电路中电感器L和电容器C足够大时，忽略L、C和控制电路的损耗，计算电源的效率。

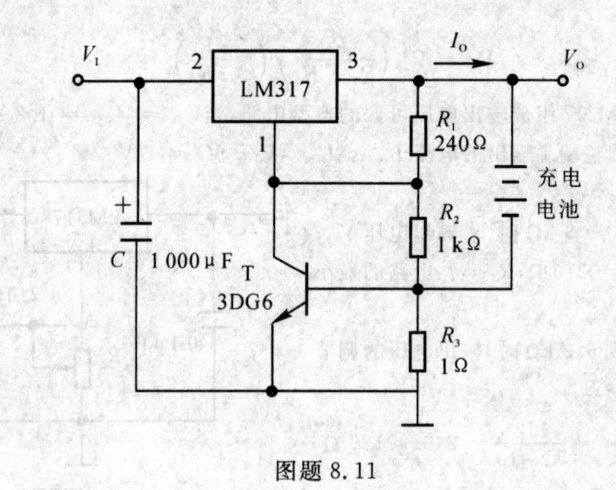

图题 8.11

解　开关管通态损耗为

$$P_F \approx I_O V_{CES} q = 1 \times 1 \times 0.6 = 0.6\ \mathrm{W}$$

开关管断态损耗为

$$P_I \approx I_{CEO} V_I (1-q) = 0.001 \times 20 \times (1-0.6) = 0.008\ \mathrm{W}$$

开关管平均功耗为

$$P_{VT} = P_F + P_I = 0.6 + 0.008 = 0.608\ \mathrm{W}$$

续流二极管通态损耗为

$$P_F = V_D I_O (1-q) = 0.6 \times 1 \times (1-0.6) = 0.24\ \mathrm{W}$$

续流二极管断态损耗忽略，得续流二极管的平均损耗为

$$P_{VD} = P_F = 0.24\ \mathrm{W}$$

输出功率为

$$P_O = V_O I_O = 12 \times 1 = 12\ \mathrm{W}$$

电源效率为

$$\eta = \frac{P_O}{P_O + P_{VD} + P_{VT}} = \frac{12}{12 + 0.24 + 0.608} = 93.4\%$$

附　录

课程考试真题及答案

一、单项选择题

1. 室温下的本征半导体中(　　)。

A. 自由电子数多于空穴数　　B. 自由电子数少于空穴数

C. 自由电子数等于空穴数　　D. 没有载流子

2. PN结加正向电压时，与正向电流的形成和大小无关的是(　　)。

A. 扩散运动　　B. 多子的浓度　　C. 漂移运动　　D. 正向电压的大小

3. 理想二极管如图F.1所示，则(　　)。

A. D_1 导通，D_2 截止，$V_o = 3$ V

B. D_1 截止，D_2 导通，$V_o = 0$ V

C. D_1，D_2 都导通，$V_o = 1.5$ V

D. D_1，D_2 都截止，$V_o = -5$ V

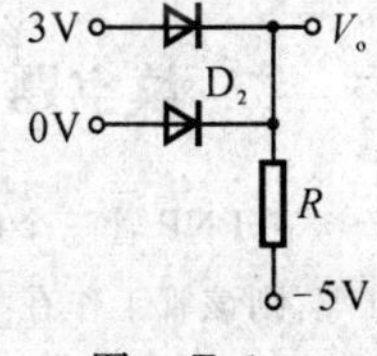

图　F.1

4. 测得三极管的 $V_{BE} = 0.7$ V，$V_{CE} = 6$ V，则该管的管型和工作状态是(　　)。

A. PNP管，放大　　B. NPN管，截止

C. PNP管，截止　　D. NPN管，放大

5. 在设置放大器的直流偏置电路时，应使三极管(　　)。

A. e结反偏，c结反偏　　B. e结正偏，c结反偏

C. e结反偏，c结正偏　　D. e结正偏，c结正偏

6. 共射放大器的图解法分析如图F.2所示，若管子的饱和压降 $V_{ces} = 0.7$ V，则最大不失真输出电压幅值 V_{max} 为(　　)。

A. 5.7 V　　B. 7 V

C. 3 V　　D. 4 V

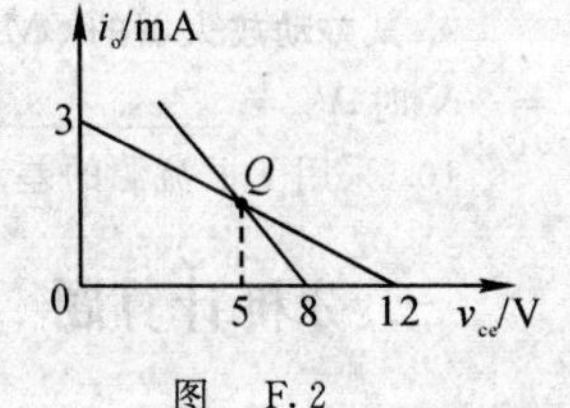

图　F.2

7. 共集电极放大器的特点是(　　)。

A. R_i 大，R_o 小　　B. R_i 小，R_o 大

C. R_i 大，R_o 大　　D. R_i 小，R_o 小

8. 若要求两级放大器的电压总增益为1 000倍，则每级增益可分别为(　　)。

A. －100倍和－10倍　　B. 50 dB和20 dB

C. 300倍和700倍　　D. －40 dB和－20 dB

9. 某放大器的通频带为50 Hz～15 kHz，则分别放大下列信号时不产生线性失真的是(　　)。

A. V_1：(100 Hz～20 kHz)多频信号　　B. V_2：(20 Hz～10 kHz)多频信号

C. V_3：(20 Hz～20 kHz)多频信号　　D. $V_4 = V_{om}\cos 2\pi \times 20 \times 10^3 t$

10. 场效应管的原理是通过(　　)。

A. 栅极电流去控制漏极电流　　B. 栅源电压去控制漏极电流

C. 栅极电流去控制漏极电压　　D. 栅源电压去控制漏极电压

11. 串联负反馈要求(　　)。

A. 源内阻小,反馈量为电流　　B. 源内阻大,反馈量为电压

C. 源内阻小,反馈量为电压　　D. 源内阻大,反馈量为电流

12. 为了稳定电流放大倍数,放大器应采用的负反馈是(　　)。

A. 串联电压　　B. 串联电流　　C. 并联电压　　D. 并联电流

13. 并联电压负反馈对输入电阻 R_i 和输出电阻 R_o 的影响是(　　)。

A. R_i 增大,R_o 减小　　B. R_i 增大,R_o 增大

C. R_i 减小,R_o 增大　　D. R_i 减小,R_o 减小

14. 反馈放大器的交流通路如图 F.3 所示,电路为(　　)。

A. 串联电压正反馈　　B. 串联电流负反馈

C. 串联电流正反馈　　D. 串联电压负反馈

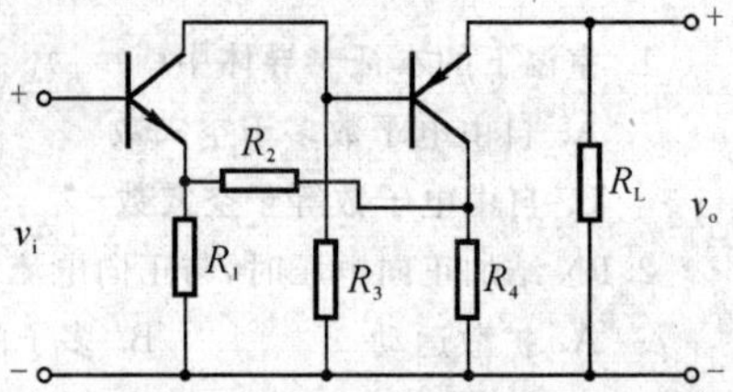

图 F.3

15. 用截止频率分别为 ω_1 和 ω_2 的低通和高通滤波器组成带通滤波器时,则连接方式及 ω_1 和 ω_2 的关系是(　　)。

A. 串接,$\omega_1 > \omega_2$　　B. 并接,$\omega_1 > \omega_2$

C. 串接,$\omega_1 < \omega_2$　　D. 并接,$\omega_1 < \omega_2$

二、填空题

1. PNP 管三个电极分别为 $V_c = -4.7$ V,$V_e = 3.7$ V,$V_b = 4$ V,则该管工作在________状态。

2. 三极管放大器的输入信号应加至放大管的________结。

3. 当 NPN 共射放大器输入正弦波时,输出波形如图 F.4 所示,则该放大器产生了________失真。

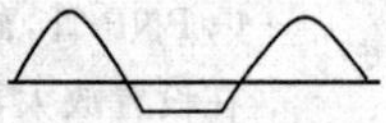

4. 已知高频管的 $f_T = 500$ MHz,$\beta_o = 80$,则该管的 f_β 约为________。

5. 直接耦合放大器的下限截止频率为________。

图 F.4

6. 场效应管的跨导 g_m 和静态工作电流 I_{DQ} 有关,I_{DQ} 越大,则 g_m ________。

7. 某放大器的开环放大倍数为 2 000,当引入反馈系数为 0.2 的负反馈时,则闭环放大系数为________。

8. 某放大器的上限频率为 5 kHz,中频电压增益为 1 000 倍,引入负反馈后,闭环增益变为 10 倍,则上限频率变为________。

9. 某差动放大器的 CMRR = 500,当输入 $V_{i1} = 20$ mA,$V_{i2} = -20$ mA 时,$V_o = 2$ V,则输入 $V_{i1} = V_{i2} = 2$ V 时,$V_o =$ ________。

10. 采用了恒流源的差动放大器,将使共模放大倍数减小,而差模放大倍数________。

三、分析计算题

1. 电路如图 F.5 所示,已知 $\beta = 80$,$r_{bb} = 300\ \Omega$,$V_{CC} = 12$ V,$R_c = 2$ kΩ,$R_b = 410$ kΩ,$R_e = 1.8$ kΩ,$V_{EE} = 0.7$ V,(1) 求静态工作点 I_{CQ},V_{CEQ};(2) 若输入信号从 B 端加入,从 C 端输出,A 端接地,则放大器为何种基本放大器?(3) 若输入信号从 A 端加入,从 C 端输出电压 V_o,B 端接地,试求电压放大倍数 $A_v = \dfrac{v_o}{v_i}$ 和输出电阻 R_o。

2. 两级放大器如图 F.6 所示,已知 r_{be1} 和 r_{be2},试求:(1) 输入电阻 R_i 的表达式;(2) 输出电阻 R_o 的表达式;(3) 第二级放大器的电压放大倍数 $A_{v2} = \dfrac{v_1}{v_2}$ 的表达式。

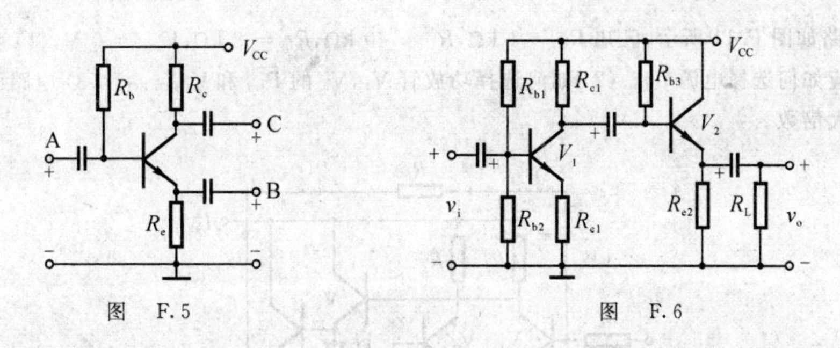

图　F.5　　　　　　　　图　F.6

3. 反馈放大器如图 F.7 所示，(1) 判断放大器的反馈类型。(2) 若输入 $v_i = 0.1\sin\omega t(\mathrm{V})$，试估算输出电压 $v_o = ?$

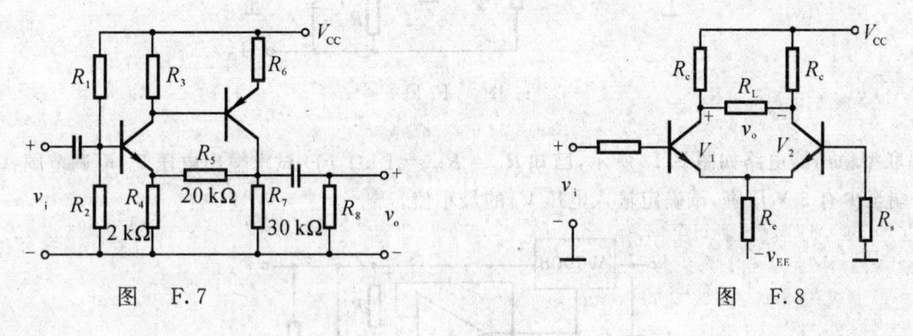

图　F.7　　　　　　　　图　F.8

4. 长尾式差动电路如图 F.8 所示，已知 $\beta_1 = \beta_2 = 100$，$r_{be1} = r_{be2} = 2\ \mathrm{k\Omega}$，$R_s = 2\ \mathrm{k\Omega}$，$R_c = 3\ \mathrm{k\Omega}$，$R_L = 6\ \mathrm{k\Omega}$，(1) 判断电路是何种接法的差动放大器。(2) 求差模电压放大倍数 $A_{vd} = \dfrac{v_o}{v_i}$；(3) 求差模输入电阻 R_{id}。

5. 理想运放电路如图 F.9 所示，试分别写出 v_{o1}，v_{o2}，v_o 的表达式。

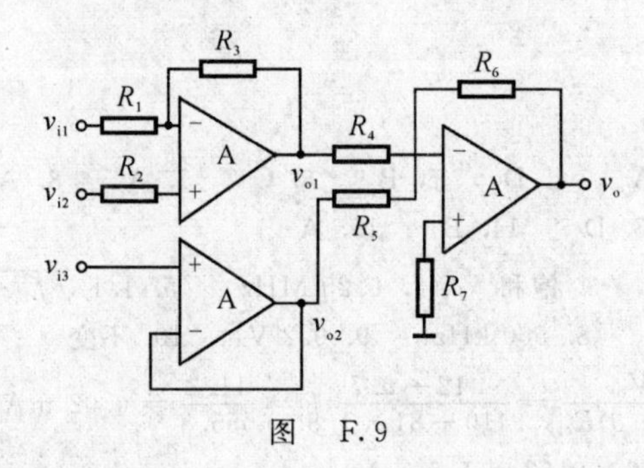

图　F.9

6. 理想运放电路如图 F.10(a) 所示，(1) 求 v_{o1}，若输入为图 F.10(b) 所示的方波，设电容起始电压 $V_c = 0$，试画出对应输入的 v_{o1} 波形，并算出其幅度。(2) 对应画出 v_o 的波形。

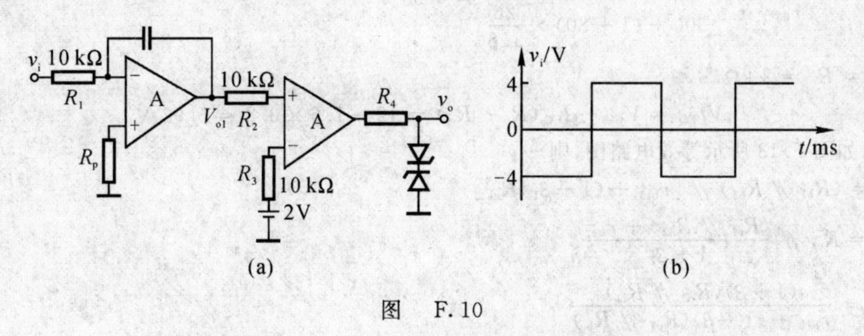

图　F.10

7. 放大电路如图 F. 11 所示，已知 $R_b = 1\ k\Omega, R_1 = 40\ k\Omega, R_L = 8\ k\Omega, V_{ces} = 0$ V，(1) 为了使负载获得 36 W 的功率，应如何选择电源 v_{cc}。(2) 如何选择功放管 V_4，V_5 的 P_{cm} 和 $V_{(BR)CEO}$。(3) 电路引入何种反馈？并估算电压放大倍数。

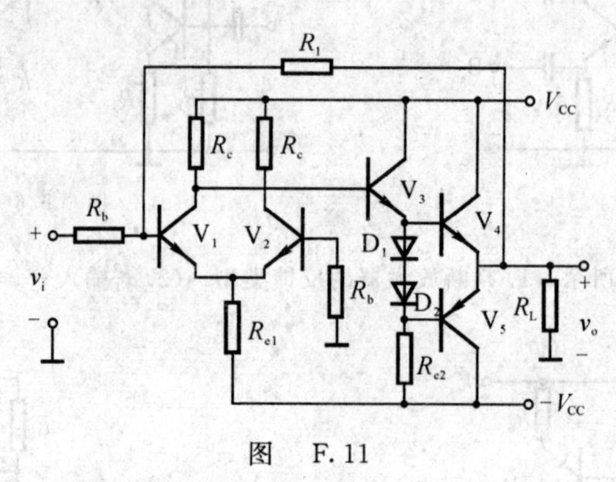

图 F. 11

8. 串联型稳压器电路如图 F. 12 所示，已知 $R_1 = R_W = 1\ k\Omega$，(1) 试求输出电压 V_o 可调范围；(2) 为保证稳压器两端至少有 3 V 压降，试确定输入电压 V_i 的最小值。

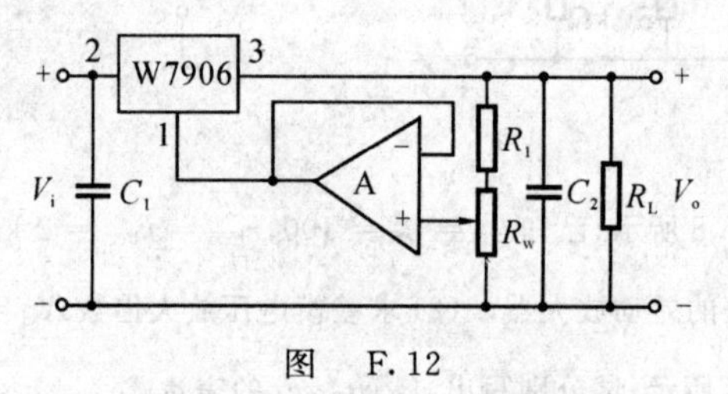

图 F. 12

参考答案

一、1. C 2. B 3. A 4. D 5. B 6. C 7. A 8. A 9. D 10. B
11. C 12. D 13. D 14. B 15. A

二、1. 截止 2. 发射 3. 饱和 4. 6.25 MHz 5. $1.1\sqrt{f_1^2 + f_2^2 + \cdots + f_n^2}$
6. 越大 7. 4.985 8. 500 kHz 9. 0.2 V 10. 不变

三、1. (1) $I_{BQ} = \dfrac{V_{cc} - V_{BE}}{R_b + (1+\beta)R_e} = \dfrac{12 - 0.7}{410 + 81 \times 1.8} = \dfrac{11.3}{555.8} = 0.02$ mA

$I_{cc} = \beta I_{BQ} = 800 \times 0.02 = 1.6$ mA

(2) 共基极放大电路；

(3) $A_v = -\dfrac{\beta R_c}{r_{be}} = -\dfrac{80 \times 2}{300 + (1+80) \times \dfrac{26}{1.6}} = -99$

$R_o = R_c = 2\ k\Omega$

$$V_{CEQ} = V_{CC} - I_{CQ}(R_c + R_e) = 12 - 1.6 \times 3.8 = 5.92\ V$$

2. 画出如图 F. 13 所示等效电路图，则

(1) $R_i = (R_{b1} /\!/ R_{b2}) /\!/ [r_{be1} + (1+\beta_1)R_{e1}]$

(2) $R_o = R_{e2} /\!/ \dfrac{(R_{c1} /\!/ R_{b2}) + r_{be2}}{1+\beta_2}$

(3) $A_{v2} = \dfrac{(1+\beta)(R_{e2} /\!/ R_L)}{r_{be2} + (1+\beta)(R_{e2} /\!/ R_L)}$

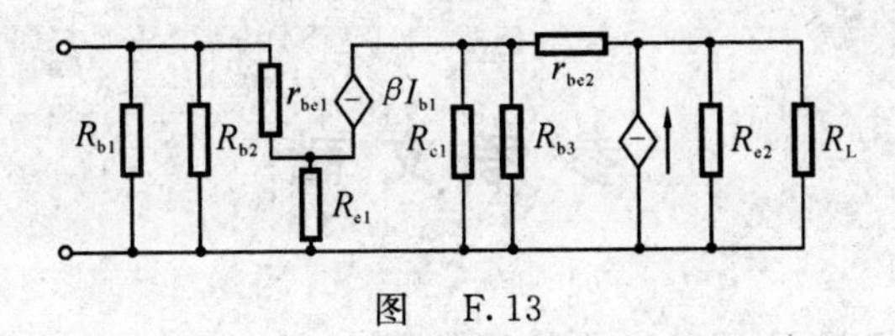

图　F.13

3.(1) 电压串联负反馈；

(2) $A_f = \frac{v_o}{v_i} = \frac{R_4 + R_5}{R_4} = \frac{20+2}{2} = 11$

$V_o = A_f \times V_o = 1.1\sin\omega t(\mathrm{V})$

4.(1) 单端输入，双端输出

(2) $A_{vd} = -\frac{\beta(R_L/2 \mathbin{/\!/} R_c)}{R_s + r_{be1}} = -\frac{100\times(3 \mathbin{/\!/} 3)}{2+2} = -\frac{100\times 1.5}{4} = -37.5$

(3) $R_{id} = 2(R_{be1} + R_s) = 2(2+2) = 8\ \mathrm{k\Omega}$

5. $v_{o1} = -\frac{R_3}{R_1}v_{i1} + (1+\frac{R_3}{R_1})v_{i2}$；　$v_{o2} = v_{i3}$

$v_o = -\frac{R_6}{R_4}v_{o1} - \frac{R_6}{R_5}v_{o2} = \frac{R_6}{R_4}\times\frac{R_3}{R_1}v_{i1} - \frac{R_6}{R_4}(1+\frac{R_3}{R_1})v_{i2} - \frac{R_6}{R_5}v_{i3}$

6.(1) $v_{o1} = -\frac{1}{RC}\int V_1 \mathrm{d}t$；

$T_1 = 0$ 时，$v_o = 0$，　$v_o(t_1) = -\frac{v_i}{RC}t_1 = 4$

$T_2 = 2$ 时，$v_o(t_2) = v_o(t_1) - \frac{v_i}{RC}(t_2 - t_1) = 4 - 4 = 0$

$T_3 = 3$ 时，$v_o(t_3) = v_o(t_2) - \frac{v_i}{RC}(t_3 - t_2) = 0 - \frac{-4}{1}\times 1 = 4\ \mathrm{V}$

(2) V_o 的波形如图 F.14 所示

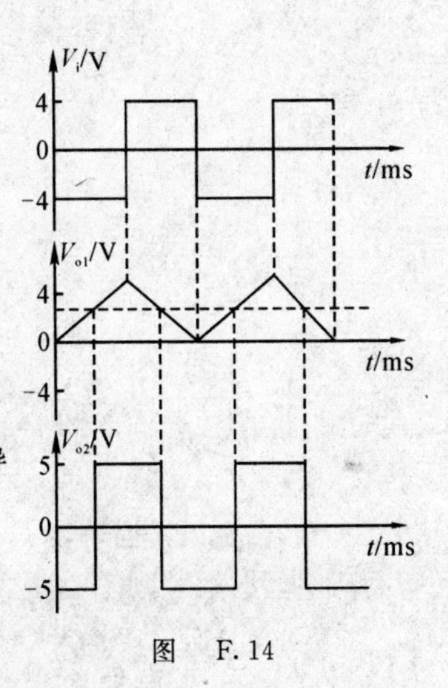

图　F.14

7.(1) $P_O = \frac{1}{2}\times\frac{(V_{CC} - V_{ces})^2}{R_L} = \frac{1}{2}\times\frac{V_{CC}^2}{8} = 36\ \mathrm{W}$

所以　$V_{cc} = \sqrt{16\times 36} = 24\ \mathrm{V}$

(2) $P_{CM} \geqslant 0.2P_{Om} = 0.2\times\frac{1}{2}\times\frac{V_{cc}^2}{R_L} =$

$0.2\times\frac{1}{2}\times\frac{24\times 24}{8} = 7.2\ \mathrm{W}$

取 $P_{CM} = 8\ \mathrm{W}$，$BV_{CEO} \geqslant 2V_{cc} - V_{CES} = 48\ \mathrm{V}$

取 $V_{(BR)CEO} = 48\ \mathrm{V}$

(3) D_1，D_2 给 V_4，V_5，V_{BE4}，V_{BE5} 提供偏置电压 1.4 V，使 V_4，V_5 处于微导通状态，克服交越失真

(4) 电压并联负反馈，

$A_{usf} = \frac{v_o}{v_s} = \frac{v_o}{i_i R_b} = \frac{V_O}{I_f R_b} = -\frac{R_1}{R_b} = 40$

8.(1) $V_O = (1+\frac{R_W}{R_1})\times(-6)$

$V_{MAX} = (1+0)(-6) = -6\ \mathrm{V}$

$V_{OMIN} = (1+1)(-6) = -12\ \mathrm{V}$

(2) $V_{23} = -3\ \mathrm{V}$　　所以　$V_1 = V_{OMIN} + V_{23} = -12 - 3 = -15\ \mathrm{V}$

参考文献

[1] 孙肖子,谢松云,等.模拟电子技术基础 北京:高等教育出版社,2012.

[2] 康华光,陈大钦.电子技术基础:模拟部分.5版.北京:高等教育出版社,2006.

[3] 陈大钦.电子技术基础模拟部分重点难点题解.北京:高等教育出版社,2006.

[4] 孙肖子.模拟电子电路及技术基础教学指导.2版.西安:西安电子科技大学出版社,2009.

[5] 江晓安,董秀峰.模拟电子技术学习指导与题解.西安:西安电子科技大学出版社,2002.

[6] 李娟,刘文菲.模拟电子技术基础辅导及习题精解.延吉:延边大学出版社,2012.

[7] 圣才考研网.童诗白模拟电子技术基础笔记和课后习题详解.1版.北京:中国石化出版社,2012.